Sastry K. R. Jammalamadaka
Kamesh D. B. K. Sasi Bhanu Duvvuri

Melhorar a inteligência e a segurança dos sistemas de etiquetagem

Sastry K. R. Jammalamadaka
Kamesh D. B. K. Sasi Bhanu Duvvuri

Melhorar a inteligência e a segurança dos sistemas de etiquetagem

Sistemas de etiquetagem inteligentes

ScienciaScripts

Cover image: www.ingimage.com

This book is a translation from the original published under ISBN 978-3-659-85287-9.

Publisher:
Sciencia Scripts
is a trademark of
Dodo Books Indian Ocean Ltd. and OmniScriptum S.R.L publishing group

120 High Road, East Finchley, London, N2 9ED, United Kingdom
Str. Armeneasca 28/1, office 1, Chisinau MD-2012, Republic of Moldova, Europe
Managing Directors: Ieva Konstantinova, Victoria Ursu
info@omniscriptum.com

Printed at: see last page
ISBN: 978-620-8-36947-7

ÍNDICE DE CONTEÚDOS

TERMINOLOGIA

Etiqueta:

Uma etiqueta é um microchip e uma antena que podem ser programados para identificar artigos e transmitem informações a um recetor.

Etiquetas activas:

Uma etiqueta pode ser designada por etiqueta ativa quando está equipada com uma bateria como fonte de energia para afetar a gama de funcionamento da etiqueta, que é necessária para suportar muitas funções.

Anti-colisão:

A anticolisão é um método que impede que as ondas de rádio de um dispositivo interfiram com as ondas de rádio de outro dispositivo. Estes métodos também podem ser utilizados para ler etiquetas utilizando o mesmo campo de leitura. **Identificação automática:**

Uma etiqueta tem de ser identificada e a identificação automática da etiqueta pode ser conseguida através de códigos de barras, RFID e outras tecnologias electrónicas.

Código de barras:

O código de barras é um código que é utilizado para identificar uma etiqueta. O código é feito com base em linhas com larguras e espaçamentos variáveis que podem ser lidas por um scanner.

Leitor:

O leitor é um dispositivo que se destina a comunicar com etiquetas RFID. O leitor é constituído por uma ou mais antenas destinadas a emitir ondas de rádio ou a receber sinais da etiqueta. O leitor é também designado por interrogador, uma vez que comunica com o TAG através de interrogação.

Marca de água

Uma marca de água é uma imagem ou um padrão específico. Uma marca de água aparece em vários tons de luz e escuridão e é vista à luz transmitida, à luz reflectida causada pela variação da espessura ou da densidade em relação a um fundo escuro

Assinatura digital

Uma assinatura digital é uma assinatura representada em forma matemática. As assinaturas digitais são utilizadas para autenticar uma mensagem ou um documento transmitido por um remetente.

WSN

A RSSF (rede de sensores sem fios) é uma rede estabelecida através da ligação de vários tipos de sensores numa área local que se destinam a medir e a detetar as alterações que ocorrem numa vizinhança. A ligação em rede é efectuada através de sensores que se destinam a controlar parâmetros como a temperatura, o som, a vibração, a pressão, o movimento ou os poluentes e a transmitir cooperativamente os seus dados através da rede para um local principal.

RSSI

RSSI (Received signal strength - intensidade do sinal recebido) é uma métrica que mede a intensidade de um sinal recebido por um recetor de rádio. A RSSI é amplamente referida na norma sem fios IEEE 802.11 para se referir à intensidade do sinal.

TOA

TOA significa Tempo de chegada e também é designado por tempo de voo. Mede o tempo de viagem de um sinal de rádio que é iniciado a partir de um transmissor para ser recebido por um recetor. O tempo de deslocação é medido estabelecendo uma relação entre a velocidade da luz no vácuo e a frequência portadora de um sinal. O tempo é medido com base na distância entre o transmissor e o recetor.

AOA

AOA significa ângulo de chegada de um sinal de rádio. O AOA mede a direção de incidência de uma frequência de rádio num conjunto de antenas. O AOA também determina a direção do sinal medindo a diferença de tempo na deteção dos sinais em elementos individuais de uma antena.

TDOA

O TDOA mede o tempo percorrido por diferentes sinais de uma única fonte para várias localizações de receptores. U-TDOA é o Uplink Time difference of Arrival (diferença de tempo de chegada da ligação ascendente) que é utilizado para localizar um telemóvel que implementa a multilateração com base no tempo dos sinais recebidos.

RFID

A RFID (identificação por radiofrequência) é uma tecnologia utilizada para transmitir a identidade de um objeto ao qual a etiqueta está ligada. A identificação é conseguida através da transmissão de sinais de rádio que são recebidos por um recetor **WLAN**

Uma **rede local sem fios** (**WLAN**) liga dois ou mais dispositivos utilizando um rádio de espetro alargado ou OFDM e, normalmente, fornece uma ligação à Internet através de um ponto de acesso. As WLAN permitem que os utilizadores se desloquem dentro de uma área de cobertura local e, enquanto se deslocam, continuam ligados à rede.

Ponto de acesso

Um ponto de acesso é um dispositivo que fornece um alcance de sinal para cobrir uma distância de 20 metros no interior e uma distância maior no exterior para ligar um utilizador à rede que suporta comunicação sem fios.

WPAN

Uma rede de área pessoal sem fios (WPAN) é uma rede estabelecida através da interligação de dispositivos que se encontram no espaço de trabalho de uma pessoa. Os dispositivos comunicam através de métodos de comunicação sem fios.

MANET

Uma rede ad-hoc móvel é uma rede que se estabelece quando um conjunto de dispositivos sem fios se encontra a uma distância de um raio especificado. Os dispositivos auto-configuram a infraestrutura necessária em cada um deles para que possam estabelecer a ligação com todos os outros dispositivos que se encontram na sua vizinhança.

Bluetooth

O Bluetooth é uma norma de comunicação sem fios utilizada para ligar dois dispositivos que se encontram a uma distância de 10 metros. O Bluetooth ajuda a ligar dispositivos como telemóveis, câmaras digitais, etc., que poderão comunicar e trocar informações através de uma frequência de rádio de curto alcance segura e globalmente não licenciada. O Bluetooth foi concebido para dispositivos que devem funcionar com baixo consumo de energia e operar em distâncias de curto alcance. As interfaces Bluetooth são construídas com microchips receptores de baixo custo.

Wi-Fi

O "Wi-Fi" é uma norma de comunicação sem fios que funciona a distâncias médias. A norma ajuda os dispositivos a comunicarem entre si num ambiente seguro, utilizando os sinais de rádio que estão disponíveis gratuitamente. Os dispositivos ligados a interfaces Wi-Fi também podem ser ligados à Internet através de um ponto de acesso à rede.

Alta fidelidade

Alta Fidelidade ou Hi-Fi é uma norma que se refere à qualidade do som, do áudio e das imagens utilizadas pelos ouvintes domésticos. A norma é utilizada para distinguir som e imagens de alta qualidade de som de baixa qualidade produzido por equipamento áudio barato. Os equipamentos de alta fidelidade são concebidos para funcionar com níveis mínimos de ruído e distorção.

NFC

A comunicação de campo próximo ou NFC (Near Field Communication) é uma norma de tecnologia de comunicação sem fios de baixa potência implementada para efetuar a comunicação via rádio entre os telemóveis inteligentes e dispositivos semelhantes através do toque físico ou da aproximação entre eles, normalmente não superior a alguns centímetros.

GPS

O GPS (Global Positioning Satellite) é um dos satélites que orbitam a Terra, emitindo constantemente um sinal que indica a sua localização. Todos os satélites são coletivamente designados por Sistema de Fixação de Posicionamento. O posicionamento global é a capacidade de um sistema encontrar a posição de um objeto em termos de latitude e longitude. Os receptores GPS podem receber sinais dos satélites e utilizá-los para calcular a longitude e a latitude.

Rede sem fios ad-hoc

Uma rede ad-hoc sem fios é uma rede que se estabelece quando os dispositivos móveis se deslocam para uma zona próxima. A rede é adhoc e não é permanente, uma vez que a rede é automaticamente destruída quando os dispositivos que se aproximam se afastam para além da área permitida. A rede não depende de infra-estruturas pré-existentes, que incluem routers em redes com fios ou pontos de acesso em redes sem fios geridas.

Triangulação

A triangulação é um método destinado a determinar a localização de um transmissor de rádio através da medição da distância radial ou da direção do sinal recebido a partir de dois ou três pontos diferentes. É possível fixar a posição geográfica de um dispositivo ou de um utilizador utilizando o método de triangulação. Em trigonometria e geometria, a localização de um ponto é determinada através da medição de ângulos a partir de pontos conhecidos, em vez de se medirem diretamente as distâncias até ao ponto. O ponto pode então ser fixado como o terceiro ponto de um triângulo com um lado conhecido e dois ângulos conhecidos.

Latitude

A latitude determina a localização exacta de um objeto na direção Norte-Sul e é o ângulo entre a vertical local e o plano do equador. A latitude é medida utilizando linhas horizontais com curvatura variável. As linhas são efetivamente circulares com raios diferentes.

Longitude

A longitude também determina a localização de um objeto na direção Este-Oeste em relação a uma posição pontual na superfície da Terra. É medida em ângulos expressos em graus, minutos e segundos. As linhas de longitude parecem verticais com curvatura variável, mas na realidade são metades de elipses, com raios idênticos a uma dada latitude.

Ingerência

Por adulteração entende-se a alteração ou adulteração deliberada da informação, do produto, da embalagem ou de um sistema, efectuada com a intenção de prejudicar o funcionamento normal de um TAG. Podem ser afectados muitos tipos de adulteração e são aplicadas muitas soluções em diferentes fases do fabrico até à venda do produto. Nenhuma solução única pode ser perfeitamente "inviolável" e, frequentemente, são necessários vários níveis de inviolabilidade.

Selos e assinaturas

Os selos e as assinaturas são utilizados na embalagem dos produtos para garantir que não há adulteração antes de o produto ser entregue. Os selos de segurança são normalmente utilizados em dispositivos como as máquinas de voto eletrónico, numa tentativa de detetar adulterações.

Sensor:

Um sensor é um dispositivo que detecta, ou sente, um sinal ou uma condição física ou compostos químicos. Existem muitos tipos de sensores que se destinam a medir ou detetar muitos parâmetros de processo que incluem temperatura, pressão, nível, humidade, velocidade, movimento, distância, luz ou a presença/ausência de um objeto. Os sensores ajudam a detetar as mudanças que ocorrem dentro e à volta do ambiente em que estão colocados.

Gestão de energia

A energia é necessária para que todos os dispositivos funcionem eficazmente. Gerir a energia significa utilizá-la da forma mais adequada quando necessário e conservá-la quando não é necessária. Alguns aparelhos eléctricos desligam a alimentação ou mudam o sistema para um modo de baixo consumo quando estão inactivos. A gestão da energia implica a redução do consumo de energia e o prolongamento da vida útil da bateria.

Gestão Inteligente da Energia (IPM)

A gestão inteligente da energia é uma combinação de hardware e software que optimiza a distribuição e a utilização da energia eléctrica em sistemas incorporados. O modo como a energia é gerida varia de sistema para sistema. A maioria dos sistemas de gestão de energia utiliza a regulação da tensão e da corrente e limita a corrente necessária ao funcionamento de um dispositivo.

Modo de espera

O modo de suspensão refere-se a um modo de baixo consumo de energia que é utilizado quando os dispositivos electrónicos, como computadores, televisores e dispositivos de controlo remoto, não têm nada para fazer num determinado momento. Estes modos ajudam a poupar energia em comparação com deixar um dispositivo totalmente ligado ou manter o dispositivo no estado de inatividade para evitar reiniciar a execução do programa ou esperar pelo reinício do sistema.

Gestão de energia estática

As técnicas de gestão da energia estática (SPM) são aplicadas no momento da conceção. No momento da conceção, é calculada a quantidade de energia necessária para os diferentes dispositivos e os requisitos de energia são concebidos em conformidade. Estimar os requisitos de potência na fase de conceção e efetuar a gestão da potência a realizar na fase de conceção é designado por gestão estática da potência.

Gestão dinâmica de energia (DPM)

As técnicas de gestão dinâmica da energia (DPM) são aplicadas durante o tempo de execução, quando o sistema está a fazer um trabalho ligeiro ou não está a fazer nada. A DPM pode ser implementada de diferentes formas, incluindo DVS e DMS. A técnica de Dimensionamento Dinâmico da Tensão (DVS) diminui a tensão de alimentação do processador em tempo de execução como técnica de gestão da energia. O DPM também pode ser aplicado para desligar os dispositivos não utilizados.

Escala de tensão dinâmica

É uma técnica de gestão de energia que ajuda a diminuir ou aumentar a tensão de um componente com base no tipo de processamento efectuado. O aumento da tensão é conhecido como sobretensão e a diminuição é conhecida como subtensão. A subtensão é efectuada para conservar a energia nos dispositivos móveis, que são alimentados por uma bateria. A sobretensão é feita para aumentar o desempenho do computador ou, em casos raros, para aumentar a fiabilidade.

Escala dinâmica de frequência

O escalonamento dinâmico da frequência é também conhecido como estrangulamento da CPU. O método implementa um mecanismo que altera automaticamente a frequência de um microprocessador, quer para conservar energia, quer para reduzir a quantidade de calor gerada pelo chip. O escalonamento dinâmico da frequência é normalmente utilizado quando a energia necessária é fornecida por uma bateria. Também é utilizado quando é necessário reduzir o arrefecimento das partes com pouca carga. A menor produção de calor, por sua vez, permite que as ventoinhas de arrefecimento do sistema sejam reduzidas ou desligadas, reduzindo os níveis de ruído e diminuindo ainda mais o consumo de energia.

Bip

O sinal sonoro é um som simples e agudo que serve de sinal ou aviso.

Emissão de luz

Por emissão de luz entende-se a radiação na gama de comprimentos de onda visíveis devida aos fotões emitidos por dispositivos semicondutores discretos e CI. **Serviço de mensagens curtas (SMS)**

O SMS é um serviço de mensagens de texto que pode ser afetado entre os dispositivos de comunicação. É um protocolo padrão utilizado para o intercâmbio de mensagens simples, especialmente entre dispositivos sem fios.

Comutação de contexto sensível à mobilidade

São necessários serviços conscientes da mobilidade para monitorizar os parâmetros de contexto e adaptá-los de forma flexível às variações das gamas de sinais.

Transferência horizontal

O Handoff é um processo que ocorre quando um dispositivo móvel Wi-Fi a funcionar em modo de infraestrutura se desloca entre duas células Wi-Fi, mudando o ponto de acesso ao qual está ligado.

Transferência vertical

O handoff vertical ocorre quando um dispositivo que aloja diferentes interfaces de rede está a funcionar numa área servida por vários pontos de acesso que utilizam diferentes tipos de tecnologias sem fios. O dispositivo em tempo de execução pode decidir fazer o handoff de uma infraestrutura e passar para a outra.

Autenticação

A autenticação é um processo que verifica a exatidão de uma pessoa que iniciou uma comunicação. Os nomes de utilizador e as palavras-passe são normalmente utilizados para afetar o processo de autenticação. A autenticação também pode ser efectuada através de outros métodos, como um cartão inteligente, leitura da retina, reconhecimento de voz ou impressões digitais.

Autorização

Por outro lado, a autorização consiste em determinar se o acesso a um recurso pode ser concedido ao utilizador após a conclusão da autenticação. A autorização é efectuada através dos direitos concedidos ao utilizador para aceder aos recursos.

Encriptação

A encriptação é um processo que converte dados de uma forma para outra. Os dados encriptados são designados por texto cifrado. É bastante difícil interpretar o texto cifrado e dar-lhe um significado. Existem muitos tipos de sistemas de cifra que incluem a substituição de letras ou números, a rotação das letras no alfabeto, a codificação de sinais, a rotação de letras no alfabeto, a inversão das frequências de banda lateral, etc. São necessários algoritmos informáticos sofisticados para produzir cifras complexas, o que torna bastante difícil e problemático decifrar as cifras.

Descriptografia

A descodificação é o processo de conversão de dados encriptados de volta à sua forma original, para que possam ser compreendidos. Para recuperar facilmente o conteúdo de um sinal encriptado, é necessária a chave de desencriptação correta. A chave é uma entrada com base na qual o processo de encriptação ou desencriptação é afetado.

Redes peer-to-peer

Uma rede peer-to-peer (P2P) é uma rede estabelecida através da ligação direta do dispositivo, sem necessidade de um servidor separado para efetuar a comunicação. Os dispositivos que normalmente pretendem partilhar os recursos são ligados através de uma rede P2P. Uma rede P2P pode ser utilizada para efetuar a comunicação entre os dispositivos que estão ligados através de USB (Universal Serial Bus). Uma rede P2P também pode ser estabelecida através de uma infraestrutura permanente que liga vários computadores num pequeno escritório através de fios de cobre.

Estrutura

Uma estrutura é uma plataforma que pode ser utilizada para construir um produto, adicionando muitos mais componentes ou expandindo os componentes que são fornecidos na estrutura.

Protocolo

Um protocolo é um conjunto de normas acordadas e abertamente publicadas e distribuídas que permitem a diferentes empresas fabricar dispositivos compatíveis com a mesma especificação. Todos os dispositivos fabricados com o mesmo protocolo podem comunicar entre si sem qualquer ajustamento ou modificação.

Integração

A integração de sistemas ajuda a definir a forma como o hardware e o software podem ser ligados para permitir a sua comunicação.

Interfaces

A interface é a realização da comunicação entre componentes através de elementos de hardware e software.

Co-conceção de software/hardware

A co-conceção de software/hardware pode ser definida como a conceção simultânea de hardware e software para implementar uma função desejada

COMET (Metodologia de conceção CO)

O COMET é uma metodologia de co-design de hardware-software que utiliza C e VHDL como descrição de software e hardware de um sistema incorporado. O COMET utiliza regras para ligar as descrições C e VHDL numa descrição completa do sistema.

Co-verificação

É o processo de verificação do software e do hardware simultaneamente em relação à sua adequação à função desejada.

Co-simulação

A co-simulação é uma metodologia de simulação que permite que componentes individuais sejam simulados por diferentes ferramentas de simulação que funcionam simultaneamente e trocam informações de forma colaborativa.

Integração de sistemas

A integração de sistemas consiste em reunir os subsistemas componentes num único sistema e garantir que os subsistemas funcionam em conjunto como um sistema.

Linguagens de descrição de hardware

Uma linguagem de descrição do hardware ou HDL é qualquer linguagem incluída na categoria das linguagens informáticas, linguagens de especificação ou linguagens de modelização para a descrição formal e a conceção de circuitos electrónicos. A conceção e a organização de circuitos em funcionamento e os testes para verificar o seu funcionamento através de simulação podem ser efectuados utilizando linguagens de descrição de hardware.

Conceção conjunta

A co-conceção refere-se ao desenvolvimento paralelo ou concomitante de hardware e software relacionados com um produto incorporado. A definição varia de empresa para empresa, consoante o âmbito da apresentação da informação. No entanto, a base continua a ser a mesma, ou seja, a conceção e verificação simultâneas dos blocos de hardware e software de um sistema.

Modularidade

A modularidade divide um sistema em partes mais pequenas que podem ser criadas e testadas independentemente para uma implementação correta da funcionalidade. Os sistemas incorporados desenvolvidos e testados individualmente são depois integrados para formar um sistema completo. A modularidade de um sistema pode ser vista como a divisão das funções em módulos discretos, escaláveis e reutilizáveis, constituídos por elementos funcionais isolados e autónomos. A conceção modular explora as vantagens da normalização que conduz a baixos custos de fabrico.

Sistema operativo em tempo real (RTOS)

Um sistema operativo em tempo real (RTOS) ajuda a processar os eventos que ocorrem no ambiente externo em tempo real, conforme exigido pela aplicação. O RTOS ajuda a manter a coerência na forma como o processamento das tarefas é efectuado, especialmente no que diz respeito ao tempo que as tarefas demoram a concluir o processamento. Um sistema operativo em tempo real rígido procura concluir as tarefas exatamente dentro dos limites de tempo, ao passo que o sistema operativo em tempo real flexível tem um pouco de vantagem. Os RTOS ajudam a cumprir os prazos em tempo real, adaptando algoritmos de programação adequados.

Sistemas incorporados

Um sistema incorporado é um sistema em que tanto o hardware como o software são incorporados com o objetivo principal de implementar uma aplicação específica.

PUBLICAÇÕES ACADÉMICAS

[1] **JKR Sastry, A. Vinaya Babu**, 2014-05, "An Approach towards Integrating Embedded code developed using heterogeneous Programming Languages", International Journal of Latest Research in Science and Technology, Vol.3, Iss. 3, Pg. 153-162

[2] **JKR Sastry, A Vinaya Babu**, 2014-04, "Implementing InCloud Security for effecting secured communication between Intelligent Tags and Mobile Devices", International Journal of Innovative Research in Computer and Communication Engineering,Vol. 2, Iss. 6, Pg. 4552-4561

[3] **JKR Sastry, A. Vinaya Babu**, 2014-03, "Strategizing Power Utilization within Intelligent Tags", International Journal of P2P Network Trends and Technology (IJPTT), Vol. 9, Pg. 16

[4] **JKR Sastry, A Vinaya Babu**, 2014-02, Tamper Proofing of the Tags through Pressure Sensing International Journal of Emerging Trends & Technology in Computer Science (IJETTCS) Vol. 1, Iss. 2, Pg. 1-6

[5] **JKR Sastry, A Vinaya Babu**, 2014-01, "Diretional Location finding of Intelligent Tags" Revista Internacional de Desenvolvimento Recente em Engenharia e Tecnologia Vol. 2, Iss. 6, Pg. 9-15

[6] **JKR Sastry, C Ravi Shnaker, M Snigdha, Md Sadiq, G Ashok, P Ravi Teja**, 2012-23, "An efficient architecture for Enforcing Mobile security through In-Clouds", International Journal of Research and Reviews in Applicable Mathematics & Computer Science Vol. 2, Iss. 2, Pg. 30-36

[7] **JKR Sastry, G. Bharathi, D. Srinivas**, 2012-29, "An efficient Architecture for the development of open cloud computing backbone", International Journal of computer Information systems" Vol. 4, Iss. 2, Pg. 82-89

[8] **JKR Sastry, K Subba Rao, J Sasi Bhanu**, 2012-22, "Counter attacking Fault Injections into Embedded Systems", International Journal of Research and Reviews in Applicable Mathematics & Computer Science, Vol. 2, Iss. 5, Pg. 70-73

[9] **JKR Sastry, K Subba Rao, J Sasi Bhanu**, 2012-21, "Counter attacking the timing attacks on Embedded Systems", International Journal of Advances in Science and Technology, Vol. 5, Iss. 1, Pg. 17-23

[10] **JKR Sastry, K Subba Rao, J Sasi Bhanu**, 2012-20, "Counter Attacking method for Embedded Systems against Power Analysis", International Journal of Computer Information Systems, Vol. 5, Iss. 1, Pg. 63-68

[11] **JKR Sastry, K Subba Rao, J Sasi Bhanu**, 2012-19, "Counter Attacking Electromagnetic attacks for securing Embedded Systems", International Journal of Advances in Science and Technology, Vol. 5, Iss. 1, Pg. 39-44

[12] **JKR Sastry, N Venkataram, B Santhi Chandra, LSS Reddy**, 2012-18, "On Integrating Distributed heterogeneous embedded codes for Implementing homogeneous embedded Intelligent Tag related Application", International Journal of Computer Information Systems, Vol. 4, Iss. 3, Pg. 488-497

[13] **JKR Sastry, N Venkataram, B Santhi Chandra, LSS Reddy**, 2012-17, "On Integrating Hardware of Distinct Embedded System Boards", International Journal of Communication Engineering Applications-IJCEA, Vol. 3, Iss. 3, Pg. 387-392

[14] **JKR Sastry, N. Venkataram, K. Sreenivasa Ravi, M. Rama Narayana,** 2012-16, "Software Framework for Implementing Add-on Applications on Mobile Phones That Runs on Android Operating System for Effecting Peer Communication with Application Components Resident on Intelligent Tags", Research Journal of Computer Systems Engineering - RJCSE, Vol. 3, Iss. 2, Pg. 26-31

[15] **JKR Sastry, N. Venkataram, K. Sreenivasa Ravi, M. Rama Narayana, Smt J Sasi Bhanu**, 2012-15, "Uma estrutura de arquitetura para a implementação de aplicações complementares em telemóveis que funcionam com o sistema operativo Android para efetuar a comunicação entre pares com componentes de aplicação residentes em TAGS inteligentes", Transacções internacionais em engenharia eléctrica, eletrónica e de comunicações, Vol. 2, Iss. 2, Pg. 125-131

[16] **JKR Sastry, N. Venkatram, Y. Pavan Kumar, N. Rajesh Babu**, 2012-14, "Desenvolvimento de uma arquitetura de software para a construção de inteligência para proteger a comunicação entre as etiquetas e os dispositivos móveis", International Journal of VLSI and Embedded Systems-IJVES, Vol. 3, Iss. 2, Pg. 114-123

[17] **JKR Sastry, N. Venkatram, Y. Pavan Kumar, N. Rajesh Babu** 2012-13 Sobre a construção de inteligência para garantir a comunicação entre as etiquetas e os dispositivos móveis International Journal Of Mobile and Adhoc Network - IFRSA 297-303

[18] **JKR Sastry, N Venkataram, G Pradeep, K Srinivasa Ravi**, 2012-12, "On Dynamic Configurability and Adaptability of Intelligent Tags with Handheld Mobile Devices", International journal of IFRSA (IIJES), Vol. 1, Iss. 2 Pg. 114123

[19] **JKR Sastry, N Venkataram, G Pradeep, K srinivasa Ravi**, 2012-11, "Arquitetura de software para implementar a configurabilidade dinâmica e a

adaptabilidade de etiquetas inteligentes com dispositivos móveis portáteis", Research Journal of Computer Systems Engineering - RJCSE, Vol. 3, Vol. 2, Pg. 393-398

[20] **JKR Sastry, N. Venkatram, K.Sreenivasa Ravi, T.SriLakshmi, LSS Reddy,** 2012-10, "Software Architecture for Implementing Efficient Alerting System within an Intelligent TAG", International Journal of Computer Information Systems, Vol. 4, Iss. 5, Pg. 30-37

[21] **JKR Sastry, N. Venkatram, K.Sreenivasa Ravi, T.SriLakshmi, LSS Reddy**, 2012-09, "An efficient design framework for building alerting Systems to make regular tags intelligent" International Journal of Advanced Research in Computer Science, IJARCS, Vol. 3, Iss. 3, Pg. 345-348

[22] **JKR Sastry, R. Deepika**, 2012-08, "Arquitetura de software para implementar técnicas eficientes de gestão de energia em TAGS inteligentes", Revista Internacional de Computação, Vol. 2, Iss. 3, Pg. 573-579

[23] **JKR Sastry, N. Venkatram, R. Deepika, LSS Reddy,** 2012-07, "Efficient power management techniques for increasing the longevity of intelligent tags", International Transactions on Electrical, Electronics and Communication Engineering, Vol. 2, Iss. 2, Pg. 21-25

[24] **JKR Sastry, N. Venkatram, N.N.V.V.S.S. Pavan, N. Rajesh Babu, Y. Pavan Kumar**, 2012-06, Arquitetura de software para a implementação de um sistema de deteção de adulterações num sistema incorporado relacionado com etiquetas inteligentes Jornal Internacional de Aplicações de Engenharia de Comunicações- IJCEA Vol. 3, Iss. 2, Pg. 478-483

[25] **JKR Sastry, N. Venkatram, N.N.V.V.S.S. Pavan, N. Rajesh Babu, Y. Pavan Kumar, LSS Reddy**, 2012-05, Building Intelligence into TAGs for Tamper Proofing International Journal of Advances in Science and Technology Vol. 4, Iss. 4, Pg. 8-17

[26] **JKR Sastry, N. Venkataram, Ms. P Sahithi Ramya**, 2012-04, "Arquitetura de Software para Implementação de Gestão de Localização em TAGS Inteligentes", International Transactions on Electrical, Electronics and Communication Engineering, Vol. 2, Iss. 3, Pg. 31-38

[27] **JKR Sastry, N. Venkataram, Ms. P Sahithi Ramya, L.S.S Reddy**, 2012-03, "On Locating Intelligent TAGS", IFRSA International Journal of Electronics Circuits and Systems Vol. 1, Iss. 2, Pg. 86-89

[28] **JKR Sastry, N Venkatram, G. Subhash Babu, LSS Reddy**, 2012-02, "On Identifying Intelligent TAGS with remote HOST", International Transactions on Electrical, Electronics and Communication engineering, Vol. 2, Iss. 2, Pg. 8-13

[29] **JKR Sastry, G. Subhash Babu, N Venkataram**, 2012-01, "Arquitetura de software para implementação de sistema de identificação em TAGS inteligentes", International Journal of Advances in Science and Technology, Vol. 4, Iss. 5-7 Pg. 714

[30] **JKR Sastry, V. Chandra Prakash, D. Bala Krishna Kamesh, S. Venlateswarlu** 2011-03, "A Novel approach towards the Performance Optimization of the Embedded Systems", Research Journal of Computer Systems Engineering- Vol. 2, Iss. 2, Pg. 89-99

[31] **JKR Sastry, K Subba Rao, J Sasi Bhanu**, 2011-02, "Attacking Embedded Systems through Fault Injection", 978-1-4244-9581-8/11/$26.00 © 2011 IEEE

[32] **JKR Sastry, K Subba Rao, N Venkataram J Sasi Bhanu**, 2011-01, "Attacking Embedded Systems through Power Analysis", Int. J. Advanced Networking and Applications, Vol. 2, Iss. 5, Pg. 811-816

[33] **JKR Sastry, K Subba Rao, LSS Reddy, K Samuel Babu, J Sasi Bhanu**, 2010-01, "Attacking Embedded Systems through EMA", 2ª Conferência Internacional sobre RF e processamento de sinais, pág. 627-631

[34] **JKR Sastry, K Subba Rao, J Sasi Bhanu, CH Jyotshna**, 2009-01, "Attacking Embedded systems through Timing Analysis" CSI Communication - outubro de 2009, Pg. 37-40.

CAPÍTULO - 1.0 (INTRODUÇÃO)

As etiquetas são normalmente utilizadas para fins de identificação, sendo geralmente construídas com base em tecnologias RFID. As etiquetas podem ser tornadas mais inteligentes através da adição de mais funções utilizando diferentes tipos de tecnologias. Uma TAG, quando se torna mais inteligente, ajuda a adaptar-se às mudanças que ocorrem na sua vizinhança.

Um TAG pode ser tornado inteligente através da disponibilização de diferentes tipos de funções, para além das funções relacionadas com a identificação dos objectos. Alguns dos aspectos inteligentes que podem ser considerados para integrar no TAG estático incluem: (1) **Identificação**, (2) **Localização de um TAG**, (3) **Deteção e alerta da manipulação do TAG por estranhos**, (4) **Gestão de energia do TAG**, (5) **Alerta, ocorrência de vários eventos, excepções e erros** que ocorrem nas imediações do TAG, (6) **Capacidade de comunicar com o HOST remoto (telemóvel)** utilizando diferentes métodos de comunicação, (7) **Garantir a segurança da comunicação entre o HOST e o TAG**, (8) **Acrescentar módulos a um dispositivo móvel para fornecer uma interface com a qual o HOST pode comunicar com o TAG**, especialmente no que diz respeito à configuração dinâmica, (9) **Integrar os sistemas incorporados desenvolvidos individualmente que implementam uma inteligência específica para formar uma solução global**.

1.1 Identificação de um TAG com HOST

Cada TAG deve identificar-se com o HOST para que este reconheça o seu próprio TAG e possa comunicar com os seus próprios Tags identificados. Estão a ser utilizados vários sistemas de identificação, incluindo códigos de barras, códigos QR, códigos aztecas, códigos de matriz de dados, marca de água digital, assinaturas digitais, etc. Todos estes sistemas sofrem de ruído e interferências.

As etiquetas inteligentes podem comunicar com o dispositivo portátil através de diferentes tipos de métodos de comunicação e, geralmente, utilizam diferentes tipos de sinais com diferentes intensidades. É muito possível que as etiquetas inteligentes que não estão relacionadas com um determinado dispositivo móvel possam interferir com os sinais emitidos pelas etiquetas inteligentes que estão diretamente relacionadas com o dispositivo móvel.

Alguns dos principais problemas que afectam a identificação da TAG com o dispositivo móvel são os seguintes

1. Escolha de um sistema de codificação adequado que ajude a identificar um TAG de forma única com o telemóvel quando vários Tags estão em comunicação com o

dispositivo móvel.

2. Um TAG que identifica com exatidão o telemóvel quando existe ruído

3. Um TAG que se identifica corretamente com o dispositivo móvel na presença de ataques.

É necessário desenvolver um sistema de codificação que identifique exclusivamente um TAG inteligente com o dispositivo móvel e que, ao mesmo tempo, seja capaz de se proteger de interferências de outros Tags inteligentes que se encontrem nas imediações e também quando estão em vigor diferentes ataques. O sistema de marcação inteligente envolve vários números de etiquetas inteligentes individuais e um dispositivo móvel portátil. Cada etiqueta inteligente deve ser capaz de se identificar com o dispositivo móvel para estabelecer a comunicação. As etiquetas inteligentes têm de comunicar com o dispositivo portátil para vários fins, que incluem o fornecimento de informações relacionadas com a sua própria localização, a comunicação de informações relacionadas com o ambiente, o alerta do dispositivo móvel relativamente à ocorrência de vários tipos de eventos, etc. Para tal, é importante que apenas as etiquetas diretamente relacionadas com o dispositivo móvel possam comunicar.

O problema consiste em desenvolver um sistema de codificação que identifique de forma única uma TAG inteligente com o dispositivo móvel e que, ao mesmo tempo, seja capaz de se proteger da interferência de outras Tags inteligentes que se encontrem nas imediações. As etiquetas devem ser identificadas de forma única com o dispositivo móvel na presença de ruído e de sistemas de ataque. Assim, é necessário desenvolver um sistema de codificação que identifique um TAG com um dispositivo móvel, eliminando as interferências e estabelecendo um sistema de identificação eficaz.

1.2 Localização de um TAG

O sistema de gestão da localização é utilizado para encontrar a localização de objectos perdidos ou para informar o HOST quando a sua posição muda por qualquer motivo. O sistema que procura a localização dos objectos é geralmente baseado nos telemóveis. Os telemóveis suportam muitas funções e estão presentes em todo o lado. Os telemóveis ajudam a ligar as pessoas em todo o mundo através de infra-estruturas que estão espalhadas por todo o mundo. Alguns objectos importantes podem ser ligados a um TAG eletrónico de modo a localizar os objectos nas proximidades de um telemóvel. Localizar e seguir objectos é uma necessidade e tornou-se parte de um grande número de aplicações.

São utilizadas várias tecnologias sem fios, como RFID, IR, Bluetooth, WiFi, Hi-Fi e NFC, para localizar as etiquetas inteligentes nas proximidades do dispositivo principal. O GPS tornou-se mundialmente conhecido nos últimos anos. A posição de uma pessoa ou de um objeto na Terra pode ser indicada utilizando um GPS.24 Os sistemas de satélites GPS que orbitam a 11 000 milhas náuticas em órbita geossíncrona acima da Terra podem ser utilizados para localizar um objeto na Terra. Os satélites são monitorizados através de estações terrestres situadas em todo o mundo. Todos os receptores GPS necessitam de uma linha de visão com os satélites. Os sistemas GPS podem ser explorados para localizar e seguir as TAGS e fazer com que o HOST saiba a localização exacta da TAG.

A etiquetagem e a deteção de objectos podem ser conseguidas através de muitos dispositivos de hardware. Podem ser utilizados vários dispositivos de hardware para a marcação e deteção de objectos. Em muitas aplicações, que incluem a monitorização de prisões, a segurança de crianças, os jogos em recintos fechados, a segurança, os cuidados de saúde, etc., está a ser utilizado um sistema de marcação e localização de objectos. É necessário um sistema eficiente de identificação da localização das etiquetas para que os seus utilizadores as possam localizar facilmente.

Existem várias tecnologias e métodos sem fios para o rastreio da localização. Estas tecnologias de localização são utilizadas para localizar o TAG inteligente nas proximidades do dispositivo principal. Alguns dos métodos incluem o indicador da intensidade do sinal recebido (RSSI), o GPS, a unidade de localização GPS, etc.

As etiquetas inteligentes podem comunicar com o dispositivo portátil através de diferentes tipos de métodos de comunicação e, geralmente, utilizam diferentes tipos de sinais de várias intensidades. É muito possível que as etiquetas inteligentes que não estão relacionadas com um determinado dispositivo móvel possam interferir com os sinais emitidos pelas etiquetas inteligentes que estão diretamente relacionadas com um dispositivo móvel. Algumas das principais questões que devem ser consideradas de modo a afetar a identificação da TAG com o dispositivo móvel incluem o seguinte:

1. Escolha de um método de gestão de localização adequado que ajude a identificar a localização de um TAG específico de forma exclusiva com o telemóvel quando vários Tags estão em comunicação com o dispositivo móvel.

2. Um TAG que identifica com exatidão a sua própria localização com o dispositivo móvel na presença de ataques.

3. Um TAG que identifica com exatidão a sua própria localização quando é

deslocado de uma posição para outra

4. Para abordar questões como a exatidão, a eficiência de custos, a fiabilidade, a simplicidade e a escalabilidade

A questão mais importante relacionada com o sistema de gestão da localização é a precisão. O sistema de gestão da localização deve efetuar uma localização eficiente dos objectos. Utilizando métodos precisos de localização de objectos, os utilizadores do sistema satisfazem as suas necessidades de aplicação de alto nível. O sistema de gestão da localização tem de ser concebido e implementado tendo em conta a relação custo-eficácia. O tipo de tecnologia necessária depende do número de objectos de interesse, dos requisitos e da tecnologia de localização disponível, que pode ser variada.

O sistema de gestão da localização tem de funcionar exatamente em condições difíceis e práticas. Assim, o sistema deve ter um desempenho robusto e fiável contra muitos factores ambientais. O sistema de localização deve ser implementado de forma simples na área de monitorização. Assim, um melhor sistema de localização deve ser aplicado e implementado numa aplicação com menos intervenção.

O sistema de gestão da localização deve ser facilmente expandido para cobrir uma grande área de monitorização com um desempenho constante. Dependendo dos requisitos da aplicação, o sistema de gestão da localização pode ser expandido para uma área maior, e o processo de expansão deve ter em conta a construção simples e fácil da infraestrutura do sistema. Um sistema de gestão inteligente de TAG envolve a comunicação entre um TAG e um dispositivo portátil e muitas outras funções. A função mais importante do sistema é localizar a posição das etiquetas que estão ligadas a objectos relacionados com o utilizador.

Um TAG pode ser localizado com referência à longitude e latitude, ângulo e distância de um ponto de referência com um plano XY e distâncias geométricas utilizando coordenadas dentro do plano XY. A forma mais relevante de localizar um TAG inteligente é através do ângulo e da distância em relação ao ponto de referência. A localização exacta do TAG também deve ser determinada com referência à direção [LESTE, OESTE, SUL, NORTE, NORTE-LESTE, SUDOESTE, NOROESTE, SUDOESTE] e ao ângulo dentro da direção. Estão disponíveis várias tecnologias que permitem medir o ângulo e a distância. Num sistema típico de gestão de TAGs, muitas das Tags estarão a operar na mesma vizinhança, formando assim uma rede de interferências, o que afecta a identificação da localização da TAG. Assim, o problema consiste em determinar a localização do TAG através de um ângulo e de uma distância sob a influência de vários Tags inteligentes que estão a funcionar e a comunicar com o dispositivo portátil ao mesmo tempo.

1.3 Deteção e alerta de adulteração

Um dos ataques frequentes às Tags é a adulteração. É necessário que cada TAG seja desenvolvida tendo em conta a sua proteção contra adulterações. Alguns dos mecanismos de adulteração que são frequentemente afectados incluem a modificação dos dados do TAG, a remoção do TAG, a leitura não autorizada do TAG e a corrupção de dados. Os TAGs podem ser adulterados com incapacidade permanente ou deslocamento temporário.

Estão em voga diferentes tipos de ataques a cada componente do TAG, como o meio sem fios, a base de dados back-end, o canal lateral e o leitor, etc. Alguns dos ataques mais frequentes incluem ataques de picos, ataques de luz, ataques de radiação ionizante, sondagem, etc.

Por conseguinte, as etiquetas inteligentes devem ser protegidas contra diferentes tipos de ataques. Há muitos desafios a enfrentar para garantir a segurança das etiquetas inteligentes, uma vez que estas são bastante vulneráveis a ataques. À partida, a perspetiva geral da segurança das etiquetas inteligentes tem de ser vista do ponto de vista do utilizador final. Os arquitectos de projeto, os projectistas de HW e SW têm de considerar muitos aspectos relacionados com a segurança das etiquetas inteligentes.

As etiquetas são construídas com diferentes módulos que têm um funcionamento diferente. O funcionamento de cada um destes módulos depende dos ambientes de trabalho. As etiquetas são frágeis e tratam de dados muito importantes, uma vez que localizam bens valiosos. As etiquetas têm de ser protegidas contra manipulações externas. As etiquetas têm de ser dotadas de inteligência incorporada para detetar a adulteração externa através de ataques físicos ou lógicos. Devem ser acrescentados mais alguns dispositivos aos sistemas incorporados, como sensores capacitivos (sensores de pressão, interruptores de pressão), autocolantes à prova de adulteração, escudos à prova de adulteração e muitos outros, a fim de proteger as etiquetas contra piratas físicos.

As incidências de adulteração podem ser estudadas através destes dispositivos de deteção e um sistema de alerta ajudará a proteger as TAGS de adulterações externas. É necessário alertar o utilizador LOCAL e o utilizador remoto quando se verificam tentativas de manipulação. É necessária a comunicação entre as etiquetas e o telemóvel remoto para alertar o utilizador da etiqueta quando houver tentativas de manipulação da etiqueta. É necessário investigar os métodos que permitem reconhecer as tentativas de manipulação e alertar o utilizador. É necessário efetuar um estudo pormenorizado dos desafios, das práticas, das arquitecturas e das metodologias de conceção para determinar as inovações que devem ser introduzidas para proteger as etiquetas inteligentes contra a manipulação abusiva. Algumas considerações a ter em conta na proteção contra a manipulação de uma TAG inteligente podem incluir

- Para identificar potenciais atacantes e verificar o nível de conhecimento que o atacante possui.
- Identificar todos os métodos viáveis utilizados para o acesso não autorizado às etiquetas inteligentes.
- Identificar os métodos de controlo do acesso às etiquetas inteligentes.
- Encontrar os métodos que tornam a adulteração mais difícil e demorada, etc.
- Acrescentar caraterísticas que ajudem a indicar a existência de adulteração.
- Encontrar um método generalizado que identifique qualquer tipo de adulteração no TAG inteligente

Num sistema de gestão de TAG inteligente, o hardware é constituído por várias Tags e por um dispositivo portátil. Muitas das etiquetas inteligentes comunicam com o dispositivo portátil utilizando vários sistemas de comunicação, como o Wi-Fi, o Bluetooth e o NFC, etc.

As etiquetas inteligentes são frágeis e muito facilmente acessíveis localmente na sua vizinhança. As etiquetas inteligentes são bastante vulneráveis a ataques físicos por manipulação. A manipulação afecta o sistema de alimentação, as portas de comunicação, o módulo de memória, os canais, o circuito interno, a remoção da TAG, etc.

Quando a adulteração é efectuada por qualquer um dos métodos acima referidos, a comunicação com a vizinhança ou com o dispositivo portátil remoto deve ser feita de modo a que sejam implementados diferentes tipos de mecanismos de contra-medida. Assim, as etiquetas inteligentes têm de ser capazes de detetar diferentes tipos de adulteração e comunicá-las à vizinhança ou ao dispositivo portátil remoto, para que sejam tomadas medidas de combate o mais rapidamente possível. Assim, o problema consiste em detetar qualquer tipo de manipulação e alertar a vizinhança e o utilizador que exerce o controlo remoto, comunicando com o dispositivo portátil.

Pode haver muitos tipos de adulteração numa TAG inteligente. A deteção de todos eles exige um enorme suporte de hardware do lado do TAG. É necessário um método único e universal de deteção de adulterações externas para que a etiqueta seja simples e económica.

1.4 Gestão de energia das etiquetas

O consumo de energia é um dos factores limitantes de qualquer dispositivo incorporado, sobretudo dos que funcionam com bateria. À medida que a tecnologia avança, o tamanho do dispositivo móvel incorporado é reduzido para facilitar a sua utilização. Assim, o tamanho da bateria está a ser reduzido juntamente com outros componentes para reduzir o tamanho total do dispositivo incorporado. No entanto, a redução do tamanho leva à redução da carga total retida pela bateria, diminuindo assim o seu tempo de vida útil. O carregamento e o recarregamento frequentes da bateria não são efectuados, especialmente quando os dispositivos em que a bateria está instalada são móveis. No entanto, se conseguirmos reduzir a potência total consumida pelos componentes do dispositivo, podemos dar-nos ao luxo de reduzir o tamanho da bateria mantendo as caraterísticas originais ou de aumentar o tempo de vida da bateria mantendo o tamanho original ou uma combinação de ambos.

O consumo de energia num dispositivo incorporado depende da energia necessária e consumida pelos vários componentes que o compõem. O tempo de vida da bateria pode ser prolongado diminuindo a energia consumida pelos componentes. Várias técnicas de gestão de energia disponíveis permitem a redução de energia necessária nos dispositivos incorporados. A carga da bateria pode ser preservada através de vários métodos, como permitir que a unidade central de processamento (CPU) abrande, suspenda ou desligue parte ou a totalidade do sistema. As etiquetas são geralmente constituídas por muitos módulos integrados. Nem todos os módulos estarão sempre activos. Os módulos não utilizados podem ser desligados ou colocados em modo de suspensão. Para aumentar a longevidade da bateria, devem ser considerados diferentes desafios, como a otimização do software, a comunicação de baixo consumo, a visualização de baixo consumo e a gestão de dados de baixo consumo e a tolerância a falhas.

As políticas de gestão da energia podem ser descritas a vários níveis de abstração, desde o nível mais baixo do transístor até ao nível final da aplicação. Os diferentes níveis de abstração incluem o nível do transístor, o nível da arquitetura, o nível do sistema e o nível da aplicação. A aplicação é normalmente responsável pela gestão da energia, uma vez que a energia consumida depende de vários estados de funcionamento dos componentes da aplicação.

É necessária energia para acionar qualquer hardware. O software incorporado pode ser utilizado para analisar e melhorar as caraterísticas energéticas do sistema. O sistema operativo em tempo real (RTOS) fornece geralmente funções de sistema com as quais se pode gerir a disponibilidade de energia para várias partes dos sistemas. A aplicação do utilizador poderá reconhecer o estado atual da bateria invocando funções relacionadas suportadas pelo RTOS. Uma vez conhecidos os requisitos de energia dos componentes, a aplicação do utilizador deve poder reduzir os requisitos de energia ao nível mais baixo. O sistema deve ser capaz de efetuar a operação necessária sem perder a sua eficiência. Os estados de energia eficientes podem ser alcançados permitindo que vários componentes ou a combinação dos componentes estejam inactivos ou em modo de espera quando não são necessários funcionalmente.

A gestão de energia não reduz o desempenho do sistema, mas simplesmente acrescenta funcionalidades para reduzir o consumo de energia. Os modos de baixo consumo ou de suspensão ajudam a prolongar a vida útil das baterias. A desativação da alimentação de um dispositivo não deve afetar qualquer outro dispositivo. Os ecrãs dos dispositivos móveis podem ser geridos através do escurecimento ou do apagamento dos ecrãs, cortando a alimentação desses dispositivos em modo inativo. O dispositivo que entra em modo de baixo consumo é geralmente controlado por temporizadores e o regresso ao modo de pleno consumo é efectuado por acionamento manual ou automático.

A energia é necessária para acionar o hardware e executar o software. As áreas mais importantes da implementação de um sistema incorporado que estão bastante relacionadas com um maior consumo de energia incluem áreas como o ecrã, os periféricos sem fios, a execução de código e a memória.

É necessário prever mecanismos para determinar as necessidades de energia dos componentes do sistema e prever técnicas de gestão da energia para gerir a energia global do sistema ao nível mais baixo, aumentando assim a vida útil da bateria.

A inteligência tem de ser acrescentada para uma gestão eficiente da energia nas etiquetas. A adição de inteligência às etiquetas é importante do ponto de vista da longevidade da bateria, tanto quanto possível, tendo em conta que as etiquetas inteligentes estão localizadas remotamente e que a TAG inteligente deve suportar um grande número de módulos funcionais que funcionam em conjunto com o hardware incorporado.

Seguem-se algumas das principais questões que afectam o poder da TAG.

- Escolha de um sistema de gestão de energia adequado que ajude a reduzir a potência de um TAG quando vários módulos estão integrados no TAG.
- Um TAG com elevada longevidade da bateria.

- Implementação de desafios como comunicações de baixo consumo, ecrã de baixo consumo, etc.
- Para gerir a energia sem perder a eficiência de um sistema incorporado.
- Encontrar estratégias diferentes que possam ser adaptadas a diferentes condições de funcionamento para poupar o consumo de energia e aumentar a vida útil da bateria

Assim, o problema consiste em determinar as necessidades de energia dos componentes do sistema e em fornecer as técnicas de gestão da energia para gerir a energia global do sistema ao nível mais baixo, aumentando assim a vida útil da bateria e mantendo simultaneamente a eficiência.

As etiquetas são colocadas em locais remotos a partir de um dispositivo portátil. A principal fonte de energia do TAG é a bateria. A vida útil da bateria é limitada, exigindo o seu recarregamento a intervalos regulares. O facto de as etiquetas serem remotas, ocultas e portáteis torna a questão do carregamento da bateria complicada, exigindo que o carregamento seja efectuado em intervalos de tempo mais curtos.

O sistema TAG inteligente deve ser construído com vários módulos de aplicação, não sendo necessário que todos os módulos estejam activos em simultâneo. É possível que apenas um módulo esteja ativo a maior parte do tempo e que alguns dos módulos sejam apenas responsáveis pela comunicação com o dispositivo portátil. Os módulos inactivos podem ser enviados para o modo de suspensão para reduzir a energia por eles utilizada, o que significa que o sistema de gestão da energia deve ser capaz de fornecer o máximo de energia ao módulo ativo e o mínimo aos módulos inactivos. Para uma gestão eficiente da energia do TAG inteligente, há que ter em conta os diferentes desafios, como a otimização da energia do software, a comunicação de baixo consumo, a segurança de baixo consumo, a visualização de baixo consumo, a gestão de dados de baixo consumo e a tolerância a falhas.

Em suma, o problema consiste em fornecer energia a diferentes módulos com base no seu funcionamento, importância, requisitos de carregamento em atraso, diferentes níveis de alimentação eléctrica, de modo a aumentar a longevidade do sistema de baterias. Devem ser identificadas e implementadas diferentes estratégias que devem ser adaptadas para conservar a energia da bateria durante as diferentes condições de funcionamento.

1.5 Alertar para alterações e excepções ambientais

Os sistemas de alerta são absolutamente necessários para avisar as pessoas em tempo real quando ocorre um acontecimento desagradável. Durante uma situação de emergência, uma pessoa pode ficar inconsciente ou sem fala, o que a impossibilita de contactar os serviços de emergência e de indicar o seu estado. O sistema de alerta médico pode fornecer a ajuda necessária nestas situações. Durante as catástrofes, como terramotos, ciclones e grandes calamidades, estes sistemas desempenham um papel fundamental. O sistema de alerta emite alertas para o utilizador final em diferentes condições. Estes sistemas fazem agora parte da vida mecânica atual.

Existem muitas técnicas para comunicar as alterações que ocorrem no local de destino, incluindo correio eletrónico, SMS, sinais sonoros e intermitentes, etc., para ajudar o utilizador a controlar as adversidades. O tipo de mecanismo a utilizar depende muito da situação local e do tipo de alerta necessário. As etiquetas devem ser construídas com vários mecanismos e métodos para as tornar mais inteligentes e poderem comunicar com os utilizadores remotos ou locais sobre as mudanças que ocorrem no ambiente local.

O sistema sonoro emite alertas para o utilizador final em diferentes condições. Estes sistemas sonoros são amplamente utilizados nos aparelhos electrónicos actuais, o que ajuda muito o utilizador. Os sistemas sonoros são utilizados tanto em electrodomésticos como ar condicionado, máquinas de lavar roupa, fornos de micro-ondas, etc., como em aparelhos electrónicos como telemóveis, PC, computadores portáteis, iPods, etc. Será muito útil informar o utilizador final através de diferentes sinais sonoros para diferentes condições de erro. O utilizador pode identificar facilmente o tipo de erro e corrigi-lo. O problema real pode ser indicado através da utilização de um padrão de sinais sonoros ou de sinais sonoros durante um determinado período de tempo.

É necessário um sistema de alerta inteligente para alertar o utilizador sobre as alterações ambientais, uma vez que as etiquetas são colocadas à distância a partir do dispositivo portátil. As etiquetas incorporadas com módulos funcionais podem comunicar as falhas e avarias ao HOST.

As etiquetas inteligentes podem comunicar com o dispositivo portátil através de diferentes tipos de métodos de comunicação e, geralmente, utilizam diferentes tipos de sinais com diferentes intensidades. É muito possível que as etiquetas inteligentes que não estão relacionadas com um determinado dispositivo móvel possam interferir com os sinais emitidos pelas etiquetas inteligentes que estão diretamente relacionadas com o dispositivo móvel. Algumas das principais questões que devem ser abordadas para se poder adicionar inteligência a uma TAG para implementar alertas incluem o seguinte:

1. Escolha de um sistema adequado que ajude a alertar o HOST.

2. O utilizador pode ser remoto ou local e o alerta é efectuado através de sinais sonoros, alarmes, mensagens, zumbidos, etc.

3. Muitos eventos ocorrem dentro e à volta das etiquetas, incluindo questões como adulteração, mudança de localização do objeto, dissipação de energia, etc., que precisam de ser monitorizadas e controladas quer através de intervenção humana quer através de um sistema de gestão remota utilizando dispositivos portáteis.

Assim, o problema é desenvolver um sistema de alerta dentro do TAG que envie de forma única para o dispositivo móvel e para o utilizador local vários tipos de alertas e que, ao mesmo tempo, seja capaz de se proteger de interferências de outros Tags inteligentes que se encontrem nas imediações e também quando estão em vigor diferentes ataques.

O sistema de marcação inteligente envolve várias etiquetas inteligentes individuais e um dispositivo móvel portátil. Cada TAG inteligente deve ser capaz de se identificar com o dispositivo móvel para estabelecer a comunicação. As etiquetas inteligentes precisam de comunicar com o dispositivo portátil para vários fins, que incluem o fornecimento de informações relacionadas com a sua própria localização, a comunicação de informações relacionadas com o ambiente, o alerta do dispositivo móvel relativamente à ocorrência de vários tipos de eventos, etc. Para tal, é importante que apenas as etiquetas diretamente relacionadas com o dispositivo móvel possam comunicar.

A principal questão no TAG inteligente é alertar o utilizador para as alterações que estão a ocorrer na sua vizinhança em diferentes condições ambientais. As etiquetas são colocadas nas áreas vizinhas do utilizador e as alterações ambientais devem ser indicadas ao utilizador através de diferentes mecanismos de alerta, como o sinal sonoro e a emissão de luz. O TAG tem de reconhecer diferentes alterações ambientais, que incluem a expressão da sua própria localização, a identificação de pirataria informática, a adulteração do TAG, a perda de comunicação, a indicação de um nível baixo de energia, o facto de o TAG atravessar a zona de proximidade, a reconfiguração do sinal sonoro, etc.

Devem ser previstas interfaces para vários módulos funcionais, de modo a que o mecanismo de alerta relevante seja invocado com base nos dados fornecidos pelo módulo funcional e o sistema de alerta deve informar o utilizador de quaisquer alterações que ocorram no TAG e nas suas imediações.

1.6 Efetuar a comunicação entre o HOST e o Target

A comunicação deve ser efectuada entre o HOST e o TAG para implementar determinadas funcionalidades inteligentes nos Tags. Tanto o TAG como o HOST (telemóvel) podem ser ligados através de diferentes dispositivos relacionados com a comunicação (RFID, IR, Bluetooth, Wi - Fi, NFC, etc.) e estes dispositivos de ambos os lados devem ser utilizados para estabelecer a comunicação entre o HOST e o dispositivo. É muito possível que um dispositivo diferente esteja em condições de funcionamento em ambos os lados, o que leva à necessidade de estabelecer uma conversão de protocolo.

Estão a ser introduzidos muitos serviços de reconhecimento móvel devido ao sucesso alcançado no desenvolvimento de telemóveis e sistemas de comunicação sem fios altamente sofisticados. A capacidade de adquirir consciência móvel requer serviços que possam notar as mudanças que estão a ocorrer, transferências, etc., que podem introduzir atrasos imprevisíveis e causar atrasos intermitentes.

O processo de implementação da sensibilização móvel torna-se complicado devido à existência de heterogeneidade entre as tecnologias sem fios, que incluem Wi-Fi, Bluetooth, etc. A existência de sistemas de comunicações sem fios heterogéneos leva à necessidade de encontrar métodos diferentes que determinem diferentes métodos de sensibilização para o contexto e de transferência. A comunicação entre o HOST e o TARGET requer mecanismos específicos da tecnologia que ofereçam um conjunto de facilidades para a consciencialização do contexto e a gestão dos handoffs.

As etiquetas inteligentes podem comunicar com o dispositivo portátil através de diferentes tipos de métodos de comunicação e, geralmente, utilizam diferentes tipos de sinais de várias intensidades. É muito possível que as etiquetas inteligentes não tenham portas de comunicação activas para comunicar com os dispositivos remotos.

Seguem-se alguns dos principais problemas que afectam a comunicação entre o TAG e o HOST.

1. Escolha do protocolo de comunicação adequado que está prontamente disponível para comunicar com o dispositivo móvel.

2. Handoff entre um protocolo de comunicação existente no TAG e no HOST, especialmente quando o TAG ou o HOST se deslocam de um local para outro.

3. A questão da heterogeneidade que deve ser abordada para fazer face à ausência de portas activas e compatíveis do outro lado.

O problema é conseguir uma comunicação eficaz entre as etiquetas e o dispositivo móvel num ambiente heterogéneo na presença de muitas ligações de comunicação simultâneas entre um conjunto de dispositivos baseados em HOST e TAG. É também necessário encontrar uma arquitetura eficiente que ajude a implementar um software de comunicação eficaz para efetuar a comunicação entre o dispositivo móvel e as etiquetas

1.7 Garantir a segurança da comunicação entre o HOST e o Target

A implementação de vários aspectos inteligentes no lado do TAG exige que os Tags comuniquem com o HOST (telemóvel) numa base contínua, trocando informações importantes.

À medida que as TAGS se tornam mais inteligentes, lidam com informações muito sensíveis e as mesmas são comunicadas ao utilizador das TAGS através da interface do telemóvel. É possível que os intrusos possam atacar a comunicação que tem lugar entre o TAG e o dispositivo móvel.

As TAGS devem ser protegidas contra ataques sem perda de tempo de resposta e de débito. A proteção de um sistema incorporado é um desafio, uma vez que os sistemas incorporados têm poucos recursos. A comunicação entre o TAG e o HOST é efetivamente venerável, uma vez que a comunicação se realiza através de tecnologias sem fios que incluem Bluetooth, Wi-Fi, NFC, etc.

A penetração na comunicação que se efectua entre o HOST e o TARGET depende do tipo de protocolo de comunicação utilizado. Quando é utilizado o Bluetooth, a comunicação pode ser atacada por vários meios, nomeadamente Blue Jacking, Blue sniffing, etc. Estão também em voga várias contra-medidas que tornam a comunicação segura.

A implementação de funcionalidades nas aplicações incorporadas, permanentemente residentes juntamente com o código da aplicação, para implementar a segurança, irá acrescentar uma sobrecarga pesada e afetar drasticamente o tempo de resposta e o rendimento e, ao mesmo tempo, pode levar a afetar os requisitos em tempo real dos sistemas incorporados. É necessária uma arquitetura que suporte a segurança, que só deve estar ativa quando se detecta uma violação e que exige menos recursos.

Assim, é necessário desenvolver uma inteligência no TAG para proteger a comunicação entre o TAG e o dispositivo móvel e as medidas de segurança devem ser aplicadas apenas quando o ataque ao TAG é iniciado, de modo a que não seja necessário aplicar procedimentos complexos para proteger os sistemas incorporados durante o funcionamento normal do TAG. Devem ser inventados métodos e mecanismos para detetar diferentes tipos de ataques e iniciar um mecanismo de contra-ataque adequado que possa ser executado em linha com outros módulos funcionais.

A construção da infraestrutura necessária para implementar mecanismos de segurança aumenta as despesas gerais, o que pode prejudicar o tempo de resposta do TAG. A redução temporária do tempo de resposta pode ser aceitável em determinadas situações, caso em que pode ser invocado o mecanismo de contra-ataque mais adequado. No entanto, em situações em que não é aceitável uma degradação da resposta, tem de ser utilizada uma infraestrutura baseada num PC em nuvem para reforçar a segurança sem necessidade de degradar o tempo de resposta.

1.8 Extensão do ambiente de aplicação no lado móvel do para estabelecer comunicação com o TAG

Todos os telemóveis são concebidos para fornecer determinados serviços através de diferentes tipos de aplicações. As aplicações são concebidas e suportadas através de uma arquitetura que garante determinados tempos de resposta e débito. Os telemóveis de uso geral também podem ser utilizados para comunicar com o alvo em apoio da inteligência que foi adicionada aos sistemas de marcação. É necessário acrescentar um maior número de módulos de aplicação no lado móvel para estabelecer a comunicação com as aplicações baseadas em TAG.

A adição de novas aplicações ao telemóvel deve ser feita de modo a não afetar a arquitetura e a conceção que foram utilizadas para implementar as aplicações originais. Deve ser concebido e implementado um mecanismo de extensão que permita acrescentar mais módulos de aplicação sem afetar a resposta e o débito originais para os quais as aplicações foram concebidas e implementadas.

Para o desenvolvimento de aplicações móveis, é necessário desenvolver estruturas arquitectónicas que ajudem a acrescentar componentes de aplicação adicionais aos componentes existentes e a configurá-los de modo a afetar o funcionamento global da aplicação sem comprometer os parâmetros de conceção originais. O sistema operativo em tempo real desempenha um papel importante quando são acrescentados mais componentes de aplicação. Cada um dos sistemas operativos em tempo real é diferente e, por conseguinte, as estruturas arquitectónicas devem ser reconhecidas em relação a um sistema operativo específico. Nesta tese, o sistema operativo Android é considerado por ser um sistema operativo predominantemente utilizado atualmente pelos fabricantes de dispositivos móveis, embora a APPLE utilize o sistema operativo iOS, que tem caraterísticas semelhantes.

Há muitas questões complexas envolvidas na adição de componentes suplementares a aplicações já existentes residentes no telemóvel. Seguem-se algumas das questões envolvidas:

1. Disponibilidade de uma plataforma, ferramentas para transferir as aplicações adicionais para o lado móvel a partir de um PC e configuração dinâmica das mesmas no dispositivo portátil.

2. A plataforma deve ser capaz de adicionar novas aplicações de forma dinâmica e associar os novos programas de aplicação às aplicações existentes

3. Os componentes da aplicação recém-adicionados devem estar em comunicação com os componentes da aplicação nativa através de algum tipo de partilha de recursos

4. Os novos componentes adicionados devem coexistir com os componentes da aplicação nativa através de um ambiente partilhado, compatibilidade binária, ligações com o RTOS, comunicação entre tarefas, proteção da memória, etc.

5. As questões específicas incluem a partilha de portas de comunicação e os respectivos buffers

6. As questões relacionadas com o armazenamento do código nos dispositivos de memória primária, a criação e eliminação das tarefas, o tratamento das áreas de controlo, etc.

Estas são algumas das questões complexas que têm de ser resolvidas ao adicionar componentes de aplicações adicionais a aplicações existentes no telemóvel.

O problema é fazer com que as aplicações adicionais coexistam com muitas das aplicações já existentes no telemóvel inteligente, preservando ao mesmo tempo a configuração ambiental original. Para adicionar este tipo de aplicações ao telemóvel inteligente, juntamente com as aplicações nativas existentes, é necessária uma plataforma específica, migração e suporte de configuração dinâmica. A plataforma deve ser capaz de adicionar novas aplicações dinamicamente e ligar os novos programas de aplicação às aplicações existentes.

Os componentes da aplicação recentemente adicionados devem estar em comunicação com os componentes da aplicação nativa através de algum tipo de partilha de recursos, fazendo com que os componentes da aplicação recentemente desenvolvidos coexistam com as aplicações nativas já residentes no telemóvel e sejam também eficazes no estabelecimento da comunicação entre pares com sistemas incorporados remotos, como as etiquetas inteligentes.

O problema consiste em identificar os métodos e mecanismos que permitem adicionar mais componentes às aplicações existentes sem afetar a configuração original e a configuração do ambiente feita no telemóvel

1.9 Integração de sistemas incorporados heterogéneos

É importante que cada aspeto inteligente seja tratado individualmente, para verificar e determinar a sua eficácia enquanto o TAG está a responder às mudanças que ocorrem no ambiente. O desenvolvimento e a implementação de caraterísticas inteligentes individuais através de uma placa incorporada diferente são absolutamente necessários para medir a capacidade de resposta e o rendimento. No entanto, todos os sistemas incorporados individuais que implementam um TAG devem ser integrados para formar uma solução unificada.

Hoje em dia, no mundo sem fios, as etiquetas de monitorização em tempo real desempenham um papel importante na localização de bens e pessoas de elevado valor, em quaisquer condições ambientais. Um TAG inteligente deve ter a capacidade de comunicar com o telemóvel e fornecer informações sobre os artigos marcados. O TAG pode ser ligado a um objeto que deve ser protegido. O TAG deve fornecer uma zona de segurança para os bens valiosos.

A TAG é uma entidade única que consiste em muitos componentes. Cada TAG tem um conjunto específico de caraterísticas. O TAG deve ser compatível com vários sistemas de comunicação; funciona em diferentes redes padrão como Bluetooth, Wi-Fi, NFC e Wi-Max. A TAG pode fornecer informações sobre alertas de bateria fraca, é inviolável e contém sensores de movimento inteligentes integrados para deteção de movimentos, entre muitas outras caraterísticas. As etiquetas têm de ser robustas e podem ser utilizadas em ambientes difíceis. O tempo de vida do TAG depende da bateria e esta requer mais energia, uma vez que suporta muitas funções, pelo que deve dispor de um sistema de gestão de energia eficiente.

Existem diferentes tecnologias para cada caraterística inteligente do TAG e estas são integradas numa única entidade. Para cada caraterística específica, existe um conjunto de tecnologias e questões relacionadas, como a integração de hardware e software, a gestão da memória, a gestão da energia, a integração de dispositivos, a interface de módulos e questões de software como a integração do código, o RTOS selecionado para a aplicação.

São utilizadas várias linguagens na conceção e especificação de hardware e software para sistemas incorporados. As linguagens de uso geral, como C e C++, são normalmente utilizadas para o desenvolvimento de software, enquanto as linguagens de descrição de hardware, como Verilog, ARCAD, PROTEAS, MATLAB, LAB VIEW, etc., são utilizadas para descrever o hardware. **No entanto, as linguagens**

orientadas para objectos podem ser utilizadas para descrever tanto o hardware como o software. Os sistemas incorporados complexos incluem funções reactivas e transformadoras que estão fortemente acopladas. As duas abordagens possíveis para os sistemas incorporados complexos são uma especificação heterogénea em várias linguagens, que consiste em várias partes do sistema especificadas de forma diferente, ou uma especificação homogénea que utiliza uma única linguagem geral.

Existem muitos subsistemas numa abordagem baseada na linguagem que requer muitas linguagens e cada subsistema tem de ser concebido e optimizado individualmente. Os subsistemas estão ligados entre si como processos de comunicação utilizando uma única estrutura de comunicação. A espinha dorsal de comunicação é utilizada para a simulação e a síntese. Atualmente, existem muitas ferramentas desenvolvidas utilizando a arquitetura cliente-servidor e uma abordagem baseada na linguagem. As ferramentas utilizam geralmente chamadas de procedimento remoto para efetuar a comunicação entre dispositivos móveis comunicantes.

Os subsistemas são desenvolvidos com recurso a muitas das bibliotecas que fornecem primitivas de comunicação, as quais são fornecidas como espinha dorsal de comunicação. Os processos relacionados com a comunicação são desenvolvidos utilizando as primitivas de comunicação e os processos são mapeados para componentes de hardware ou software. As primitivas de comunicação são mapeadas para as funções suportadas pelos sistemas operativos ou para as funções que conduzem as transacções relacionadas com o barramento. As linguagens orientadas para os objectos, como C++ ou Java, são adequadas para esta tarefa, uma vez que expõem as interfaces com as quais a comunicação pode ser efectuada. A abordagem baseada em linguagens é uma abordagem sistemática e muito flexível para a integração de sistemas de subsistemas concebidos individualmente.

A semântica das linguagens relacionadas com os subsistemas pode ser combinada utilizando uma abordagem de composição para obter uma representação comum de todos os subsistemas considerados em conjunto. Na abordagem composicional, os subsistemas são traduzidos num formato de composição para formar uma representação homogénea do sistema completo. Utilizando o formato comum, procede-se à análise e otimização do sistema combinado.

O modelo de intervalo de propriedades do sistema (SPI) permite a validação fiável das propriedades não funcionais do sistema, sendo suficientemente flexível para permitir a representação de várias linguagens de especificação e partes do sistema sem um modelo sistemático de computação, como o código antigo ou componentes parcialmente especificados. Isto reflecte a utilização pretendida do modelo SPI como representação interna do projeto para o **banco de trabalho SPI, que se baseia numa verdadeira especificação multilingue e na co-simulação para validação funcional**.

A SPI não é uma linguagem de especificação nova. A SPI capta as informações relevantes para a análise e otimização de todo o sistema a partir de uma especificação de sistema multilingue, abstraindo a funcionalidade exacta. Esta abstração pode ser motivada pelo facto de, numa perspetiva de partilha de recursos, as propriedades de interesse não serem a função exacta de um processo, mas o tempo durante o qual os recursos são necessários para a computação, o tempo necessário para a comunicação e a memória necessária para armazenar os valores comunicados.

A integração de vários módulos individuais num único sistema incorporado é uma questão importante na conceção de grandes aplicações incorporadas. Existem várias tecnologias de integração para cada questão de integração, tendo cada tecnologia individual os seus próprios prós e contras, pelo que é importante investigar a tecnologia de integração adequada para desenvolver um TAG inteligente.

A decomposição modular é uma das principais estratégias adoptadas quando é necessário desenvolver uma aplicação incorporada complexa ou de grande dimensão. A decomposição modular de aplicações incorporadas de grande dimensão implica o desenvolvimento de cada um dos modelos numa aplicação incorporada individual. Cada módulo, enquanto tal, lida com uma ou mais tecnologias específicas.

Torna-se assim necessária a integração de todas as aplicações baseadas em módulos incorporados desenvolvidas individualmente. As questões de integração incluem a integração da memória, a integração e a interface dos módulos, a interface dos dispositivos, a integração e o isolamento do hardware, a integração da arquitetura, a segmentação das aplicações, que inclui a compartimentação do hardware e do software, a gestão da energia, a integração do código, quando são utilizadas várias linguagens para desenvolver uma aplicação incorporada, a integração e a migração do RTOS, a integração da programação das tarefas, a integração do tratamento das interrupções e a otimização do desempenho. A integração de todos os sistemas incorporados individuais num sistema incorporado principal é um processo complexo, uma vez que tem de lidar com muitas questões de integração.

Por conseguinte, a investigação da integração dos vários módulos do sistema incorporado numa única aplicação incorporada de grande dimensão constitui um desafio, pelo que é necessário investigar e apresentar soluções adequadas. Não existem muitas soluções que abordem completamente a integração dos módulos individuais num único sistema incorporado, pelo que se torna necessário investigar uma solução de integração abrangente.

Quando se pretende desenvolver um único sistema incorporado através da integração de vários sistemas incorporados, tendo em conta tanto o hardware como o software, há que ter em conta diferentes questões, nomeadamente as diferentes tecnologias de desenvolvimento, o desempenho, o rendimento, as linguagens de programação e os diferentes RTOS com que são desenvolvidos os diferentes sistemas incorporados.

A integração do hardware e a integração do código são as duas considerações mais importantes que devem ser abordadas no início, seguidas da otimização do código. Ambas as questões são complicadas. A integração do hardware deve ter em conta os diferentes tipos de microcontroladores, os dispositivos e a interface dos dispositivos com os microcontroladores, etc. A integração do software inclui o código desenvolvido em diferentes linguagens, a utilização de diferentes sistemas operativos, etc. A integração do código deve ter em conta duas situações, nomeadamente a integração a efetuar quando todos os sistemas incorporados individuais são desenvolvidos utilizando uma única linguagem de programação ou quando os sistemas incorporados individuais são desenvolvidos utilizando linguagens de programação diferentes.

1.10 Definição do problema

O principal problema é acrescentar diferentes tipos de inteligência às etiquetas estáticas, para que estas possam ser utilizadas para muitos outros fins para além da simples identificação. A tecnologia mais importante necessária para a implementação de um aspeto da inteligência deve ser investigada e implementada. Devem ser investigadas diferentes tecnologias que implementem as questões de inteligência, como a identificação, a localização, a adulteração, a gestão da energia e o alerta. As questões relacionadas com a utilização combinada de diferentes tecnologias também devem ser investigadas e implementadas.

O estabelecimento da comunicação entre o TAG e o telemóvel num ambiente de trabalho heterogéneo e a segurança da comunicação entre o TAG e o HOST devem ser investigados e apresentados.

Muitos módulos devem ser adicionados dinamicamente no lado HOST para efetuar a comunicação com o TAG sem afetar o tempo de resposta e o rendimento das aplicações nativas que estão a funcionar antes de adicionar mais módulos. Tem de ser determinada uma arquitetura extensível que implemente a adição dinâmica de mais módulos ao lado do TAG.

Para provar o conceito, cada questão inteligente tem de ser considerada individualmente e deve ser construída uma solução utilizando uma placa integrada diferente. A experimentação para provar cada um dos problemas inteligentes tem de ser efectuada individualmente. Esta abordagem leva à consideração de questões de integração que incluem a integração do software e do hardware. A integração do software incorporado tem de ser investigada tendo em conta a heterogeneidade das linguagens de programação, dos conjuntos de instruções e dos sistemas operativos em tempo real utilizados para o desenvolvimento de cada sistema incorporado. A integração do hardware exige também que se considerem as arquitecturas com as quais foram realizados vários microcontroladores heterogéneos e a interface de vários dispositivos periféricos.

1.11 Objectivos da investigação

Os objectivos fixados para o projeto de investigação são os seguintes

[1] Criar inteligência num TAG para se identificar com o HOST remoto, especialmente considerando que o TAG é movido de um local para outro.

[2] Construir inteligência dentro do TAG para o fazer identificar a sua própria localização e fazer com que o HOST saiba a sua própria localização. O TAG comunica com o HOST, sempre que a sua própria localização é alterada.

[3] Incorporar inteligência no TAG para que este reconheça a adulteração do TAG e altere local e remotamente quando os Tags são adulterados

[4] Gerir a fonte de alimentação e o consumo de energia para aumentar a longevidade da bateria e alterar quando a energia se está a esgotar para além dos níveis de segurança. A inteligência do TAG deve ser acrescentada, tornando-o ativo.

[5] Incluir no TAG a capacidade de alertar a vizinhança e o HOST remoto quando ocorrem erros, excepções, alterações no ambiente e eventos, etc.

[6] Integrar inteligência no TAG para que este possa comunicar com o HOST numa plataforma de comunicação heterogénea

[7] Para incorporar inteligência no TAG para proteger a comunicação com o HOST exatamente no momento em que se nota o ataque à comunicação ou através da adaptação da segurança na nuvem

[8] Aumentar a capacidade do telemóvel através da adição de novos módulos sem afetar o tempo de resposta e o rendimento que são considerados no momento da conceção dos módulos nativos originais destinados a fornecer vários tipos de serviços aos clientes.

[9] Integração de vários módulos implementados utilizando diferentes microcontroladores, linguagens e sistemas operativos em tempo real para formar uma solução única.

1.12 Âmbito da investigação

O âmbito do projeto de investigação inclui o seguinte:

[1] Identificar vários aspectos da inteligência que devem ser acrescentados às TAGS e que se relacionam com a identificação, localização, manipulação, gestão da energia, alerta, comunicação efectiva entre a TAG e o HOST, segurança da comunicação entre a TAG e o HOST, adição de novos módulos ao HOST que ajudam a implementar as aplicações na TAG, integração dos sistemas incorporados individuais para obter uma solução unificada única

[2] **Realização de um estudo bibliográfico sobre cada uma das questões inteligentes a acrescentar ao TAG e determinação das desvantagens e limitações dos métodos em termos de utilização dos mesmos para criar inteligência no TAG**

[3] Investigar e desenvolver novos métodos que possam ser utilizados para implementar a inteligência nas TAGS

[4] Desenvolver sistemas integrados independentes para construir e implementar cada um dos problemas de inteligência (identificação, localização, adulteração, gestão de energia, alerta), tendo em conta todos os requisitos de hardware e software e através da implementação de métodos investigados.

[5] Desenvolver e implementar um sistema de comunicação em cada um dos sistemas incorporados que efectue a comunicação com os dispositivos de comunicação disponíveis e funcionais em ambos os lados do TAG e do HOST

[6] Desenvolver e implementar métodos que garantam a segurança da comunicação entre o HOST e o TAG

[7] Afetar a interface de comunicação entre o dispositivo portátil que utiliza módulos adicionais e o TAG que utiliza dispositivos de comunicação que funcionam em ambos os lados. **Deve ser selecionado um telemóvel normalizado que utilize o sistema operativo Android e os módulos adicionais serão implementados no telemóvel.**

[8] Desenvolver um método que integre as especificações de software e hardware de sistemas incorporados individuais e chegar a sistemas incorporados unificados que contenham a implementação de todas as caraterísticas de inteligência

incorporadas.

[9] Testar os sistemas incorporados individuais e unificados utilizando telemóveis portáteis e publicar os resultados. Experimentação a efetuar tendo em conta a falha de diferentes dispositivos de comunicação

1.13 Capitularização

A tese foi apresentada em 11 capítulos e as referências são fornecidas separadamente. **Capítulo 1** - Introdução do problema, objectivos, âmbito, limitações e conclusões sobre o problema da inclusão de questões inteligentes na Tag.

A pesquisa bibliográfica e as investigações realizadas relacionadas com

A identificação de TAG foi apresentada no **capítulo 2**. Neste capítulo, foi apresentado um novo método de identificação de TAG utilizando os códigos QR e a marcação com água. Foi também apresentada uma arquitetura de software eficiente, através da qual o software de identificação de TAG foi desenvolvido e implementado. Os resultados das experiências efectuadas para provar o método investigado também foram apresentados. Foram igualmente retiradas conclusões relacionadas com a implementação de sistemas de identificação de TAG

O capítulo 3 trata da pesquisa bibliográfica, do método de identificação da localização, do método de identificação da localização direcional e da arquitetura de software relacionada com o sistema de identificação da localização. São também apresentados os resultados das experiências efectuadas para comprovar o método investigado. **O Capítulo 3** também tira conclusões relacionadas com a implementação do sistema de identificação da localização.

As TAGS podem ser atacadas através de adulteração, pelo que precisam de ser protegidas. No **capítulo 4,** apresenta-se um método de prova de adulteração, a prova de adulteração através da deteção de pressão e a arquitetura de software que implementa o método de prova de adulteração. São também apresentados os resultados das experiências efectuadas para provar o método investigado. Foram também retiradas conclusões relacionadas com a implementação do sistema de inviolabilidade.

A gestão da energia é a questão mais importante, cuja inteligência deve estar incorporada na Tag. **O capítulo 5** apresenta as investigações relacionadas com a gestão da energia. **O Capítulo 5** apresenta um sistema de gestão de energia, que define a estratégia de utilização da energia, e a arquitetura de software com que foi desenvolvido o software para implementar o sistema de gestão de energia. Os resultados das experiências realizadas para provar os métodos investigados também foram apresentados. Também foram tiradas conclusões relacionadas com a implementação do sistema de gestão de energia.

O alerta é a caraterística mais importante do sistema de marcação. Tanto os utilizadores locais como um anfitrião remoto têm de ser alertados quando acontece alguma coisa desagradável em relação ao TAG ou sempre que ocorrem alterações na vizinhança do TAG. **O Capítulo 6** apresenta um método de alerta eficiente e a arquitetura de software para a implementação do software de alerta. Os resultados das experiências efectuadas para provar os métodos investigados também foram apresentados. Também foram tiradas conclusões relacionadas com a implementação do sistema de alerta.

Cada TAG deve estar em comunicação com o dispositivo móvel remoto. Nesta tese, a comunicação foi tentada através de Wi-Fi ou de dente azul. A forma como a comunicação deve ser efectuada depende do tipo de dispositivos de comunicação que estão presentes e em condições de funcionamento e também da distância a que o TAG e o HOST estão presentes. No **Capítulo 7,** foi apresentado um método de conversão de protocolos para efetuar a comunicação com base na disponibilidade de qualquer par de dispositivos de comunicação em ambos os lados do TAG e do HOST, bem como uma arquitetura de software que implementa o sistema de comunicação. Foram também apresentados os resultados das experiências efectuadas para comprovar os métodos investigados. Também foram tiradas conclusões relacionadas com a implementação do sistema de comunicação.

A comunicação que ocorre entre o TAG e o HOST deve ser segura. Acrescentar segurança a um TAG aumenta demasiado a sobrecarga e afecta geralmente o tempo de resposta. No **Capítulo 8** foram apresentados dois métodos que eliminam a sobrecarga. O primeiro método mostra como colocar o método de contra-ataque em ação apenas quando é detectado um ataque. Neste caso, o tempo de resposta é temporariamente prejudicado e o sistema de marcação inteligente funciona de forma ligeiramente degradada. No segundo método, foi implementado um mecanismo de segurança em linha que elimina qualquer requisito de sobrecarga ao mesmo tempo que fornece o mecanismo de segurança em linha. Foi apresentada uma arquitetura de software que pode ser utilizada para desenvolver o software de aplicação do sistema de segurança. Os resultados das experiências efectuadas para provar os métodos investigados também foram apresentados. Foram também tiradas conclusões relacionadas com a aplicação do sistema de segurança.

O HOST tem de ser fornecido com módulos adicionais que são necessários para comunicar com o TAG. No **capítulo 9,** foi apresentada uma estrutura que permite adicionar novos módulos sem problemas ao telemóvel. Foi apresentada a estrutura arquitetónica que amplia a arquitetura implementada no Android, **embora uma estrutura semelhante também possa ser utilizada no sistema operativo iOS**. Uma arquitetura de software que implementa uma estrutura arquitetónica para adicionar novos módulos também foi apresentada no capítulo 9. Os resultados das experiências realizadas para provar os métodos investigados também foram apresentados. Foram também tiradas conclusões relacionadas com a implementação do sistema de adição de novos módulos ao telemóvel.

É necessário desenvolver sistemas incorporados individuais que implementem uma questão inteligente, conseguindo assim a otimização do ponto de vista do hardware e do software. No entanto, todos os módulos individuais devem ser integrados para se chegar a uma solução unificada. No **Capítulo 10,** foram apresentados três métodos para implementar a integração do hardware, integrando o software desenvolvido utilizando a mesma linguagem e o RTOS e integrando o software desenvolvido utilizando diferentes linguagens de programação. Foi apresentada uma experiência para demonstrar o funcionamento dos métodos de integração apresentados no capítulo-10. Também foram tiradas conclusões relacionadas com a integração dos sistemas incorporados individuais, cada um dos quais implementa um problema inteligente único.

No Capítulo 11, são tiradas conclusões gerais e é apresentado o âmbito futuro.

1.14 Limitações

Todos os sistemas inteligentes são implementados no lado do TAG utilizando as tecnologias ARM7 e o sistema operativo em tempo real µCOS e, no lado do telemóvel, o sistema operativo em tempo real ARM7 e Android, uma vez que estão a ser utilizados até à data como padrão da indústria.

No entanto, há que ter em conta diferentes tecnologias de controlo, sistemas operativos em tempo real e linguagens e a solução apresentada nesta tese deve ser testada mais aprofundadamente, especialmente no que respeita à implementação de questões relacionadas com o cumprimento de prazos.

Os sistemas embebidos desenvolvidos são testados através da experimentação para provar os métodos sugeridos nesta tese. No entanto, cada sistema incorporado deve ser testado de forma abrangente, considerando o hardware, o software e ambos, utilizando muitos métodos existentes na literatura. **O teste exaustivo do sistema integrado que implementa diferentes caraterísticas de inteligência está fora do âmbito desta tese**.

Foi efectuada uma pesquisa bibliográfica para encontrar os métodos que podem ser utilizados para implementar as caraterísticas inteligentes e os inconvenientes gerais dos métodos foram apresentados na tese. Foram investigados novos métodos que satisfazem exatamente os requisitos de implementação das caraterísticas inteligentes. Foi feita experimentação para provar a exatidão dos métodos propostos.

Não foi efectuada uma comparação explícita dos métodos propostos com os métodos existentes, uma vez que se verificou que os métodos encontrados na literatura apresentam alguns inconvenientes que dificultam a implementação de um sistema inteligente baseado em TAG e HOST. No entanto, a comparação é efectuada no que diz respeito à integração do software ES, tendo em conta o SPI workbench modificado e o novo método apresentado na tese.

Foram utilizadas tecnologias ARM7 tanto no TAG como no HOST. No entanto, o funcionamento do sistema de marcação inteligente deve ser testado considerando uma tecnologia diferente no TAG integrado e no HOST.

O sistema operativo de tempo real Android foi predominantemente utilizado nesta tese para suportar os requisitos de tempo real e, especialmente, para suportar a configurabilidade dinâmica dos módulos no lado HOST. O Android é utilizado por 80% dos telemóveis utilizados atualmente em todo o mundo. O sistema operativo iOS também é versátil e é utilizado apenas nos telemóveis da APPLE. O sistema operativo iOS tem caraterísticas semelhantes às do Android, exceto que a configuração de cada aplicação tem de ser definida pelo utilizador, o que é um método complicado e depende sobretudo da capacidade do programador para definir a configuração da aplicação desenvolvida. A questão básica da configurabilidade dinâmica tem de ser apoiada para tornar o processo de adição de novos módulos mais adequado e eficaz. No entanto, são necessárias investigações mais pormenorizadas sobre a utilização do iOS para utilizar os telemóveis APPLE como HOSTS.

1.15 Conclusões

As TAGS têm de ser tornadas mais inteligentes para serem utilizadas para vários fins variados. A inteligência que permite identificar, localizar, manipular, conservar a energia, alertar, comunicar com dispositivos portáteis remotos e proteger as comunicações tem de ser acrescentada às TAGS e a funcionalidade dos dispositivos remotos tem de ser melhorada para efetuar a comunicação com as Tags. É igualmente necessário integrar, tanto em termos de hardware como de software, todos os sistemas incorporados desenvolvidos individualmente, cada um deles destinado à aplicação de uma única questão de inteligência, o que conduzirá ao desenvolvimento de um único sistema incorporado que aplica todas as questões inteligentes.

CAPÍTULO 2 (IDENTIFICAR AS TAGS)

2.1 Visão geral

As etiquetas são geralmente utilizadas para localizar os objectos através de transmissão de rádio. As etiquetas podem ser utilizadas para muitos outros fins que não apenas a localização dos objectos, incluindo a identificação do local, o alerta de adulteração das etiquetas, a comunicação do estado de energia das etiquetas, etc. As etiquetas comunicam com um dispositivo remoto para implementar o sistema de monitorização e controlo necessário. As etiquetas comunicam com um dispositivo móvel vários eventos que ocorrem em torno das etiquetas para efeitos de monitorização e controlo. Cada etiqueta tem de se identificar com o anfitrião remoto para efetuar uma comunicação fiável e adequada com o anfitrião.

Um sistema baseado em etiquetas envolve várias etiquetas e um HOST. Muitos desses sistemas baseados em etiquetas devem estar a funcionar simultaneamente em vários domínios de aplicação. Assim, é necessário que o HOST seja capaz de reconhecer as etiquetas que estão relacionadas com a sua própria etiqueta quando existem muitas interferências de etiquetas relacionadas e não relacionadas.

A colisão de leitores pode ocorrer devido à existência de muitas etiquetas e de um anfitrião, pelo facto de o sinal de um leitor poder colidir com o outro. Quando tal colisão ocorre devido a interferências, a comunicação entre as etiquetas e o anfitrião pode ser afetada, conduzindo a um funcionamento incorreto quer do lado da etiqueta quer do lado do anfitrião.

Por vezes, a deteção por portadora pode resolver o problema da interferência dos sinais de diferentes leitores que se encontram nas mesmas imediações. Por vezes, os sinais que estão fora de alcance podem também colidir na proximidade das etiquetas. O sistema RTS-CTS (request to send and clear to send) existente é bastante adequado, mesmo que o problema da colisão pareça ser o mesmo que o problema do terminal oculto encontrado nos sistemas sem fios. Quando um telemóvel comunica com várias etiquetas ao mesmo tempo, torna-se necessário que a prevenção de colisões seja feita separadamente para cada ligação entre os dispositivos móveis e a etiqueta. As etiquetas devem ser identificadas de forma única, estabelecendo uma comunicação correta na presença de colisões causadas pela existência de várias ligações de comunicação entre as etiquetas e o HOST.

2.1.1 Sistemas de identificação existentes

Atualmente, existem muitos sistemas de identificação e é necessário investigar a utilização dos mesmos para identificar eficazmente uma etiqueta com um anfitrião remoto. Os sistemas existentes incluem códigos de barras, códigos QR, códigos Azetech, código de matriz de dados, assinaturas digitais, marcação com água, etc,

Códigos de barras

A codificação de barras é uma das tecnologias de identificação de etiquetas que é implementada através de uma série de faixas opticamente legíveis, que podem ser barras ou quadrados, utilizando uma representação binária de dados em formato unidimensional, bidimensional ou matricial. Um Tag pode transmitir os dados binários para o HOST onde os dados binários são convertidos num código que identifica o Tag.

Código QR

O código QR (abreviado como código de resposta rápida) é também outro tipo de código que permite identificar as etiquetas. As informações relacionadas com a identificação da etiqueta são armazenadas tanto na direção vertical como na horizontal. A dimensão dos dados transportados por um código QR é 100 vezes superior à dos dados que podem ser transportados por um código de barras. Todos os tipos de dados, tanto numéricos como alfanuméricos, podem ser utilizados para criar um código QR. Num símbolo de código QR podem ser codificados 7 089 caracteres. No código QR, a posição, o alinhamento e o tempo são preservados para dar sentido aos dados codificados, que incluem informações relacionadas com a identificação da etiqueta e informações relacionadas com a versão, o formato, os dados e a correção de erros utilizando diferentes tipos de padrões.

Codificação em códigos QR:

Os níveis de correção de erros e os padrões de máscara relacionados com os símbolos são utilizados para codificar os códigos QR. Os padrões na área de dados são quebrados através de máscaras, de modo a confundir o scanner na interpretação das grandes áreas em branco como marcas de localização. É utilizada uma grelha de 6 x 6, que é repetida tantas vezes quantas as necessárias para cobrir o símbolo, de modo a que o mesmo possa ser representado como padrão de máscara. As áreas escuras da máscara são invertidas e são utilizados códigos BCH para proteger o formato da informação contra erros. Em cada código QR são incluídas duas cópias do código BCH.

A proteção da informação de formato no código QR é complicada por várias razões que incluem a colocação dos dados da mensagem em ziguezague da direita para a esquerda, o alinhamento dos padrões e a utilização de múltiplos blocos de correção de erros intercalados.

Código Azteca

Os dados em Código Azteca são armazenados em termos de uma matriz bidimensional contendo módulos de dados quadrados escuros e claros. No centro da matriz, os anéis quadrados concêntricos estão centrados num módulo escuro localizado no centro do símbolo. No código AZTEC é utilizada uma série de 256 pequenas marcas legíveis por máquina, o que é útil para desenvolver algumas aplicações especiais.

Codificação em código Azteca

O código asteca está localizado no centro, utilizando um padrão de olho de boi e o símbolo, como tal, é construído sobre um quadrado. Dentro e à volta do padrão bull eye, os dados são codificados em anéis concêntricos. São utilizados 9X9 ou 13X13 pixéis para representar o olho de boi central e outro conjunto de pixéis à volta do olho de boi codifica os parâmetros básicos de codificação. Assim, é produzido um "núcleo" de 11X11 ou 15X15, ou 19X19, ou 23X23, etc. São utilizados dois anéis adicionais para conter dados, aumentando assim o tamanho da matriz para 17X17, ou 21X21, ou 25X25, etc.

As marcas de orientação contidas nos cantos permitem que o código seja lido quando rodado ou refletido. Nos cantos, começa a descodificação, que prossegue com três pixels pretos no sentido dos ponteiros do relógio. Não é necessário marcar o limite do código, pois o tamanho dos pixéis no centro codifica o tamanho. Podem ser utilizados símbolos de tamanho 15×15, o que permite a utilização de 13 dígitos ou 12 letras, até ao tamanho 27×27, considerando o código Azteca. Um círculo concêntrico adicional de 11×11 é utilizado para codificar 8 bits de informação, o que conduz a uma matriz de 151×151 que pode ser utilizada para codificar 1914 bytes de dados contendo 3832 dígitos ou 3067 letras.

Código da matriz de dados

O código de matriz de dados é constituído por um código de barras de matriz bidimensional que utiliza células pretas e brancas dispostas num quadrado ou num padrão retangular. Podem ser codificados na matriz textos ou dados até 1556 bytes. A quantidade de dados que pode ser codificada depende do tamanho do símbolo utilizado. O símbolo é reforçado com códigos de correção de erros, pelo que pode ser reconstruído mesmo quando danificado. Podem ser armazenados até 2.335 caracteres alfanuméricos no símbolo Data Matrix.

São normalmente utilizados símbolos matriciais de dados rectangulares ou quadrados constituídos por módulos que representam bits. A codificação é efectuada utilizando 0 como claro e 1 como escuro ou vice-versa. Um padrão constituído por duas margens sólidas adjacentes em forma de L e um padrão de temporização constituído por duas margens com módulos alternadamente claros e escuros são utilizados para compor o Data Matrix.

As duas linhas e colunas que contêm a informação de codificação são armazenadas dentro das margens. A localização e orientação do símbolo e o número de linhas e colunas contidas no símbolo são representados através do padrão de temporização. O número de módulos no símbolo aumenta à medida que o tamanho dos dados codificados no símbolo aumenta, levando a um aumento do número de módulos.

Codificação em código Data Matrix

Os dados no código de matriz de dados são organizados a partir do canto superior esquerdo num padrão diagonal complicado. Alguns dos bytes de dados são divididos em duas metades e colocados no padrão diagonal. A mensagem é digerida adicionando-lhe diferentes tipos de códigos que incluem "Fim da mensagem (marcado como Fim)", utilização de preenchimento de caracteres (P), correção de erros (E) e espaço não utilizado (X). O resumo da mensagem é utilizado para identificar os módulos contidos no código de matriz de dados.

Marca de água digital

A incorporação da identidade do proprietário num objeto através de um processo é designada por marca de água digital. A marca de água digital é utilizada para identificar os proprietários do objeto da mesma forma que a marca de água visível que é incorporada num papel. Os sinais nos quais as marcas de água digitais são incorporadas incluem um áudio, uma imagem ou um vídeo. Podem ser incorporadas diferentes marcas de água no mesmo sinal ao mesmo tempo e, se um sinal for copiado, a informação contida no sinal também é transportada. A informação incorporada num objeto é visível na marca de água visível e o proprietário é identificado através da extração da informação incorporada num sinal que pode ser texto ou imagem.

Um sinal é qualquer dado digital, áudio, imagem ou vídeo no qual a informação é codificada, sendo neste caso o processo uma marca de água digital invisível. A marca de água digital pode ser fácil de recuperar e pode formar-se uma esteganografia que pode então ser utilizada para comunicar uma mensagem secreta incorporada num sinal digital. O principal objetivo da marca de água é criar uma propriedade incorporada numa fonte de dados de tal forma que seja difícil remover a marca de água do sinal. As marcas de água também podem ser utilizadas como comunicação secreta entre um conjunto de indivíduos.

O sistema de proteção dos direitos de cópia é um tipo de aplicação da marca de água que se destina a impedir o acesso não autorizado a suportes digitais. A marca de água, uma vez incorporada num sinal, é comunicada e o dispositivo que recebeu a mensagem extrai a marca de água através de um programa escrito no dispositivo.

A origem de um objeto pode também ser localizada através de uma aplicação que incorpora uma marca de água num sinal digital em cada ponto de distribuição que é transmitido e recebido. A fonte pode ser conhecida se a marca de água for recuperada com êxito através de um algoritmo incorporado no dispositivo que recebeu o objeto transmitido.

O processo seguido para efetuar a marcação digital da água é apresentado na Figura 2.1

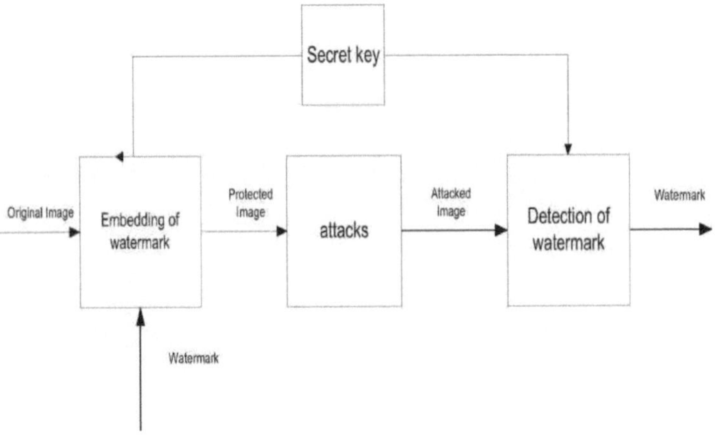

Figura 2.1 Fases do ciclo de vida da marca de água digital

A marca de água digital é uma informação incorporada num sinal, embora por vezes a marca de água signifique a diferença entre o sinal com marca de água e o sinal de cobertura. O sinal anfitrião é um sinal no qual a marca de água é incorporada. No processo relacionado com a marca de água, são realizadas três etapas distintas de processamento, que incluem a incorporação, o ataque e a deteção. É utilizado um algoritmo para incorporar a informação num sinal de origem e é produzido um sinal com marca de água. O sinal com marca de água pode ser atacado.

Em seguida, o sinal digital com marca de água é transmitido e recebido pelo recetor. O sinal com marca de água pode ser atacado através da modificação da marca de água. Por vezes, a modificação da marca de água pode ser efectuada sem quaisquer intenções maliciosas em situações como a deteção de pirataria, etc.

As marcas de água podem ser modificadas através da utilização de muitos métodos, incluindo a compressão dos dados que conduz à diminuição da resolução, o corte de uma imagem ou vídeo, a adição intencional de ruído, etc. O algoritmo que é utilizado para atacar um sinal com a intenção de extrair a marca de água é designado por detetor. A marca de água pode ser modificada durante a transmissão e, mesmo assim, existem métodos que permitem extrair a marca de água. **O algoritmo que extrai a marca de água tem de ser forte, de modo a poder extrair a marca de água mesmo que o sinal tenha sido objeto de fortes modificações.**

Se for esse o caso, é designada por marca de água robusta. O método de marca de água digital pode ser considerado frágil se o programa de extração da marca de água falhar na extração da marca de água quando são feitas quaisquer alterações nos sinais com marca de água.

A Figura 2.2 mostra as fases gerais do ciclo de vida da marca de água digital com funções de incorporação, ataque, deteção e recuperação.

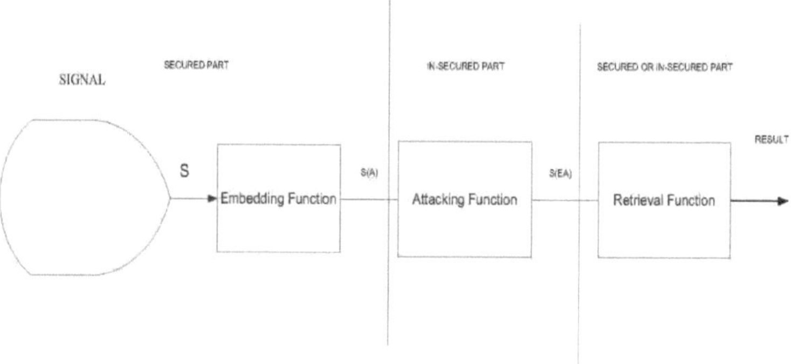

Figura 2.2 Fases da marca de água digital

Assinatura digital

Uma imagem digital pode ser autenticada através da adição de uma assinatura, que não é mais do que um esquema matemático. As assinaturas digitais fornecem uma base para identificar o utilizador real que transmitiu a mensagem e que a mensagem não foi transmitida durante o trânsito. As assinaturas digitais são utilizadas para muitos fins que incluem a distribuição de software, o tratamento de transacções financeiras e em muitos outros casos em que é importante detetar qualquer tipo de adulteração que possa ter ocorrido.

Os documentos podem ser assinados eletronicamente utilizando assinaturas digitais antes da transmissão como processo de autenticação dos documentos. Os algoritmos de criptografia assimétrica são utilizados para obter assinaturas digitais. O recetor terá confiança quando receber uma mensagem assinada digitalmente, uma vez que esta provém de um remetente aprovado. O significado das assinaturas digitais é quase o mesmo que o das assinaturas manuscritas, exceto que a assinatura digital é mais difícil de decifrar.

Muitos dos mecanismos de reforço da segurança podem ser implementados utilizando uma assinatura digital, como o não repúdio, uma vez que os remetentes não podem negar a receção ou a abertura do documento. A validade da assinatura digital pode ser garantida durante um período de tempo específico com base em carimbos de data/hora. São geralmente utilizados três tipos de algoritmos para implementar as assinaturas digitais.

- Um algoritmo destinado a gerar chaves privadas e a criar pares de chaves públicas e privadas.

- Um algoritmo que produz uma assinatura digital utilizando a mensagem a ser transmitida e uma chave privada.

- Um algoritmo que verifica a correção da assinatura digital dada a chave privada ou pública

2.1.2 Questões relacionadas com os sistemas de codificação

As etiquetas inteligentes podem comunicar com o dispositivo portátil através de diferentes tipos de métodos de comunicação e, geralmente, utilizam diferentes tipos de sinais com diferentes intensidades. É muito possível que as etiquetas inteligentes que não estão relacionadas com um determinado dispositivo móvel possam interferir com os sinais emitidos pelas etiquetas inteligentes que estão diretamente relacionadas com o dispositivo móvel. Seguem-se algumas das principais questões que afectam a identificação da etiqueta com o dispositivo móvel 1. Escolha de um sistema de codificação adequado que ajude a identificar uma etiqueta de forma exclusiva com o telemóvel quando várias etiquetas estão em comunicação com o dispositivo móvel.

2. Identificação exacta da etiqueta com o dispositivo móvel quando existe ruído

3. Uma etiqueta que se identifica corretamente com o dispositivo móvel na presença de ataques.

O sistema de etiquetagem inteligente envolve vários números de etiquetas inteligentes individuais e um dispositivo móvel portátil. Cada etiqueta inteligente deve ser capaz de se identificar com o dispositivo móvel para estabelecer a comunicação.

As etiquetas inteligentes precisam de comunicar com o dispositivo portátil para vários fins, que incluem o fornecimento de informações relacionadas com a sua própria localização, a comunicação de informações relacionadas com o ambiente, o alerta do dispositivo móvel relativamente à ocorrência de vários tipos de eventos, etc. Para tal, é importante que apenas as etiquetas diretamente relacionadas com o dispositivo móvel sejam autorizadas a comunicar.

As etiquetas inteligentes podem comunicar com o dispositivo portátil através de diferentes tipos de métodos de comunicação e, geralmente, utilizam diferentes tipos de sinais com diferentes intensidades. É muito possível que as etiquetas inteligentes que não estão relacionadas com um determinado dispositivo móvel possam interferir com os sinais emitidos pelas etiquetas inteligentes que estão diretamente relacionadas com o dispositivo móvel.

2.1.3 Definição do problema

Assim, o problema consiste em desenvolver um sistema de codificação que identifique exclusivamente uma etiqueta inteligente com o dispositivo móvel e que, ao mesmo tempo, seja capaz de proteger contra a interferência de outras etiquetas inteligentes que se encontrem nas imediações.

2.2 Pesquisa bibliográfica

Existem muitos métodos na literatura para identificar um objeto com um hospedeiro. Estes métodos incluem o código de barras, o código QR, o código Azteca, o código de matriz de dados, as assinaturas digitais, o reconhecimento de impressões digitais e a marcação digital com água.

Os códigos QR podem ser utilizados para identificar um TAG. O código é representado através de uma matriz bidimensional. Podem ser utilizados diferentes tipos de dados para identificar uma etiqueta e o mesmo pode ser utilizado para desenvolver os códigos QR. É utilizado um padrão quadrado para representar os dados num código QR com a ajuda de módulos pretos apresentados sobre um fundo branco. Os códigos QR podem ser utilizados para representar dados de identificação de grande dimensão, cada byte tem 8 bits de comprimento e o código utiliza quatro níveis de correção de erros. A quantidade de dados que podem ser armazenados num código QR depende do número de níveis de correção de erros utilizados. A capacidade de armazenamento do código QR diminui com a utilização de um maior número de níveis de correção de erros. O processo de codificação do código QR começa por identificar o nível de correção de erros e, em seguida, os padrões de máscara para o símbolo. Os padrões de máscara são utilizados para apresentar a informação num código QR. Os padrões em ziguezague que se deslocam da direita para a esquerda são utilizados para armazenar as máscaras que representam os dados. [**Ching-yin Lawet al., 2010-01**] propuseram a utilização de códigos QR no sector da educação.

A falsificação da assinatura digital pode ser evitada ou as assinaturas digitais podem ser protegidas **[Yoshihito Oyamaet al., 2007-01]** através da aplicação do conceito de emparelhamento. A utilização de assinaturas curtas para autenticar os dados de identificação num TAG RFID ajuda a implementar o conceito de emparelhamento. A autenticação da etiqueta pode ser conseguida através da utilização de impressões digitais que podem ser geradas com base nas caraterísticas da etiqueta [**Periaswamy et al., 2011-01]**. As impressões digitais que devem ser utilizadas são decididas com base nas respostas de potência das TAGS que são medidas em termos de frequências múltiplas. As impressões digitais constituem uma tecnologia comprovada para a identificação fiável das etiquetas e, utilizando estas impressões, é fácil detetar etiquetas falsificadas.

A ideia de etiquetas visuais foi inventada para detetar os dispositivos Bluetooth nas proximidades, o que é muito melhor do que o modelo padrão de descoberta de Bluetooth [**David Scott et al., 200501]. As etiquetas são** legíveis por máquina para identificar as etiquetas que estão fora de banda. As etiquetas visuais são pré-carregadas num sistema de leitura que utiliza câmaras instaladas em telefones inteligentes. Os dispositivos são descobertos utilizando estas etiquetas visuais que podem ser descodificadas para obter os dados de identificação relacionados com a TAG. Este método de descoberta provou ser eficiente em comparação com a descoberta dos dispositivos através do método de descoberta direta utilizado para identificar os dispositivos ligados por Bluetooth.

Os códigos de barras 2D são como pequenas bases de dados que incluem informações sobre as TAGS e o algoritmo de encriptação utilizado para codificar os dados **[Chun-Shien Lu, 2005-01**]. Os códigos de barras 2D podem ser construídos no caso de ficarem parcialmente danificados, de modo a que a informação codificada no código possa ser recuperada.

Foi efectuado um estudo aprofundado das frequências e dos regulamentos de licenciamento de rádio utilizados para a transmissão de dados por etiquetas RFID [**Klaus Finkenzeller et al., 2010-01**]. O estudo identificou que as frequências a utilizar para a transmissão são os factores limitantes que devem ser considerados ao decidir sobre o sistema de codificação utilizado para codificar a indemnização da etiqueta.

[Geers et al., 1997-01] utilizaram a tecnologia RFID para a identificação, monitorização e seguimento de animais em formato eletrónico. [**Katzenbeisser,**

1999-01] estudou a eficácia de um sistema de marca de água que dá a probabilidade de a saída requerida ser marcada com água. Por outras palavras, é a probabilidade de um detetor de marcas de água reconhecer a marca de água imediatamente após a sua inserção no trabalho de capa. É possível que um sistema gere marcas que não são totalmente recuperáveis, mesmo que não seja efectuado qualquer processamento no sinal de cobertura. Isto acontece porque a eficácia perfeita tem um custo muito elevado em relação a outras propriedades, como a percetibilidade (**IJ Cox et al., 2002**). Quando uma marca de água conhecida não é recuperada com êxito por um detetor, diz-se que ocorreu um falso negativo, ou erro de tipo II.

As marcas de água frágeis são marcas que têm uma robustez muito limitada (**Kutter & Hartung, 2000-01**). São utilizadas para detetar modificações dos dados de cobertura, em vez de transmitirem informação inassimilável, e normalmente tornam-se inválidas após a mais pequena modificação de uma obra. A autenticação pode ser efetivamente implementada utilizando o conceito de Fragilidade. Pode inferir-se que a informação de identificação da TAG não foi alterada quando se verifica que uma marca muito frágil é detectada como estando intacta (**IJ Cox et al., 2002-01**).

Os métodos disponíveis na literatura não consideraram o requisito básico de identificação de um TAG com o HOST quando mais tags são apresentados na mesma vizinhança. Os métodos apresentados na literatura não consideraram as questões da identificação e da proteção da identificação contra ataques e ruído.

[Sastry et. al., 2012-01] apresentaram um método de identificação de um TAG com um HOST na presença de muitos TAGS que interagem com o host utilizando o código QR com marcas digitais incorporadas no código. **As distorções devidas ao ruído foram tidas em conta no método proposto utilizando a técnica de fusão de imagens**. [**Sastry et. al., 2012-02**] também propuseram uma arquitetura que permite desenvolver um código incorporado para identificar as TAGS com o HOST utilizando códigos QR e marcas de água.

2.3 Investigações e conclusões

2.3.1 Requisitos funcionais

A especificação dos requisitos funcionais descreve o tipo de processamento que deve ser efectuado para implementar um sistema de identificação adequado. A especificação dos requisitos deve ajudar a identificar os dispositivos incorporados e o software incorporado. A especificação deve também identificar os requisitos que devem ser cumpridos para efetuar a comunicação entre o HOST e o TAG, de modo a que o TAG se identifique eficazmente com o HOST. As entradas fornecidas pelos dispositivos que estão ligados ao microcontrolador devem ser processadas pelos componentes de software que residem no microcontrolador. O início da identificação começa através de um processo residente no telemóvel que transmite a sua existência. As funções típicas que devem ser implementadas pelo software ES são as seguintes

A) Escutar em todas as três portas a chamada do dispositivo móvel.

Cada TAG estará em modo de escuta através de todos os seus dispositivos de comunicação.

B) Resposta ao pedido de telemóvel

Os dispositivos relacionados com o dispositivo móvel respondem ao pedido. Os dispositivos que utilizam o mesmo protocolo de comunicação responderão ao pedido.

C) Consulta do modelo codificado

O dispositivo móvel envia um pedido de modelo codificado ao TAG. O TAG envia o seu modelo de código e o dispositivo móvel envia o seu próprio modelo codificado para o TAG em resposta. O modelo codificado terá a identificação codificada e a autorização dos dados é conseguida através da marcação a água dos dados antes da codificação dos mesmos. Os códigos codificados e os códigos marcados a água são os que são armazenados em ambos os dispositivos.

D) Descodificação de modelos

E) Rastreabilidade da informação.

Os dispositivos encontram as chaves de ligação para autenticação a partir dos dados codificados.

F) Correspondência de dados

Os dispositivos verificam as chaves de ligação para as informações pré-carregadas

G) Estabelecer uma ligação sem fios segura

Ambos os dispositivos descodificam os seus modelos, o que inclui a descodificação e a eliminação da marca de água.

2.3.2 Conceção do hardware

Foi concebida uma placa de hardware utilizando a tecnologia ARM7, que é apresentada na figura 2.3. O ARM 7 actua como controlador principal, ao qual a maioria dos dispositivos está ligada diretamente através de vários barramentos.

O projeto utiliza três tipos de barramentos, nomeadamente, o barramento VLIS, o barramento VLSI Peripheral, o barramento GPIO e o barramento I² C. A memória externa, que é a EEPROM, está ligada através do barramento I2C para suportar um armazenamento de 32 MB. São utilizados três dispositivos para estabelecer a comunicação em diferentes modos de comunicação. O módulo Bluetooth é ligado através de USB (Universal Serial Bus) ao microcontrolador através do barramento VLSI. Do mesmo modo, o Wi-Fi é ligado ao microcontrolador através da UART01 e do barramento VLSI.

O GPS está ligado ao microcontrolador UART02 e ao barramento VLSI. O LCD, os LED, o teclado, a campainha, o sinal sonoro e a porta de reinicialização estão ligados ao microcontrolador através do GPIO e do barramento VLSI. O LCD é utilizado para visualizar as alterações ambientais que ocorrem dentro e à volta do TAG inteligente com o telemóvel. O LCD e os LED são utilizados para alertar o operador local para o estado de identificação entre o TAG e um anfitrião através de módulos de comunicação Wi-Fi ou Bluetooth. O microcontrolador é carregado com a aplicação ES que implementa um sistema de identificação entre a etiqueta e o anfitrião. A aplicação ES segue os dispositivos relacionados com o anfitrião e fornece uma identificação e autenticação adequadas entre os dispositivos. O software ES actualiza o estado da identificação através de vários módulos de comunicação.

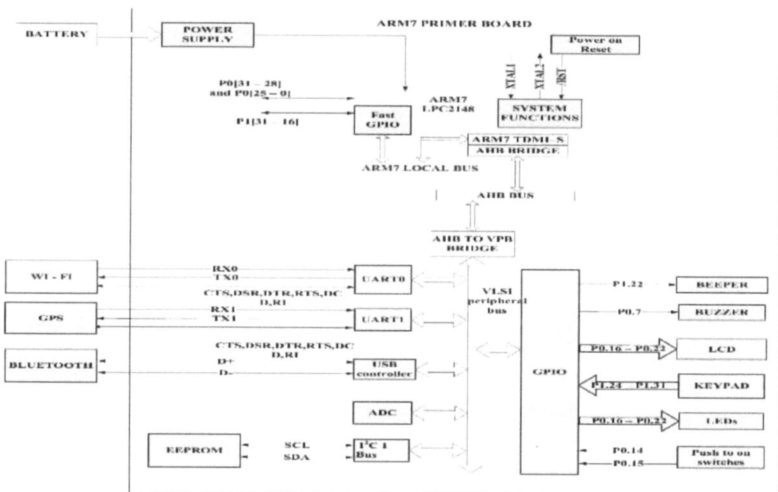

Figura 2.3 Conceção do hardware para a implementação do sistema de identificação

2.3.3 Sistema de identificação eficiente

Numa área local, haverá vários sistemas baseados em etiquetas que funcionam em simultâneo. Cada sistema baseado em etiquetas é composto por um único anfitrião e várias etiquetas. Estas etiquetas são fixadas a diferentes objectos para fins de localização. Muitas das etiquetas inteligentes formam um conjunto para implementar uma aplicação específica e, geralmente, estão na mesma vizinhança. Todos estes sistemas baseados em etiquetas têm um sistema de identificação comum e, quando são identificados numa área local, todas as etiquetas são identificadas com o mesmo anfitrião. Assim, o sistema concebido para as etiquetas e o seu anfitrião devem ter sistemas de identificação diferentes. Utilizando um novo sistema de identificação entre a etiqueta e o anfitrião, as etiquetas que estão relacionadas com o mesmo anfitrião serão identificadas mutuamente. É utilizado um novo sistema de identificação que verifica automaticamente o processo de autenticação sempre que é estabelecida uma ligação entre a etiqueta e o anfitrião através de um protocolo de comunicação.

A figura 2.4 mostra o processo de autenticação entre um leitor móvel e uma etiqueta. O algoritmo proposto para um novo sistema de identificação é diferente dos outros sistemas de identificação. Se a autenticação falhar, a ligação de comunicação estabelecida anteriormente é terminada.

O mecanismo de identificação e rastreio é implementado através de modelos codificados com dados. As marcas de água são incorporadas nos códigos QR e são utilizadas para autenticação e identificação do TAG com o HOST. Estes códigos QR incorporados são designados por modelos codificados.

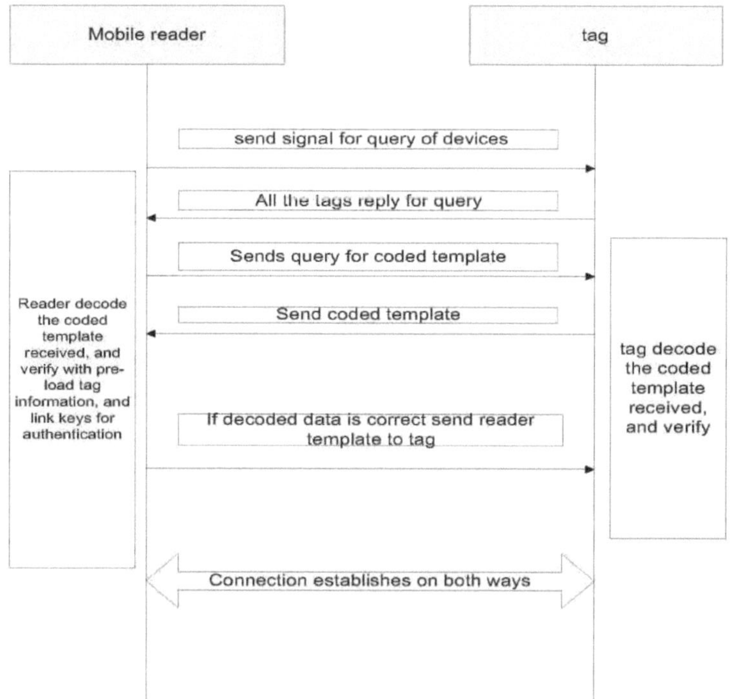

Figura 2.4 Processo de identificação e autenticação entre a etiqueta e o leitor

O modelo codificado contém o endereço do dispositivo e as chaves de ligação fixa para autenticação. A informação relativa à etiqueta é pré-carregada no leitor móvel. Quando o leitor móvel e as etiquetas são identificados na área local, os modelos de dados codificados são trocados. A partir destes modelos, a marca de água digital é removida e os códigos QR são descodificados. A figura 2.5 mostra o processo de incorporação da marca de água digital nos códigos QR e a figura 2.6 mostra o processo seguido para extrair a marca de água dos códigos QR.

Os dados descodificados são verificados com os dados dos tags pré-carregados. Se os dados descodificados corresponderem à informação pré-carregada dos tags, então o tag está relacionado com essa aplicação e a ligação segura será estabelecida entre o tag e o leitor.

Neste sistema, só as etiquetas que estão relacionadas com o leitor móvel podem comunicar. Este sistema identifica apenas as etiquetas que estão relacionadas com o leitor móvel. O sistema garante a ausência de colisões ou interferências.

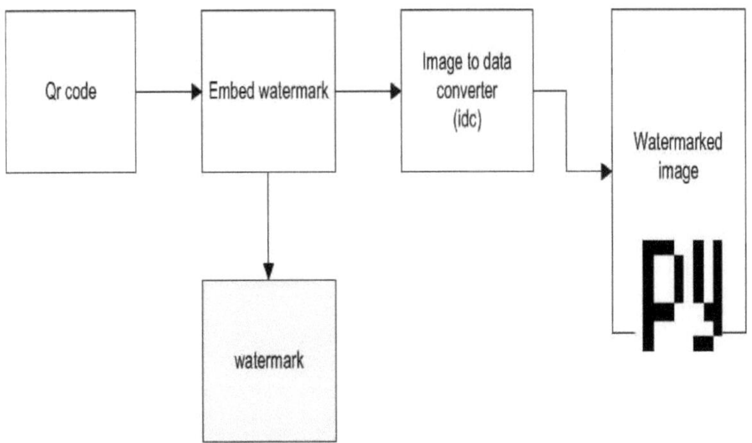

Figura 2.5 Processo de incorporação da marca de água digital no código QR

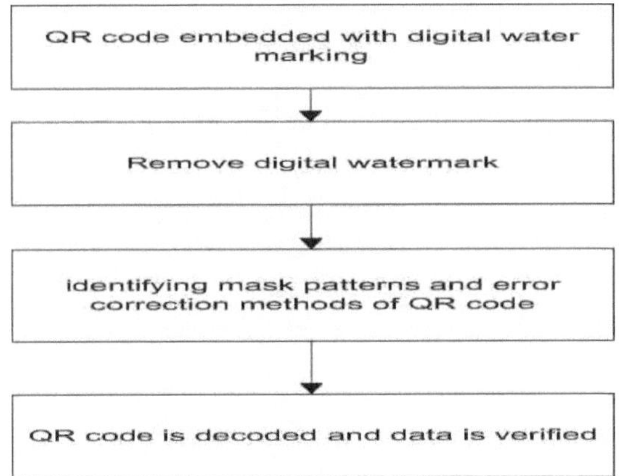

Figura 2.6 Processo de extração de dados do modelo codificado

2.3.4 Arquitetura de software para a implementação do Sistema de indemnização

O sistema de identificação de etiquetas desenvolvido consiste em diferentes módulos de hardware interligados entre si. Para cada módulo de hardware que está diretamente ligado ao microcontrolador, existe um componente de software na aplicação ES que é modelado como uma classe. O componente de software relacionado com um dispositivo de hardware é reconhecido como uma única classe.

A arquitetura do software é definida tendo em conta as classes, a funcionalidade e as relações entre as classes. A lógica de controlo principal que conduz a aplicação é apresentada como classe ARM7. Para proteger a informação de identificação de ataques, enquanto é comunicada ao dispositivo remoto, foram definidas duas classes para digerir os dados de identificação e, em seguida, colocar uma marca de água nos dados para implementar a autenticação durante a transmissão. Foi identificada outra classe para tratar a informação de identificação para desmarcação e desdigestão. A invocação do digestor de mensagens de envio ou do digestor de mensagens de receção é feita através do controlo principal.

O digestor de mensagens de envio é definido com os métodos para gerar o código do modelo de dados, escrever dados e marcar o modelo de dados, etc. Do mesmo modo, a classe do digestor de mensagens de receção é definida com métodos para efetuar operações como receber o modelo codificado, marcar o modelo codificado e extrair os dados.

A etiqueta comunica com o leitor móvel através de protocolos de comunicação. As classes de protocolos de comunicação, como a classe Bluetooth e a classe Wi-Fi, estão ligadas à classe ARM7. A classe de protocolo de comunicação é utilizada para localizar os dispositivos utilizando uma gama de frequências. As classes de protocolo de comunicação da etiqueta dependem das classes de protocolo de comunicação do dispositivo móvel, uma vez que a aplicação desenvolvida permite a identificação e a autenticação entre o anfitrião e as etiquetas inteligentes.

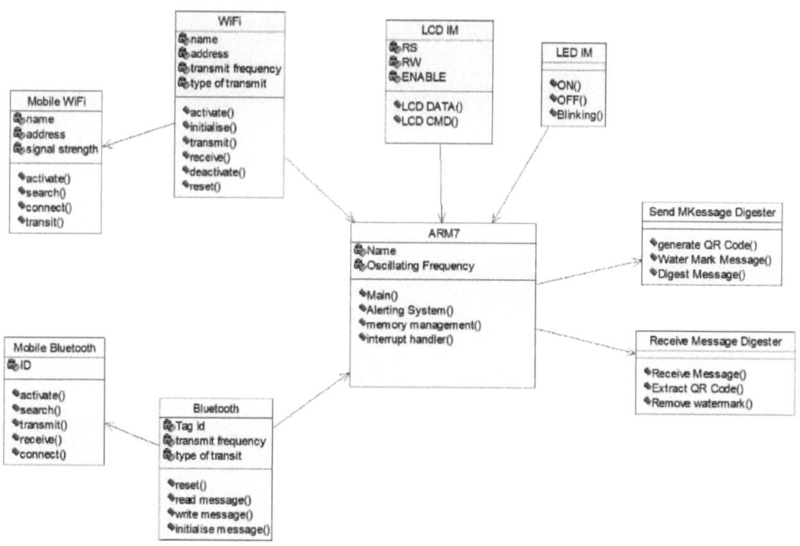

Figura 2.7 Interação entre os objectos HW e os objectos SW no lado do TAG

As classes LED IM e LCD IM estão ligadas ao ARM7, que apresenta o resultado ao utilizador. O diagrama de classes do sistema de identificação é apresentado na Figura 2.7.

A figura 2.8 mostra a arquitetura de software para a implementação do módulo de identificação de etiquetas relacionado com a etiqueta inteligente utilizando uma arquitetura de 3 níveis. No **nível I**, reside o principal subsistema relacionado com o sistema de identificação de etiquetas. A execução global da tarefa é implementada na lógica de controlo principal, que reside na **camada II**. A tarefa principal foi concebida para incorporar todas as funções que implementam requisitos em tempo real utilizando o sistema operativo µCos. Os componentes de software através dos quais a comunicação é efectuada, quer por Wi-Fi quer por Bluetooth, estão situados na Tier-II, mas são invocados através da lógica do controlador principal. Os módulos de comunicação relacionados com o HOST móvel remoto estão situados no nível III. Os módulos de comunicação que se encontram nas camadas II e III comunicam entre si, especialmente para o processamento, a identificação e a autenticação entre a etiqueta e o anfitrião remoto.

O módulo do sistema de identificação residente na Tier-II é invocado através da lógica do controlador principal. Os módulos de identificação devem ter os componentes que identificam corretamente os dispositivos relacionados com os dispositivos móveis no tipo de operações que têm lugar no âmbito da execução global da aplicação. Os módulos do sistema de identificação, se implementados no futuro, podem ser localizados na Tier-II juntamente com outros componentes e, assim, o sistema pode ser alargado

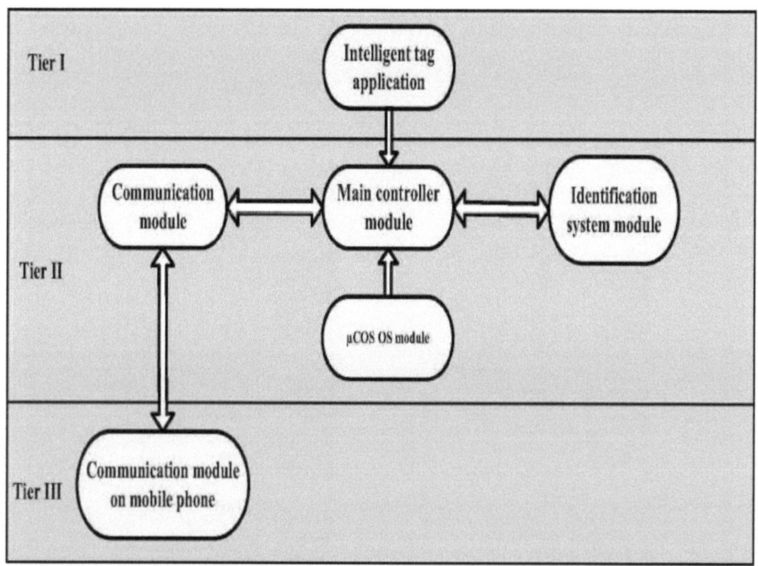

Figura 2.8 Arquitetura de software para a implementação do sistema de identificação

2.3.5 Experimentação e resultados

O algoritmo para o sistema de identificação de etiquetas é implementado através de C++ incorporado no kit de ferramentas de desenvolvimento KIEL integrado. O remetente envia os dados utilizando modelos codificados, nos quais os dados são codificados num código QR e o código gerado é marcado com uma marca de água. Quando o dispositivo móvel identifica o TAG, o dispositivo móvel e o Tag trocam os seus modelos codificados. Quando o modelo codificado é enviado, o recetor retira a marca de água do modelo codificado e o código QR resultante é descodificado, obtendo-se a informação a partir do código. Foram efectuadas muitas experiências com este algoritmo. Os resultados experimentais obtidos são apresentados no quadro 2.1

Os dados codificados no lado do emissor são descodificados no lado do recetor.

Os resultados experimentais mostram que os dados no lado do emissor e no lado do recetor após a descodificação são os mesmos. Os resultados experimentais são apresentados na **Tabela 2.1.**

Tabela 2.1 Resultados experimentais - Sistema de identificação de etiquetas

Serial Number	Sender			Receiver		
	Data	Encoded QR Code	Watermarked QR code	Code received	De-watermarked (QR CODE)	Decode Data
1	link keys: a1a2 a3 device addr: 002050AA3 6G7(1a)					link keys : a1a2 a3 device addr: 002050AA36 G7(1a)
2	link keys: b1b2b3 device addr: 001060AA3 6F8(11a)					link keys: b1b2 b3 device addr: 001060AA36 F8(11a)
3	link keys : c1c2 c3, device addr: 106060AC3 67Y(22a)					link keys : c1c2 c3, device addr: 106060AC36 7Y(22a)
4	link keys : d1d2 d3, device addr:10606 0GC36J5(3 3a)					link keys : d1d2 d3, device addr:106060 GC36J5(33a)

2.4 Conclusões

Cada TAG tem de se identificar com o seu mestre associado, que é um telemóvel com o qual o utilizador final interage com o sistema. Do mesmo modo, o dispositivo móvel deve também informar o TAG da sua própria identificação, semelhante a um certificado digital. Os dados de identificação podem ser utilizados em ambas as extremidades para se autenticarem mutuamente, sempre que a comunicação entre o TAG e o telemóvel é estabelecida.

O sistema de identificação deve também ser protegido contra ataques. A combinação de códigos QR com marcação a água proporciona uma base sólida para a implementação do sistema de identificação, mesmo na presença de interferências, ruído e ataques.

Foi apresentado um sistema de identificação eficiente que utiliza códigos QR e marcação digital de água. O sistema de identificação foi concebido e implementado para rastrear bens valiosos utilizando protocolos de comunicação como Bluetooth,

WI-Fi, NFC, etc.

Cada sistema incorporado depende predominantemente da arquitetura de software do lado do TAG. A arquitetura de software é necessária para a implementação do sistema de identificação. Foi apresentada uma arquitetura eficiente de três níveis que permite a implementação eficaz do sistema de identificação, especialmente para coexistir com outros componentes da aplicação e também para comunicar com a aplicação residente no telemóvel.

A arquitetura apresentada nesta tese é eficiente e considera todos os aspectos da integração dos componentes e da comunicação entre eles. A arquitetura é eficiente, pelo que qualquer sistema incorporado pode implementá-la.

2.5 Âmbito futuro

O sistema de identificação proposto nesta tese pode ser alargado para garantir a validade dos códigos QR devido a distracções na intensidade do sinal que ocorrem devido ao desvanecimento e ao handoff. Os modelos discutidos devem ser alargados ao tipo de topologia de rede em malha, em que vários telemóveis actuam como mestres para vários TAG e, quando existe um mestre para um TAG, o conceito de prioritização tem de ser realizado e implementado.

CAPÍTULO 3 (LOCALIZAÇÃO DAS TAGS)

3.1 Visão geral

O sistema de gestão da localização é utilizado para encontrar a localização de objectos perdidos. Os telemóveis estão a ser amplamente utilizados e um objeto pode ser localizado utilizando os telemóveis. Os telemóveis estão interligados através de uma infraestrutura mundial. As etiquetas são utilizadas para detetar a localização dos objectos quando estes se encontram nas proximidades dos telemóveis. Estão a surgir diariamente muitas aplicações novas que incluem funções de controlo da localização dos objectos.

Estão a ser utilizadas muitas das tecnologias sem fios que incluem RFID, IR, Bluetooth, Wi-Fi e NFC para localizar as etiquetas inteligentes nas proximidades do dispositivo principal. A localização de um objeto pode ser detectada utilizando o GPS, que tem sido o método mundialmente conhecido para localizar os objectos. A posição de um objeto na Terra pode ser conhecida através de 24 satélites que orbitam a cerca de 11.000 milhas náuticas em órbita geossíncrona acima da Terra. Os satélites são monitorizados minuto a minuto a partir das estações terrestres que estão localizadas em todo o mundo. Os receptores GPS têm de ter uma linha de visão com os satélites para localizar um objeto. O sistema GPS pode ser efetivamente utilizado para localizar os TAG inteligentes e dar a conhecer a localização do TAG ao dispositivo principal.

As etiquetas RFID estão a ser amplamente utilizadas para identificar os objectos aos quais as etiquetas estão ligadas. Os objectos são localizados através do conhecimento da localização da etiqueta que está ligada ao objeto.

Em muitas aplicações que incluem a monitorização de prisões, a segurança de crianças, os jogos em recintos fechados, a segurança, os cuidados de saúde, etc., estão a ser utilizados sistemas de monitorização e localização de etiquetas. O sistema de identificação da localização das etiquetas tem de ser eficiente para que as etiquetas sejam facilmente localizadas.

As etiquetas estão a ser localizadas nas proximidades de um dispositivo móvel utilizando várias tecnologias sem fios que incluem Bluetooth e Wi-Fi. Existem muitos métodos na literatura para localizar os objectos, incluindo a receção de sinais de pontos de referência através de indicadores de intensidade do sinal recebido (RSSI), sistema GPS, etc.

3.1.1 Localizações Sistemas de identificação

3.1.1.1 Localização através de RSSI

A localização de um objeto pode ser conhecida em tempo real através da utilização de indicadores de sinal, normalmente conhecidos como RSSI (Received Signal Strength Indicators). A intensidade de um sinal pode ser medida por um sensor RSSI que utiliza tecnologia de recetor de rádio para detetar e medir o sinal. O RSSI é efectuado antes do amplificador de frequência intermédia.

Os dispositivos Bluetooth ficam a conhecer a identidade de outros dispositivos Bluetooth através do mecanismo de inquérito que está incorporado no dispositivo Bluetooth. Uma consulta por um dispositivo Bluetooth demora cerca de 5-10 segundos. Normalmente, um ponto de acesso terá as identificações de todos os dispositivos Bluetooth dentro de um determinado raio de alcance RF. Este mecanismo de consulta pode ser integrado num telemóvel que pode ter as identificações de todos os TAGS que se encontram na sua proximidade.

O inquiridor, depois de obter os IDS dos dispositivos sem fios, pode estabelecer uma ligação de comunicação com um ou mais dos seus vizinhos descobertos, utilizando um processo de paginação que é efectuado em 1-2s. O inquiridor que utiliza este processo pode, na melhor das hipóteses, comunicar com um Tag de cada vez.

O sinal RSSI é normalmente analógico e pode ser convertido num sinal digital utilizando um ADC interno. Podem ser localizados mais pontos de acesso, normalmente num espaço de 10-15 metros, para que mais etiquetas equipadas com interfaces Bluetooth possam ser localizadas por um dispositivo móvel. A figura 3.1 mostra a disposição dos pontos de acesso a partir da deteção de rádio nas localizações interiores.

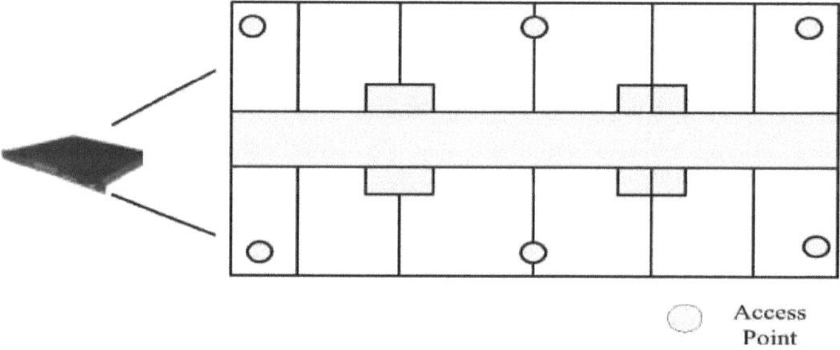

Figura 3.1 Disposição de um ponto de acesso para localização interior

Um ponto de acesso localiza uma etiqueta através de um mecanismo de consulta e de paginação que utiliza o protocolo de comunicação Bluetooth para estabelecer as ligações de comunicação com as etiquetas individuais. A distância entre a etiqueta e o ponto de acesso pode ser medida através de um conceito designado por triangulação. O Bluetooth é uma tecnologia de baixo custo e baixa potência e é uma norma de comunicação multifuncional.

3.1.1.2 Localização por GPS

A localização de um TAG como coordenada na Terra pode ser encontrada com exatidão utilizando um sistema GPS (Sistema de Posicionamento Global). Os sistemas GPS comunicam com um conjunto de satélites para obter informações sobre a localização de um objeto na Terra. Muitos dos dispositivos portáteis, tais como telemóveis, PDA, etc., estão equipados com um sistema GPS, pelo que a sua localização pode ser encontrada e informada ao utilizador que tem o dispositivo na mão.

Um relógio situado no interior de um satélite transmite a hora, juntamente com a informação sobre o caminho relacionado com o satélite e o recetor, depois de receber os dados de todos os satélites em órbita geossíncrona, calcula a sua distância de cada um dos satélites utilizando a técnica chamada trilateração. Não é necessária qualquer infraestrutura externa para comunicar com os satélites, mas é necessário um sistema de rede para que o GP possa comunicar com os satélites. A localização das etiquetas pode ser prevista com exatidão através da instalação de um GPS nas mesmas.

É necessário um canal livre e desobstruído para que um recetor GPS comunique com o satélite, o que significa que é necessária uma linha de visão. Geralmente, os sistemas GPS são instáveis quando utilizados em espaços interiores devido à falta de uma linha de visão adequada.

Os detalhes recebidos pelos sistemas GPS são então processados pelo recetor e a localização do objeto é disponibilizada em termos de latitude, longitude, direção e velocidade com que o objeto se move.

Os sistemas GPS necessitam de informações de, pelo menos, 4 ou mais satélites para localizar com precisão um objeto, uma vez que os satélites se movem a uma velocidade muito elevada e qualquer pequeno erro na deteção do sinal dos satélites conduz a um erro de posição. Os sistemas de marcação inteligente exigem sistemas GPS sofisticados, capazes de disponibilizar informações sobre a localização, a hora, a transferência, o tempo de sinalização do tráfego, a sincronização das estações de base, etc. As aplicações GPS não utilizam o tempo determinado com maior exatidão e apenas são utilizadas as informações de localização transmitidas pelos satélites. Algumas das aplicações GPS específicas utilizam o tempo de transferência, o tempo de sinalização de tráfego e o tempo necessário para a sincronização das estações de base dos telemóveis.

Três entradas de satélites são suficientes para estimar a localização do objeto com uma localização conhecida. Uma fração de erro neste caso conduzirá a uma estimativa errada do objeto, tendo em conta a velocidade a que os satélites orbitam. Em geral, para uma estimativa exacta e precisa da localização são necessários quatro satélites. Alguns receptores GPS são inteligentes e utilizam a altitude anterior, o cálculo morto, a navegação inercial, a posição degradada menos exacta, etc., para estimar a posição das TAGS com maior exatidão. Os sistemas GPS também têm a capacidade de acertar o seu próprio relógio, para além da sua capacidade de calcular a posição do objeto.

Cada sistema GPS contém três segmentos, nomeadamente o segmento espacial (SS), o segmento de controlo (CS) e o segmento do utilizador (US). Cada sistema GPS recebe os sinais emitidos pelos satélites e os sinais são utilizados para calcular a localização do objeto utilizando três dimensões que incluem a latitude, a longitude, a altitude e a hora atual.

3.1.1.3 Localização através de um sistema de localização GPS

A estimativa da localização exacta de um objeto requer uma unidade de localização GPS que utilize o Sistema de Posicionamento Global para registar a posição de um objeto a intervalos regulares. Os dados relacionados com a posição de um objeto são registados na unidade de localização ou podem ser transmitidos para armazenamento numa base de dados centralizada, situada remotamente, com a qual a comunicação é efectuada através de um rádio celular ou satélite ou de um modem incorporado no sistema de localização. A localização de um objeto ao longo de um período de tempo pode ser rastreada através de software de localização GPS.

Muitos tipos de localizadores GPS que incluem Data Loggers, Data Pushers, Personal trackers, Asset trackers e Data Pullers estão a ser utilizados para resolver muitas das aplicações. Os sinais recebidos pelo sistema GPS são processados pelo localizador GPS e as coordenadas dos objectos são calculadas. Os localizadores devem ser dotados de uma grande memória para armazenar as coordenadas, e os data pushers necessitam de um modem adicional para transmitir as informações processadas a um computador central.

3.1.1.4 Deteção de localização utilizando Bluetooth

A tecnologia Bluetooth também pode ser utilizada para localizar os objectos. O Bluetooth utiliza a banda ISM de 2,45 GHz para efetuar a comunicação. As tecnologias Bluetooth foram inventadas para funcionar a curta distância, com baixo consumo de energia e, em última análise, a baixo custo. O Bluetooth utiliza baixa potência, uma vez que tem de respeitar um alcance limitado. A tecnologia Blue tooth está disponível em três versões que funcionam a uma distância de 100 metros, 10 metros e 3 metros.

As tecnologias Bluetooth de classe 2 são regularmente utilizadas e a classe 3 é utilizada para auscultadores de telefonia Bluetooth e a classe 1 é utilizada para a comunicação através de computadores de secretária. O Bluetooth pode ser utilizado em escritórios, uma vez que consome pouca energia e, consequentemente, tem um alcance reduzido. O Bluetooth é uma tecnologia ideal para identificar com maior exatidão as etiquetas a uma distância de 10 metros. Se o alcance for maior, a distância entre os objectos e os dispositivos de comunicação sem fios pode ser maior, mas é bastante difícil localizar com precisão um objeto. A identificação da localização pode ser feita de forma integrada com dispositivos do tipo telemóvel, uma vez que estes são alimentados por uma bateria de baixo consumo.

3.1.1.5 Identificação da localização através de dispositivos de comunicação Wi-Fi

O sistema de identificação da localização também pode ser implementado utilizando sistemas de comunicação sem fios adhoc. Quando as etiquetas inteligentes e os telemóveis se aproximam da vizinhança local, podem estabelecer uma ligação de comunicação. Os dispositivos podem comunicar entre si utilizando comunicações sem fios adhoc sem necessidade de qualquer infraestrutura de comunicação. A comunicação adhoc pode ser eficazmente implementada utilizando os telemóveis que foram equipados com interfaces sem fios de curta distância, como a LAN sem fios e o Bluetooth. A comunicação ad-hoc está a tornar-se uma força motriz, uma vez que pode ser efectuada em qualquer lugar.

Os dispositivos móveis que se encontram numa determinada área e que estão equipados com tecnologias sem fios, como Bluetooth e ZigBee, podem aceder e trocar informações muito facilmente. Os dispositivos móveis podem ser mais flexíveis e extensíveis se começarem a comunicar utilizando a comunicação sem fios adhoc. Os telemóveis estão a ser lentamente apoiados com a capacidade de comunicar em modo de comunicação adhoc.

A Internet Engineering Task Force (IETF) e o Mobile Ad-hoc Network Working Group (MANET WG) propuseram protocolos de encaminhamento ad-hoc que incluem os protocolos de encaminhamento Ad-hoc On-Demand Distance Vetor (AODV) e Optimized Link State Routing (OLSR).

É necessário examinar as aplicações nas máquinas reais quando é necessária a implementação de redes ad-hoc utilizando diferentes protocolos de comunicação adhoc. É fácil implementar aplicações como a partilha de ficheiros ou o envio de mensagens utilizando redes ad-hoc móveis devido à não utilização de qualquer tipo de infraestrutura.

É possível acrescentar um maior número de serviços aos telemóveis quando a comunicação é efectuada através de um sistema de comunicação adhoc sem fios, devido à forte redução da necessidade de recursos do lado móvel para efetuar a comunicação. Os telemóveis podem ser ligados a outras redes, o que permite transformá-los em nós de computação na rede.

3.1.2 Questões relacionadas com o sistema de identificação de locais

As etiquetas inteligentes podem comunicar com o dispositivo portátil através de diferentes tipos de métodos de comunicação e, geralmente, utilizam diferentes tipos de sinais com diferentes intensidades. É muito possível que as etiquetas inteligentes que não estão relacionadas com um determinado dispositivo móvel possam interferir com os sinais emitidos pelas etiquetas inteligentes que estão diretamente relacionadas com o dispositivo móvel. Seguem-se alguns dos principais problemas que afectam a identificação da etiqueta com o dispositivo móvel.

1. Escolha de um método adequado de gestão da localização que ajude a identificar a localização de uma determinada etiqueta de forma exclusiva com o telemóvel quando várias etiquetas estão em comunicação com o dispositivo móvel.

2. Uma etiqueta que identifica com exatidão a sua própria localização com o dispositivo móvel na presença de ataques.

3. Para obter o máximo desempenho, o sistema de gestão da localização deve satisfazer questões como a exatidão, a relação custo-eficácia, a fiabilidade, a simplicidade e a escalabilidade

A questão mais importante relacionada com o sistema de gestão da localização é a precisão. O sistema de gestão da localização deve efetuar uma localização eficiente dos objectos. Utilizando um método preciso de localização de objectos, os utilizadores do sistema satisfazem as suas necessidades de aplicação de alto nível. O sistema de gestão da localização tem de ser concebido e implementado tendo em conta a relação custo-eficácia. Dependendo do número de objectos de interesse, os requisitos e a tecnologia de localização disponível podem variar. O sistema de gestão da localização tem de funcionar exatamente em condições difíceis e práticas. Assim, o sistema deve ter um desempenho robusto e fiável contra muitos factores ambientais.

O sistema de localização deve ser implementado simplesmente na área de monitorização. Assim, um melhor sistema de localização deve ser aplicado e implementado para uma determinada aplicação com menos intervenção. O sistema de gestão da localização deve ser facilmente expandido para uma grande área de monitorização com um desempenho constante. Dependendo dos requisitos da aplicação, o sistema de gestão da localização pode ser expandido para uma área maior, e o processo de expansão deve considerar a construção simples e fácil das infra-estruturas do sistema.

3.1.3 Definição do problema

Um sistema inteligente de gestão de etiquetas envolve a comunicação entre uma etiqueta e um dispositivo portátil e muitas outras funções, tais como a identificação das etiquetas, alertas para indicar alterações ambientais, deteção e alerta de adulteração, segurança da comunicação entre a etiqueta e o dispositivo portátil. Além disso, a função mais importante do sistema é localizar as posições das etiquetas que estão ligadas a objectos relacionados com o utilizador.

Uma etiqueta pode ser localizada com referência à longitude e latitude, ângulo e distância de um ponto de referência num plano xy, distâncias geométricas utilizando coordenadas no plano xy. A forma mais relevante de localizar uma etiqueta inteligente é através do ângulo e da distância em relação ao ponto de referência.

Estão disponíveis várias tecnologias que permitem medir o ângulo e a distância. Num sistema típico de gestão de etiquetas, muitas das etiquetas devem estar a funcionar na mesma vizinhança, formando assim uma rede de interferências que afecta a identificação da localização da etiqueta. Assim, o problema consiste em determinar a localização da etiqueta por meio de um ângulo e de uma distância sob a influência de várias etiquetas inteligentes que funcionam e comunicam com o dispositivo portátil ao mesmo tempo.

3.2 Pesquisa bibliográfica

A localização de objectos fixos e móveis pode ser realizada utilizando a tecnologia RFID **[Kiriti Chawla et al., 2011-01]**. A posição dos objectos fixos e móveis que estão afixados com etiquetas pode ser localizada utilizando tecnologias baseadas em RFID. A localização dos objectos pode ser determinada utilizando as caraterísticas de distância de potência dos sinais de rádio.

[Hakan Koyuncu et al., 2010-01]Foram propostas várias técnicas de posicionamento em interiores que utilizam tecnologias de infravermelhos, ultra-sons e RF para fixar a posição em áreas interiores. Estão a ser utilizados muitos sistemas, incluindo sistemas sem fios, sistemas de rastreio ótico e sistemas ultra-sónicos para localizar os objectos em espaços interiores. Em muitas aplicações, como sistemas inteligentes, sistemas de vigilância e sistemas de reconhecimento de actividades, é necessário o sistema de deteção e seguimento de objectos.

Foram desenvolvidas muitas soluções para a estimativa da posição de objectos em interiores ou exteriores. Foram apresentados muitos sistemas de posicionamento com diferentes arquitecturas para determinar a localização de objectos. Os sistemas de determinação da posição propostos têm diferentes precisões, configurações e fiabilidade. Alguns dos sistemas de determinação da posição que estão a ser utilizados incluem o GPS [**Starlink Incorporated, 1999-01**], os morcegos ultra-sónicos da AT&T Cambridge [**R.Want et al., 1992-01**], o sistema Wave LAN da Microsoft Research [**P. Bahl, et al., 1999-01**], os crachás activos [**A. Harter et al., 1994-01**], o Smart Floor da Georgia Tech [**Robert J. Orr et al., 2000-01**], as etiquetas de rádio, os sistemas de visão por computador e os sistemas baseados em telemóveis. Foram apresentados os sistemas mais populares de fixação da posição em interiores [**Hakan Koyuncu et al., 2010-01]**, que utilizam técnicas de infravermelhos, ultra-sons e RSSI, bem como sistemas de visão por computador, de telemóvel e de posicionamento RFID integrado.

Um único dispositivo sem fios com um erro de seguimento mínimo pode ser utilizado para posicionar um objeto em locais interiores ou exteriores **[Erin-Ee-Lin Lau et al., 2008-01]**. Um algoritmo que usa RSSI (Received Signal Strength Indication) pode ser usado para localizar os objectos. O método RSSI é construído com aspectos que incluem a calibração dos coeficientes RSSI e a trilateração iterativa do objeto. A flutuação dinâmica do sinal de rádio recebido de cada nó de referência quando o nó alvo se está a mover pode ser minimizada utilizando um algoritmo de suavização RSSI de baixa complexidade.

Um conjunto de nós de referência estáticos em coordenadas predefinidas e um nó cego transportado pelo alvo móvel são utilizados para estimar a localização do objeto. Quando sinalizados, os nós de referência respondem enviando as suas coordenadas e os valores RSSI a essa distância para o nó cego. Os oito melhores sinais RSSI mais elevados (de -40dBm a -95dBm) são enviados para a estação de base. Na estação de base, é implementado um algoritmo que estima a posição do nó cego após a receção dos dados RSSI dos nós de referência (RSSIi) e das informações de posição (Xi, Yi). Uma aplicação pode monitorizar a posição do objeto, que é actualizada de forma contínua.

Os computadores que estão ligados a uma rede através de interfaces sem fios podem receber dados relativos à posição do objeto. O algoritmo de estimativa da localização tem 4 fases, que incluem a fase de entrada (receber o texto de depuração do CC2431, ou seja, (RSSIi, Xi, Yi)), a fase determinística (calcular o valor "n"), a fase probabilística (estimar a distância entre o nó cego e o nó de referência) e a fase de estimativa da posição, que são implementadas numa sequência cronológica para a estimativa da localização de um objeto utilizando a trilateração.

[T. S. Chou et al., 2007-01]foi apresentado um projeto alternativo para desenvolver os localizadores de objectos que podem ser utilizados para localizar o objeto. A tecnologia RFID foi utilizada como plataforma de base para o funcionamento dos localizadores de objectos. Os utilizadores podem utilizar o localizador de objectos para encontrar objectos perdidos. Para localizar um objeto, é utilizado um integrador com vários botões de cores diferentes. Quando premido, cada botão emite um sinal de uma determinada frequência. O TAG que está ligado a um objeto é fornecido com um sinal sonoro que é concebido para emitir um sinal sonoro quando é recebido um sinal de determinada intensidade. O utilizador pode encontrar o objeto quando o TAG ligado a um objeto emite um sinal sonoro e pisca em resposta à pressão de um botão no integrador.

[F. Forno, et al., 2005-01] Os dispositivos portáteis equipados com tecnologia Bluetooth, cuja disponibilidade é elevada, podem ser utilizados pelos utilizadores para localizar os objectos com precisão suficiente para oferecer serviços sensíveis ao contexto. Foi concebida e implementada uma arquitetura escalável baseada em sensores Bluetooth para o posicionamento dos objectos em locais interiores. Foram utilizados diferentes níveis de potência para determinar a distância entre os objectos e os sensores. Os dados relacionados com a distância dos objectos aos sensores são recolhidos num sistema de posicionamento centralizado que é formado através do desenvolvimento de um sistema adhoc utilizando os sensores. A estrutura complexa dos sensores, que se baseia numa rede de sensores, não é linear, mas sim um processo holístico

[Christian Frank, et al., 2008-01] Os telemóveis foram melhorados com a capacidade de encontrar os objectos na sua vizinhança. O contexto de deixar os objectos em diferentes locais foi armazenado no telemóvel e os objectos podem, assim, ser localizados quando surge um contexto predefinido. Os proprietários dos objectos podem procurar os seus objectos utilizando a infraestrutura incorporada nos telemóveis. Os objectos perdidos ou extraviados podem ser encontrados selecionando os sensores mais adequados com base num conhecimento arbitrário do domínio.

Foi apresentado um método de localização preciso que tem uma aplicação generalizada para encontrar os objectos a centenas de metros **[Timothy T J et al., 2005-01]**. Foi apresentado o método que visa calcular a posição de um objeto remoto com base na radiação electromagnética emitida por um rádio que utiliza frequências de luz. Foram desenvolvidos vários métodos que incluem a triangulação manual, o tempo de voo, a diferença de tempo de chegada e o ângulo de chegada para determinar a localização dos objectos. Foi também apresentada a expansão destes métodos através da utilização de dispositivos electrónicos sem fios para os tornar adequados à localização de múltiplos objectos.

Foi apresentado um método através do qual os deficientes visuais podem encontrar os seus últimos objectos **[Julie A. et al., 2006-01]**. Foi apresentada uma solução com o nome FETCH que permite aos deficientes visuais seguir e localizar objectos que perdem frequentemente. São utilizados telemóveis ou computadores portáteis para localizar os objectos nas proximidades da casa do utilizador. O FETCH (Finding Everything using Technology Convenient and Handy) utiliza etiquetas com Bluetooth, semelhantes a porta-chaves, e um telemóvel ou computador portátil com Bluetooth e leitores de ecrã para obter a localização das etiquetas. As etiquetas emitem um sinal sonoro e funcionam num raio de 30 metros, um alcance suficientemente grande para encontrar um objeto em qualquer parte de uma casa, apartamento ou escritório.

A localização exacta do TAG é absolutamente necessária. Nenhum dos métodos existentes na literatura considerou todos os aspectos da localização que incluem a distância, a direção e o ângulo de incidência.

[Sastry et al., 2012-03] propuseram um método para localizar um TAG em ambientes interiores e exteriores com um erro mínimo de rastreio, utilizando as normas Bluetooth e WI-FI. Um dispositivo ligado à placa incorporada possui uma capacidade de estimativa da localização através do indicador da intensidade do sinal recebido (RSSI). Foi proposto um método que calcula as distâncias do TAG entre os nós cegos e os nós de referência, estimando assim a localização exacta do TAG.

[Sastry et al., 2012-4] apresentaram uma arquitetura de software que pode ser utilizada para o desenvolvimento de um "software de localização", através do qual é possível calcular a distância do TAG a uma referência e a posições cegas. **[Sastry et al., 2014-05]** também apresentaram um método para encontrar a localização exacta do TAG utilizando direcções (LESTE, OESTE, SUL, NORTE, NORDESTE, SUDOESTE, SUDESTE e NORTE-OESTE) e o ângulo dentro dessas direcções.

3.3 Investigações e conclusões

3.3.1 Requisitos funcionais

A especificação dos requisitos funcionais descreve o tipo de processamento que deve ser efectuado nas entradas recebidas pelo microcontrolador e também para gerar as saídas que accionam vários mecanismos de controlo. As entradas fornecidas pelos dispositivos ligados ao microcontrolador devem ser processadas pelo software

O início da localização e do seguimento começa através de um processo residente no telemóvel. As funções típicas que devem ser implementadas para a localização são as seguintes

1) Estabelecer uma interface de comunicação através do módulo de comunicação. O módulo de comunicação terá a inteligência de estabelecer comunicação através de Bluetooth ou Wi-Fi com base na atividade das portas de comunicação de cada lado.

2) Para obter a longitude e a latitude do sistema GPS e efetuar as correcções necessárias. O GPS obtém os valores de longitude e latitude a partir de um satélite.

3) Calcular a localização efectiva com base na distância, longitude e latitude utilizando um método escolhido.

4) Enviar a posição do objeto para o telemóvel, utilizando qualquer um dos módulos de comunicação.

3.3.2 Conceção do hardware

Para implementar o sistema de identificação da localização, foi concebida uma placa de hardware, cuja disposição é mostrada na figura 3.2. O ARM 7 actua como controlador principal, ao qual a maior parte dos dispositivos estão ligados diretamente através de vários barramentos. A conceção do hardware utiliza quatro barramentos: o barramento AHP, o barramento periférico VLSI, o barramento I^2 C e um barramento local para realizar as ligações dos vários dispositivos necessários à implementação do sistema de gestão da localização. Ao barramento VLSI estão ligados o barramento GPIO e o barramento I^2 C.

A memória externa, que é a EEPROM, é ligada através do barramento I^2 C. São utilizados três dispositivos para estabelecer a comunicação em diferentes modos de comunicação. O módulo Bluetooth é ligado através de USB ao microcontrolador através do barramento VLSI. O Wi-Fi é ligado ao microcontrolador através da UART0 e do barramento VLSI. O GPS está ligado ao microcontrolador através da UART1 e do barramento VLSI. O LCD, os LED, o teclado, a campainha e a porta de reinicialização estão ligados ao microcontrolador através do barramento GPIO e VLSI. O dispositivo Gyro está ligado ao controlador USB.

O GPS é utilizado para localizar o dispositivo e fornece a posição atual do dispositivo específico a partir do satélite, sendo essa informação apresentada no LCD. O LCD é utilizado para mostrar os pormenores da identificação da localização (ou seja, coordenadas de latitude e longitude) do TAG inteligente e esta informação é enviada para o telemóvel através dos módulos de comunicação Wi-Fi ou Bluetooth. O giroscópio está ligado ao controlador USB, que está ligado ao barramento periférico VLSI. O microcontrolador é carregado com a aplicação ES que executa o sistema de gestão da localização. O software ES continua a atualizar a posição atual das etiquetas através da implementação de vários módulos de comunicação.

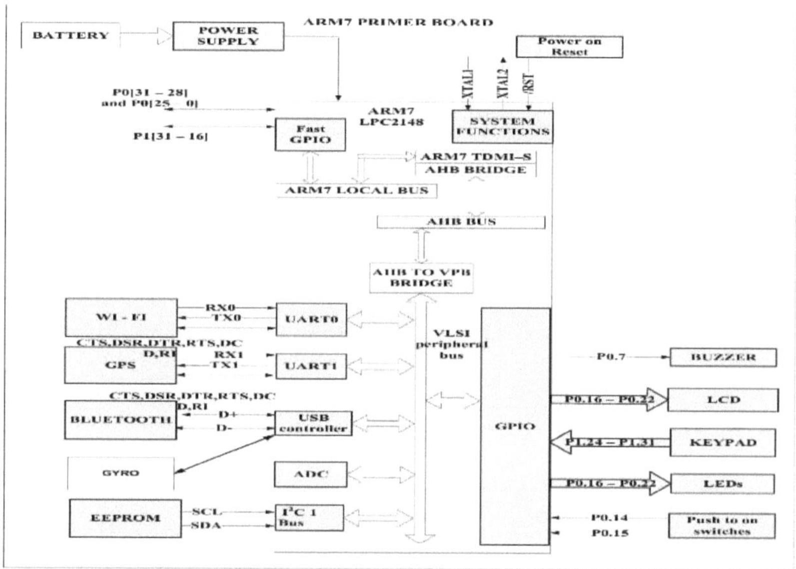

Figura 3.2 Diagrama de disposição do hardware do sistema de gestão de locais

3.3.3 Sistemas eficientes de identificação de localização

3.3.3.1 Identificação da localização através da Longitude, Latitude e distância

O processo básico para localizar um objeto utilizando o telemóvel é apresentado na Figura 3.3. O utilizador decide qual o objeto a seguir e escolhe qualquer etiqueta que ainda não esteja associada a outro objeto. A cada etiqueta é atribuído um número de identificação. Quando o utilizador perde um objeto, vai ao telemóvel e escolhe "encontrar objeto". Em seguida, o telemóvel mostra todos os objectos que estão a ser seguidos e o utilizador seleciona o que pretende encontrar. Quando o utilizador seleciona o objeto, o sistema responde e apresenta a distância e a posição atual (apresenta a latitude e a longitude do objeto). Esta aplicação residente no telemóvel permite que os utilizadores atribuam etiquetas às etiquetas e iniciem uma consulta para localizar o objeto. O processo de registo de objectos e de localização de itens no telemóvel é apresentado na Figura 3.3.

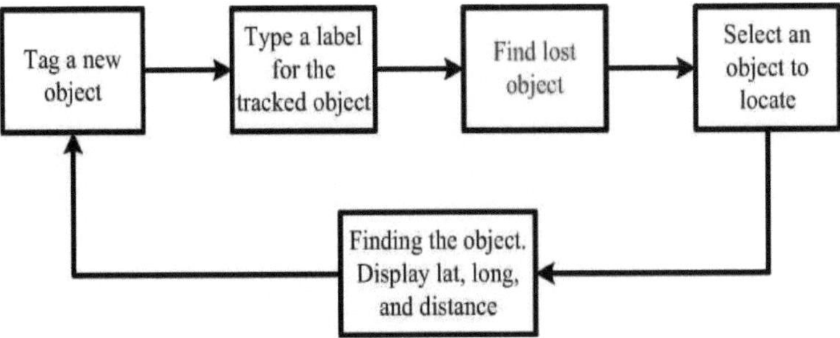

Figura 3.3 Localização de um objeto através de um telemóvel

A aplicação residente no telemóvel tenta estabelecer comunicação com a etiqueta remota utilizando os detalhes da etiqueta armazenados no telemóvel, especialmente os dados relacionados com a frequência. Um conjunto de protocolos residentes no telemóvel é utilizado de forma circular para estabelecer a comunicação com a etiqueta remota.

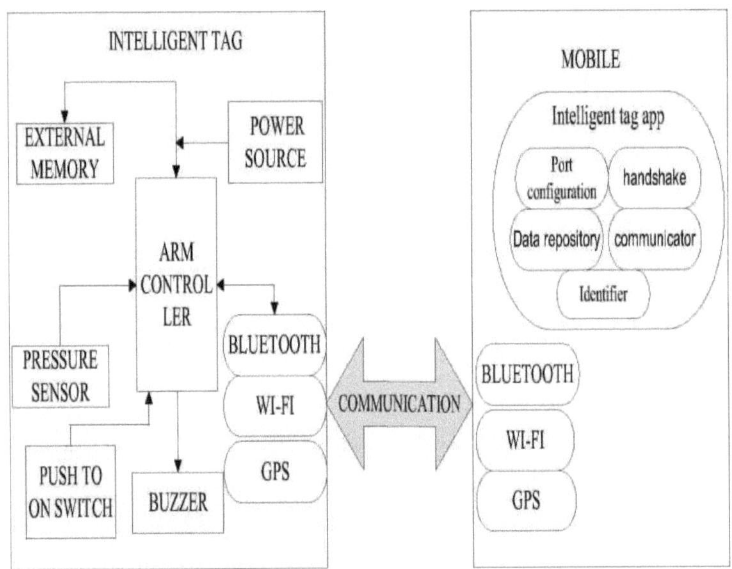

Figura 3.4 O fluxo de comunicação para negociar a localização da etiqueta

Os protocolos serão organizados por ordem de intensidade das frequências, de modo a que a aplicação móvel possa utilizar a interface mais rápida para estabelecer a comunicação. Depois de estabelecer a comunicação com o telemóvel, a etiqueta remota localiza a sua posição conhecida utilizando um sistema GPS instalado no seu interior e comunica a mesma ao telemóvel. Este processo é ilustrado na figura 3.4

A aplicação inteligente residente no dispositivo móvel coexistirá com a aplicação nativa sob a influência do sistema operativo android. Os protocolos de comunicação relativos aos componentes residentes na aplicação inteligente permitem estabelecer uma comunicação com os componentes residentes na etiqueta remota. O processo round robin é utilizado para decidir qual o protocolo que deve ser utilizado para a comunicação. O protocolo de comunicação do lado da etiqueta interage com o sistema GPS para determinar a sua própria longitude e latitude e comunicá-las ao telemóvel.

A etiqueta é também inteligente, sendo capaz de se localizar quando se aproxima do dispositivo móvel, determina a sua longitude e latitude através do sistema GPS e estabelece comunicação com o dispositivo móvel remoto, comunicando a sua própria latitude e longitude.

Vários dispositivos móveis e nós sensores, como o BTnode, estão equipados com transceptores de rádio Bluetooth. Devido ao alcance de leitura de cerca de 15 metros, não são suficientemente precisos para considerar apenas a acessibilidade dos nós sensores, como na abordagem baseada em RFID. Assim, para o posicionamento, foram utilizadas indicações da intensidade do sinal recebido (RSSI), porque o valor RSSI diminui com a distância entre o emissor e o recetor. À medida que a distância entre o emissor e o recetor aumenta, também a intensidade do sinal recebido diminui.

As normas de tecnologia Bluetooth e Wi-Fi podem ser utilizadas para localizar um objeto posicionado em ambientes interiores ou exteriores com um erro de localização mínimo. Foi implementada no dispositivo uma capacidade de estimativa da localização através do indicador da intensidade do sinal recebido (RSSI). As intensidades dos sinais transmitidos e recebidos entre os nós cegos e os nós de referência podem ser utilizadas para calcular a distância do objeto ao nó de referência. Os sinais dos nós de referência são recolhidos por nós cegos incorporados na etiqueta inteligente, lêem a posição calculada e enviam a informação de posição para uma aplicação de monitorização.

O nó de referência está localizado nas coordenadas actuais, e os nós cegos transportados por alvos emitem o sinal para o nó de referência nas proximidades e o nó de referência responde enviando as suas coordenadas e os valores RSSI a essa distância de volta para os nós cegos. A Figura 3.5 mostra a disposição dos nós cegos e de referência. O nó cego seleciona os oito melhores sinais RSSI mais elevados (de -40dBm a -95dBm). A estimativa das posições dos nós cegos é efectuada após a receção dos dados RSSI do nó de referência e da informação de posição (Xi, Yi). A posição estimada é continuamente actualizada e representada visualmente numa aplicação de monitorização.

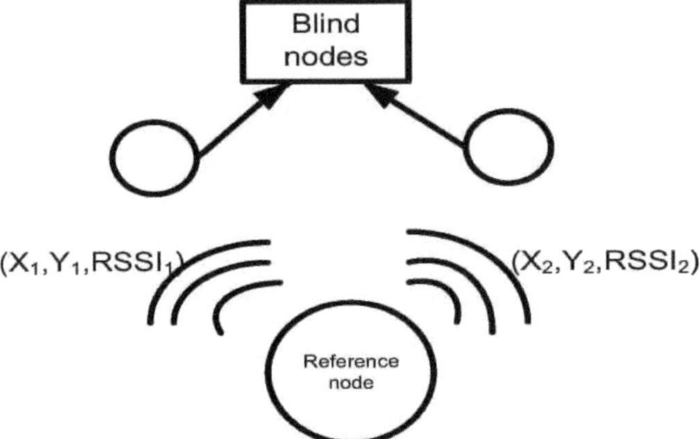

Figura 3.5 Disposição dos nós cegos e de referência

A informação sobre a posição pode ser acedida remotamente. A distância pode ser calculada utilizando a seguinte fórmula $RSSI = -(10nlog10d + A)$ em que n é a constante de propagação do sinal ou expoente, d é a distância ao remetente e A é a intensidade do sinal recebido a 1 metro de distância. Uma série de calibrações mostra um cálculo uniforme da constante de propagação do sinal que pode ser utilizado para determinar a distância em função da intensidade do sinal. Isto é verificado com diferentes meios (espaço livre, vidro e parede) que rodeiam os nós de referência e que afectam a atenuação do sinal de forma diferente. Por conseguinte, se for utilizada apenas uma única constante de propagação para todos os nós de referência, ocorre um erro de cálculo da distância.

3.3.3.2 Identificação da localização através da direção e do ângulo

O módulo GPS é ligado ao PC através da interface UART1 /RS 232, através da qual se obtêm a longitude e a latitude do objeto. O módulo Bluetooth está ligado à interface UART 0. **A figura 3.6** mostra a placa ARM7 LPC2148 que liga os módulos Bluetooth e GPS. O giroscópio está ligado à interface USB, que lê as direcções e o ângulo de incidência dentro das direcções

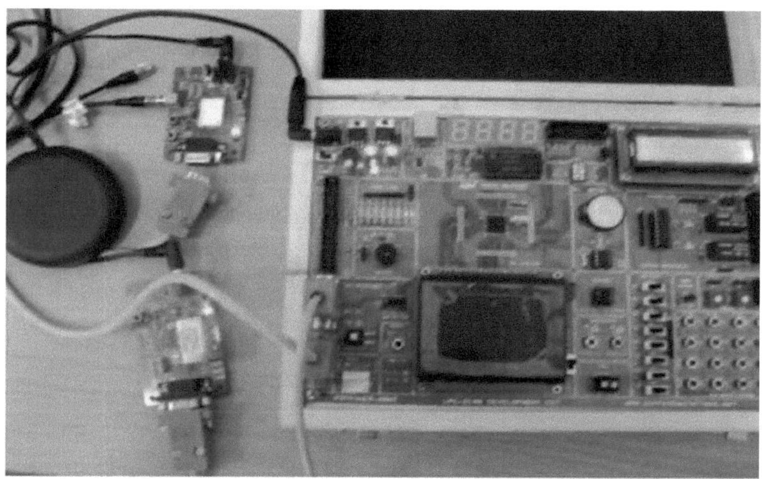

Figura 3.6 Placa ARM LPC2148 com interface Bluetooth e GPS

O módulo GPS recebe os dados do satélite e a saída é apresentada no LCD e os dados são enviados para o telemóvel através de Bluetooth ou Wi-Fi. Utilizando o GPS, é possível encontrar a longitude e a latitude do objeto. Os pormenores da localização são apresentados no lado do Tag e no telemóvel. Ambos os métodos foram experimentados e os pormenores são apresentados na secção 3.3.4.

3.3.3.3 Arquitetura de software para a implementação do sistema de indemnização

O sistema de identificação da localização é responsável pela localização e seguimento entre a etiqueta e o dispositivo móvel. Os dispositivos de hardware utilizados para localizar os dispositivos estão ligados ao microcontrolador ARM7 juntamente com outros módulos de hardware diferentes. É fornecida uma classe de software para cada dispositivo de hardware diretamente ligado ao microcontrolador para processar as entradas transmitidas pelo dispositivo. O sistema de gestão inteligente de etiquetas é concebido através de vários módulos. Cada módulo é responsável por uma tarefa específica. Cada módulo terá as respectivas classes de software para processar as entradas transmitidas pelos dispositivos relacionados com o módulo.

O processo de controlo principal está integrado numa classe separada e todos os outros módulos são acionados através da classe principal. A comunicação entre os módulos é efectuada através da comunicação entre tarefas. Foi concebida uma classe separada denominada "gestão da localização" que executa várias operações, como a obtenção do valor RSSI, a inicialização do módulo GPS, a transmissão e receção Bluetooth, a transmissão e receção Wi-Fi, a transmissão e receção GPS e a deteção de objectos. Todos os módulos de comunicação estão ligados à classe IO periférica que tem uma relação de associação com a classe de gestão da localização.

O GPIO ligado ao periférico IO controla as funções do LCD. A etiqueta comunica com o leitor móvel através de protocolos de comunicação. O protocolo de comunicação do lado da etiqueta interage com o sistema GPS para determinar a sua própria longitude e latitude e comunicá-las ao telemóvel. O protocolo de comunicação é utilizado para localizar os dispositivos utilizando uma gama de frequências. As classes relacionadas com a comunicação com o dispositivo móvel remoto são dotadas de funções que permitem o contacto direto com os dispositivos de comunicação remotos residentes no dispositivo móvel. Estas classes são inteligentes para decidir quais os dispositivos activos, os protocolos a utilizar para a comunicação, decidir os parâmetros de comunicação, etc. A classe de gestão da localização mantém uma comunicação constante com os módulos de comunicação do telemóvel para notificar a localização atual da etiqueta inteligente.

As funções específicas dos módulos individuais podem ser actualizadas em diagramas de classes especiais. As classes Bluetooth, Wi-Fi e GPS especificam as operações dos módulos individuais para inicializar a transmissão e receber mensagens dos respectivos componentes. A figura 3.7 mostra o diagrama de classes do sistema global de gestão da localização numa etiqueta inteligente.

A arquitetura de software para a implementação do módulo de gestão da localização relacionado com a etiqueta inteligente é implementada utilizando uma arquitetura de três níveis, como se mostra na figura 3.8. Na camada I residem todos os módulos relacionados com a aplicação da etiqueta inteligente. A execução global da tarefa é implementada na lógica de controlo principal, que reside na camada II. A tarefa principal foi concebida para incorporar todas as funções do sistema operativo em tempo real, que, neste caso, é o µCos. Os componentes de software através dos quais a comunicação é efectuada por Wi-Fi ou Bluetooth estão situados na camada II, mas são invocados através da lógica do controlador principal.

Os módulos de comunicação relacionados com o anfitrião móvel remoto estão situados na camada III. Os módulos de comunicação que se encontram no **nível II** e no **nível III** comunicam entre si, especialmente para alertar e mostrar a localização atual do lado da etiqueta ao anfitrião remoto que, neste caso, é o telemóvel. Os módulos de gestão da localização residentes na camada II são invocados através da lógica do controlador principal. Os módulos de gestão da localização devem ter os componentes que monitorizam a localização das diferentes etiquetas e também apresentam o estado da posição atual com base no tipo de operações que têm lugar na execução global da aplicação. Os módulos de gestão da localização, se implementados no futuro, podem ser localizados na camada II juntamente com outros componentes e, assim, o sistema pode ser alargado.

3.3.4 Experimentação e resultados

Para efeitos de realização da experiência, o dispositivo móvel foi posicionado num local conhecido. A etiqueta é fixada num outro local e as medições de distância são efectuadas e tabuladas conforme indicado na **Tabela 3.1.** O Tag é movido em relação à sua posição fixa em diferentes direcções e as distâncias esperadas e calculadas são tabuladas. Pode ver-se na tabela que as distâncias calculadas e esperadas são muito próximas, pelo que o método adotado para calcular a localização da etiqueta é comprovadamente correto.

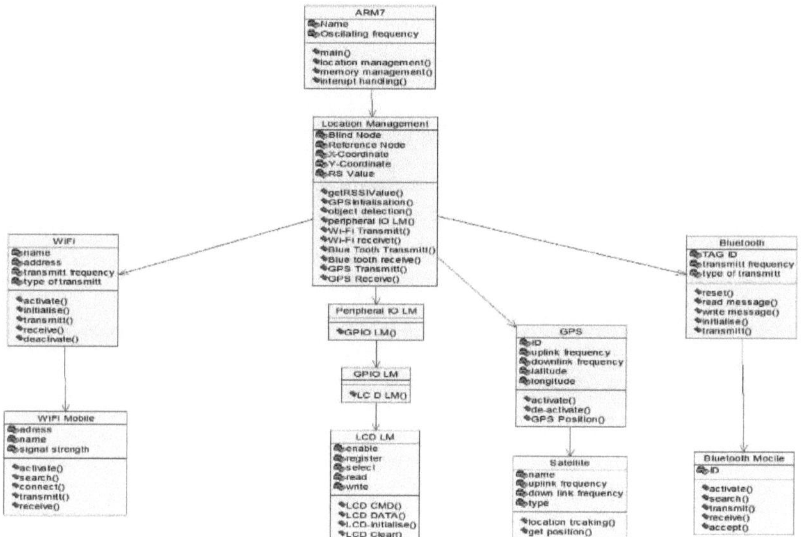

Figura 3.7 Interações entre objectos para encontrar a localização

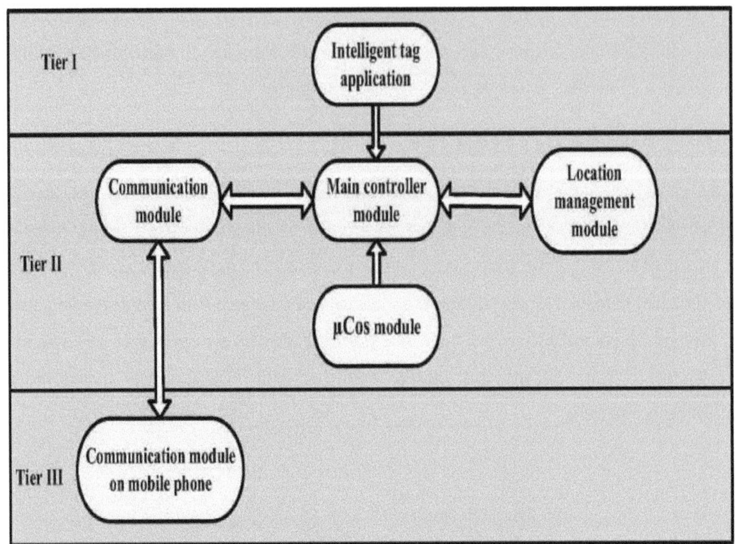

Figura 3.8 Arquitetura de software para localização

Um giroscópio ligado ao sistema incorporado dá as direcções considerando Este, Oeste, Sul e Norte e o ângulo do objeto com referência às direcções. Os cálculos relativos ao ângulo e à distância em relação a uma posição de referência e ao ângulo com referência à direção darão uma identificação exacta da localização da etiqueta. O posicionamento das etiquetas para a experiência é apresentado na Figura 3.9

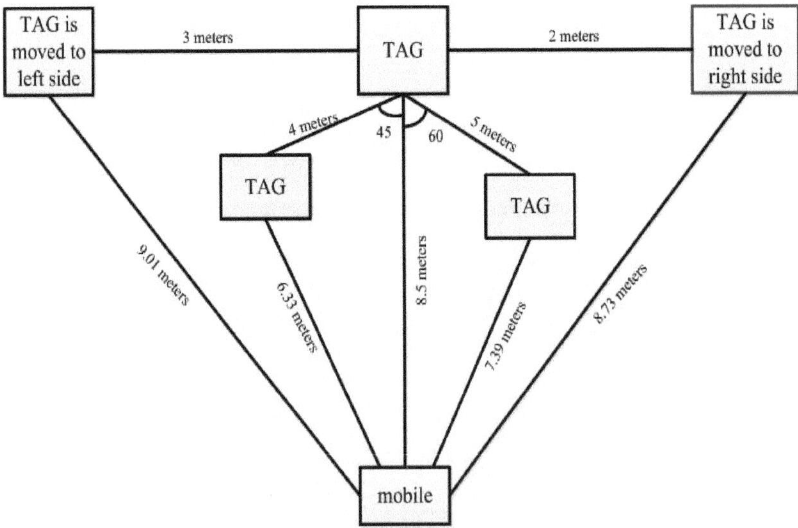

Figura 3.9 Desenhos experimentais para efetuar os movimentos do TAG

3.4 Conclusões

A questão mais importante que deve ser integrada num TAG inteligente é a capacidade de o TAG encontrar a sua localização com a maior precisão possível em relação a um ponto de referência. Existem muitas técnicas disponíveis para identificar a localização do TAG a partir do lado móvel. A escolha da técnica de localização tem em conta factores como a precisão, a rentabilidade, a fiabilidade, a simplicidade e a escalabilidade.

Nesta tese, foram apresentados dois métodos de localização que determinam a localização da etiqueta com maior precisão em termos de distância e ângulo a partir de um ponto de referência e com referência às direcções (Este, Oeste, Sul, Norte, Nordeste, Noroeste, Sudoeste e Sudeste) e ao ângulo, sendo os mesmos verificados através de um modelo experimental.

É também apresentada uma arquitetura de software para implementar um método eficiente de localização e seguimento do TAG com o HOST. A arquitetura é eficiente e qualquer sistema incorporado pode implementá-la. O software é desenvolvido utilizando a arquitetura e o mesmo é implementado num sistema incorporado concebido e implementado separadamente.

Tabela 3.1 Resultados experimentais

Número de série	ID da etiqueta	ID móvel	Funcionamento	Distância em metros	Longitude	Latitude	Direção do giroscópio	Ângulo do giroscópio	Distância real em metros	Distância prevista em metros
1	15	12	Na posição	8.27	E23	N55	NE	12 7	8.50	8.50
2	15	12	Deslocar dois metros para a direita na horizontal	8.44	E25	N59	NE	13 2	8.73	8.73
3	15	12	Deslocar três metros para a esquerda na horizontal	8.71	W3 2	N61	NW	27 7	9.01	9.01
4	15	12	Mover 45 graus com quatro metros para a esquerda	6.24	W1 8	S44	SW	32 3	6.33	6.33
5	15	12	Mover 60 graus com	6.94	E21	S49	SE	87	7.39	7.39

			cinco metros para a direita							

CAPÍTULO 4 (INVIOLABILIDADE DAS TAGS)

4.1 Visão geral

Como a tecnologia está a crescer rapidamente nos dias de hoje, existem vários dispositivos que surgiram, como dispositivos de armazenamento de dados, dispositivos de comunicação e TAGs. Todos estes dispositivos digitais são vulneráveis à manipulação física. A etiqueta é um pequeno sistema incorporado que é construído com a funcionalidade de localizar os bens físicos aos quais a etiqueta está ligada. Além disso, as etiquetas podem ser construídas para implementar funcionalidades como a comunicação com um dispositivo remoto, a sua própria localização, a segurança da comunicação com o dispositivo remoto, a gestão da energia, etc.

4.1.1 Tipos de etiquetas

Estão a ser utilizados dois tipos de etiquetas em diferentes tipos de aplicações. As etiquetas passivas são alimentadas por um sinal emitido através de um campo gerado à volta da etiqueta por um dispositivo situado no local. As etiquetas activas, no entanto, são alimentadas por uma bateria instalada no seu interior. As etiquetas activas são geralmente de grandes dimensões devido à bateria instalada, enquanto as etiquetas passivas são de pequenas dimensões. Atualmente, são utilizados muitos tipos de etiquetas, incluindo as etiquetas só de leitura, as etiquetas de escrita única e as etiquetas de leitura e escrita. A identificação das etiquetas só de leitura está incorporada no momento do fabrico. A identificação da etiqueta de escrita única é incorporada pelo fabricante ou por programação efectuada pelo utilizador. Os dados nesta etiqueta são escritos apenas uma vez pelo fabricante ou pelo utilizador e podem ser lidos várias vezes. Os dados e a identificação podem ser escritos pelo utilizador na etiqueta de leitura-escrita muitas vezes e a leitura da mesma pode ser feita várias vezes. As etiquetas de leitura-escrita dispõem de mais memória do que os outros tipos de etiquetas. Podem ser instalados sensores nas etiquetas de leitura-escrita para registar, em especial, os dados ambientais, que incluem parâmetros como a temperatura, a pressão, a humidade, o fluxo, etc. Os dados lidos são armazenados na sua memória interna, que é geralmente de grandes dimensões. As etiquetas de leitura-escrita também são, por vezes, equipadas com transmissores para facilitar a comunicação das etiquetas com dispositivos de parceria locais/remotos.

Todos os tipos de etiquetas são susceptíveis de ser adulterados através de ataques físicos, o que resulta na deterioração de toda a etiqueta ou de parte dela. A adulteração das etiquetas conduz mesmo, por vezes, a um mau funcionamento que leva à perda de comunicação ou de dados. Por vezes, o anfitrião não consegue localizar a etiqueta quando esta é manipulada. Por vezes, a manipulação abusiva também pode ser efectuada para obter acesso não autorizado, capturar chaves criptográficas e outros dados confidenciais. É necessário que as etiquetas sejam protegidas por mecanismos anti-violação. Atualmente, existem vários mecanismos deste tipo.

Podem ser afixados selos nas etiquetas para verificar se alguma das suas áreas protegidas é adulterada. Existe um tipo especial de selos que reagem quando são abertos e actuam como sensores para alarmar o ambiente local de que alguém está a adulterar as etiquetas. Os selos afixados nas TAGS podem ser contornados pelas pessoas que pretendem adulterar a Tag. É um desafio inventar adesivos ou selos que não possam ser contornados pelos atacantes.

Atualmente, existem muitos tipos de tecnologias que resistem à adulteração das etiquetas por pessoas não autorizadas. A adulteração das etiquetas pode ser travada através da criação de um processo de autorização nas etiquetas, de modo a que apenas as pessoas autorizadas tenham acesso às etiquetas. As tecnologias que estão a ser utilizadas para criar resistência à manipulação nas etiquetas incluem fechaduras, barreiras metálicas, cabeças de parafuso de forma única, etc. Muitos compostos opacos e sólidos que não podem ser cortados, dissolvidos, perfurados ou fresados e que também têm a capacidade de conduzir o calor gerado estão a ser utilizados para encerrar os circuitos electrónicos. Os circuitos electrónicos encerrados nos materiais opacos são assim protegidos de obstáculos externos.

As etiquetas podem responder através de sensores instalados quando há uma tentativa de adulteração na TAG e a resposta associada é construída em diferentes sistemas que são feitos para receber os sinais transmitidos pelas etiquetas. Os sensores instalados nas etiquetas são geralmente concebidos para monitorizar vários tipos de parâmetros e condições, incluindo conetividade, luz, pressão, temperatura, radiação, movimento, tensão, sinais de relógio, condutividade e muitos outros parâmetros/condições. As etiquetas respondem quando é detectado qualquer tipo de adulteração, utilizando um circuito de supervisão e comunicam o mesmo ao anfitrião local ou remoto para realizar a ação contrária mais adequada.

Os selos são frequentemente utilizados para detetar adulteração física ou acesso não autorizado. A proteção das etiquetas contra a manipulação física é mais crucial para estabelecer a segurança, a privacidade e a integridade gerais das etiquetas e de muitos outros sistemas, incluindo os dados comunicados pelas etiquetas a outros sistemas. Muitos dos mecanismos atualmente disponíveis para tornar as etiquetas resistentes à manipulação concentram-se num único método de manipulação. É necessário combinar muitos dos métodos de combate à manipulação para que a resistência possa ser integrada nas etiquetas, protegendo-as assim dos intrusos e dos criptanalistas.

Muitas soluções baratas e de baixo custo, como PEDs, terminais de pagamento, etc., estão a ser utilizadas para proteger as etiquetas, embora estas não estejam publicadas. Estão a ser utilizados sistemas de segurança topo de gama mais dispendiosos para proteger as chaves mestras bancárias utilizadas para a verificação do PIN, etc. As etiquetas têm de ser dotadas de inteligência para poderem aplicar um método de contra-ataque adequado quando um determinado tipo de manipulação é efectuado.

4.1.2 Mecanismos de ataque

As etiquetas inteligentes são mais susceptíveis de serem atacadas, uma vez que tratam de muitas das funções e dados vitais. A adulteração dessas etiquetas inteligentes pode ser efectuada quer física quer logicamente. É necessário determinar os vários tipos de dispositivos utilizados numa etiqueta inteligente para compreender o tipo de ataque que pode ser efectuado. Uma etiqueta inteligente é composta por vários elementos que incluem um GPS, uma campainha, um sinal sonoro, um dispositivo Bluetooth e um dispositivo Wi-Fi

O movimento de um TAG de um local para outro, que é um tipo de adulteração, pode ser detectado através de um sistema de fixação da posição global (GPS). A posição exacta de um objeto pode ser conhecida através do GPS, que utiliza tecnologia de satélite em termos de coordenadas na superfície da Terra. Muitos dos dispositivos portáteis estão equipados com sistemas GPS que permitem localizar as TAGS.

É necessário alertar quando é detectada uma adulteração. Existem muitos mecanismos para alertar o utilizador local ou remoto. O alerta de um utilizador local pode ser feito utilizando uma campainha ou um sinal sonoro através da geração de sinais áudio por dispositivos do tipo mecânico, eletromecânico e piezoelétrico. Os avisos sonoros e sonoros podem ser utilizados com a ajuda de dispositivos tais como dispositivos de alarme, temporizadores e apitos. O alerta através de campainhas e sinais sonoros é realizado quando ocorrem vários eventos, incluindo a confirmação da entrada do utilizador, a ocorrência de uma exceção, a disponibilização da saída em diferentes tipos de dispositivos de saída, etc.

O alerta de um utilizador remoto pode ser efectuado através do envio de uma mensagem SMS utilizando uma comunicação baseada em Bluetooth ou Wi-Fi. Uma etiqueta pode comunicar com o anfitrião enviando um SMS, um e-mail ou invocando um serviço Web baseado num servidor. Uma etiqueta comunica com o anfitrião, se estiver situada a uma distância de cerca de 10 metros do anfitrião, utilizando a interface de comunicação Bluetooth, enviando um SMS adequado que é interpretável pelo anfitrião remoto. A norma de tecnologia sem fios aberta para o intercâmbio de dados a curta distância é utilizada pelo Bluetooth para efetuar a comunicação. O Bluetooth utiliza transmissões de rádio de curto comprimento de onda na banda ISM de 2,4 GHz, utilizando a gama de frequências de 2400-2480 MHz.

Uma etiqueta utiliza a norma de comunicação Wi-Fi para comunicar com o HOST se estiver situada a mais de 10 metros do HOST. Um Tag pode ser fornecido com um dispositivo Wi-Fi que ajuda a comunicar utilizando a norma 802.11, que é uma norma aberta para comunicar com dispositivos situados à distância. Um dispositivo ativado com Wi-Fi pode ligar-se a qualquer outro dispositivo ou a um dispositivo ligado a uma rede utilizando um ponto de acesso de rede sem fios. Um ponto de acesso tem um alcance de cerca de 20 metros em espaços interiores e um alcance superior em espaços exteriores.

Normalmente, os dispositivos incorporados nas etiquetas inteligentes podem ser afectados por muitos tipos de adulterações, que incluem ataques de hardware, ataques de picos, ataques com luz e adulterações físicas. Será necessário comprometer o grau de segurança incorporado no TAG, mesmo que o projetista do sistema de adulteração tenha muitos objectivos definidos para proteger as etiquetas contra adulterações.

Podem ser induzidos no hardware muitos tipos de falhas que afectam o funcionamento normal. Os ataques às etiquetas podem sobrepor-se, um agravando o outro. Os métodos que induzem falhas no hardware incluem o fornecimento de energia ruidosa, o fornecimento de energia inadequada que afecta os sinais de relógio, o fornecimento de tensão incorrecta, a geração de temperatura excessiva, a injeção de feixes de alta energia, como feixes ultravioleta e laser. Outros tipos de ataques que prejudicam o funcionamento das etiquetas inteligentes incluem ataques de picos, ataques de luz, ataques de radiação ionizante, sondagem de GPS Jamming, etc.

Picos ou falhas

Os picos e as falhas podem ser causados pela manipulação da fonte de alimentação, do relógio e de todos os sinais de entrada/saída do sistema.

Ataques ligeiros

Uma pequena área de um chip pode ser sujeita a flashes de luz ou lasers de alta intensidade e utilizando uma vasta gama de frequências, criando um forte calor, de modo que o funcionamento normal do chip pode ser perturbado devido à indução de corrente fotoeléctrica.

Ataques por radiação ionizante

Os chips também podem ser afectados pela exposição dos chips a partículas alfa, feixes de iões ionizantes ou raios X e gerar perturbações únicas ou múltiplas.

Sondagem

A sondagem pode ser efectuada através da colocação de pinças com agulhas que podem ser colocadas em diferentes locais do circuito. A sondagem tornou-se difícil devido à falta de espaço para colocar os PINS, uma vez que as placas de circuito impresso são desenvolvidas ao nível dos microns. A sondagem pode ser perigosa se for utilizada a técnica de feixe de iões focalizados para ligar as almofadas de teste. Há muitos outros métodos disponíveis que não requerem qualquer contacto direto para sondar os circuitos. Um sistema de segurança pode ser quebrado observando a transferência de dados que ocorre através de um único fio que liga um dispositivo seguro.

A sondagem pode ser utilizada para atacar e também para contra-atacar. Os ataques aos sistemas incorporados ao nível da porta podem ser sondados e introduzidos mecanismos de segurança quando esse tipo de ataque é detectado. As falhas podem ser induzidas nos sistemas incorporados aplicando potencial elétrico às agulhas de sondagem.

Os ataques de canal lateral, que incluem ataques de análise de potência, ataques de injeção de falhas, ataques EMA e ataques de temporização, afectam o funcionamento normal dos sistemas incorporados. Alguns ataques tentam explorar o segredo incorporado nos servidores de criptografia. Alguns dos mecanismos utilizados para atacar a partir de canais laterais incluem o som, a radiação infravermelha, os atrasos, o consumo de energia e a radiação electromagnética. Os ataques por canais laterais conduzem à fuga de informação que está escondida nos sistemas criptográficos. A fuga de informação pode ser analisada estatisticamente tendo em conta os algoritmos e chaves relacionados, abrindo o segredo que o atacante pode explorar.

O ataque aos sistemas incorporados através de meios físicos requer equipamento dispendioso para ser efectuado. Por exemplo, a sondagem dos componentes electrónicos de um dispositivo exige, em primeiro lugar, a desembalagem do chip, para remover as camadas protectoras e obter acesso aos seus componentes internos. É necessário determinar a localização física exacta de unidades importantes, como a memória e os registos, para poder realizar qualquer ataque físico.

Bloqueio de GPS

As interferências podem ser criadas através de interferências no recetor GPS, o que se designa por GPS spoofing, e os sinais reais recebidos pelo GPS podem ser falsificados. Através do empastelamento dos sinais GPS, os receptores podem ser enganados. Os sinais GPS podem ser utilizados com a ajuda de dispositivos de privacidade pessoal (PPD). Os dispositivos de antena única podem bloquear uma frequência de um sinal GPS. Mesmo os três sinais GPS podem ser atacados através da utilização de dispositivos com várias antenas. Está a ser desenvolvida uma nova geração de sistemas GPS que funcionam mesmo que um dos sinais esteja bloqueado. Nesse caso, surgirão novos mecanismos de ataque.

O TAG inteligente não estará em condições de localizar a sua própria posição devido à interferência do sinal. A utilização de técnicas criptográficas pode impedir a interferência do GPS, fazendo com que o recetor e o transmissor se autentiquem mutuamente.

A comunicação através dos sistemas GPS utilizados no sector da aviação pode ser protegida utilizando os algoritmos indicados pela FAA (administração federal da aviação) nos receptores de segurança de vida útil. As falhas dos receptores GPS devidas a interferências podem ser muito reduzidas utilizando técnicas de conceção bem conhecidas, que incluem antenas que produzem interferências nulas, utilização de pequenos relógios atómicos, blindagem física na direção da interferência prevista, etc. O custo da utilização destas técnicas pode aumentar significativamente, mas justifica-se devido à importância de preservar a segurança e outras aplicações de missão crítica. A etiqueta deve ser tornada inteligente para ter conhecimento dos ataques ao GPS e, para isso, os receptores GPS devem ser tornados mais robustos através da utilização de novos dispositivos que protejam qualquer tipo de ataque ao GPS.

A etiqueta pode ser protegida contra os ataques do GPS, encerrando-a num invólucro inviolável que é feito de dois invólucros de plástico. Os invólucros de plástico são fixados um ao outro com parafusos de cabeça cilíndrica para evitar uma abertura casual. Quando se tenta abrir os parafusos, um interrutor de resistência à violação é libertado e um circuito de supervisão é interrompido, evitando assim a violação.

A perfuração dos invólucros de plástico a partir da parte de trás também pode ser detectada através de uma malha de sensores na qual o circuito real está fechado. Mesmo o interrutor de pressão que interrompe o circuito de supervisão também pode ser protegido contra perfurações, utilizando a malha de sensores. A remoção da malha exterior também pode ser detectada através de contactos que ficam pressurizados e, consequentemente, são acionados alarmes. Um anel condutor ligado a uma bateria ajudará a proteger a malha da injeção de líquidos condutores.

O módulo de processamento é embrulhado com uma malha de sensor grossa e depois envasado. Os sensores capacitivos que cumprem as normas federais de processamento de informação são adequados para implementar segurança física em qualquer TAG. As normas federais foram desenvolvidas após um estudo exaustivo de vários ambientes operacionais, hardware criptográfico e aplicações. Os modelos criptográficos utilizados nas etiquetas são protegidos através do cumprimento das diretrizes incluídas nos regulamentos federais relacionados com a criptografia no que respeita a portas, interfaces e gestão de chaves.

Os sensores capacitivos detectam os ataques físicos ao TAG e alertam-no através de um sinal sonoro que está ligado ao processador ou ao controlador presente no TAG. A resposta teórica dos sensores pode ser derivada utilizando padrões de sensores capacitivos que podem ser instalados numa TAG para a proteger. Os padrões de sensores capacitivos podem ser utilizados para maximizar a proteção das áreas físicas das TAG.

Embora existam inúmeros métodos de deteção de adulteração**, a Figura 4.1** apresenta o sistema de apoio necessário para impedir a adulteração da etiqueta inteligente. Sempre que o sensor detecta intrusões ou adulteração da etiqueta por qualquer um dos ataques acima referidos, o circuito de disparo acciona o circuito de alarme e o sinal sonoro é ativado, impedindo a adulteração da etiqueta. As interfaces de comunicação incorporadas no TAG inteligente podem, no entanto, ser utilizadas para comunicar com o HOST remoto, a fim de informar sobre os eventos que podem levar à alteração do Tag inteligente. As etiquetas podem ser sujeitas a muitas das ameaças que, em conjunto, podem fazer com que uma TAG fique permanentemente desactivada, levando à sua destruição total ou tornando o seu funcionamento substancialmente degradado. Existem muitas técnicas que incluem a remoção e a destruição de etiquetas, etc., que as tornam permanentemente inoperacionais.

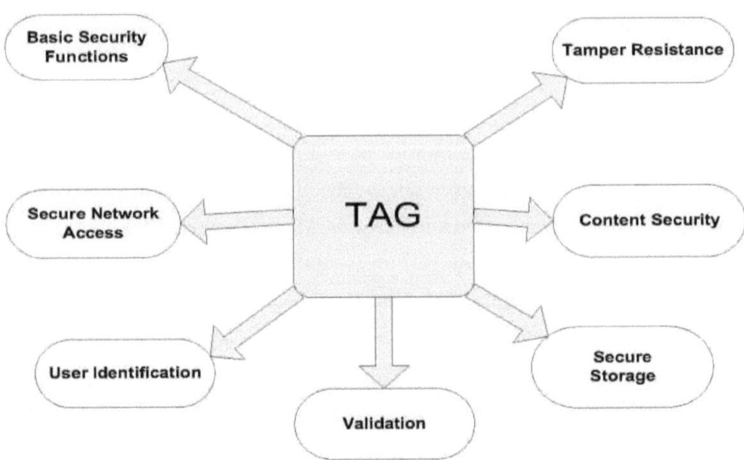

Figura 4.1 Sistema de apoio à segurança dos TAG

A remoção de uma etiqueta de um objeto barato e a sua fixação num objeto caro é uma das formas de ataque simples que pode ser afetada. As pessoas podem destruir as TAGS só para incomodar as pessoas ou para perturbar o seu funcionamento normal com intenções pouco honestas.

Condições ambientais extremas, como temperaturas demasiado altas ou demasiado baixas, abrasão causada por manuseamento brusco, remoção das pilhas das etiquetas activas, etc., podem tornar a etiqueta não operacional.

Os circuitos da etiqueta inteligente podem ser danificados devido à descarga eletrostática causada por vários tipos de ondas de alta energia geradas por qualquer um dos meios mecânicos.

As etiquetas podem também ser temporariamente desactivadas através de técnicas como a utilização de um saco forrado com folha de alumínio para as proteger das ondas electromagnéticas, causando perturbações nas condições ambientais, interferências de rádio, etc. Podem ser atacadas diferentes partes das etiquetas, incluindo o meio sem fios, a base de dados back-end, o canal lateral, o leitor, etc. O ataque ao meio sem fios é mais grave.

4.1.3 Mecanismos de contra-ataque

Foram inventados mecanismos adequados para proteger as etiquetas inteligentes de todos os tipos de adulteração que possam ser cometidos contra elas. É igualmente necessário que os mecanismos de proteção das etiquetas inteligentes sejam soluções de baixo custo, uma vez que as etiquetas inteligentes são produtos de baixo custo. **Para poder proteger as etiquetas inteligentes, é necessário detetar todas as vulnerabilidades associadas às etiquetas inteligentes e determinar os vários tipos de ataques que expõem as vulnerabilidades e encontrar soluções para os contrariar.**

Os metodos de deteção e resposta à violação podem ser utilizados para controlar a integridade de um invólucro especialmente concebido para proteger os dispositivos electrónicos que nele são colocados. Os

A monitorização é efectuada através de um circuito interno especialmente concebido, que permite acionar os alarmes quando é feita uma tentativa de ataque à caixa. O acesso não autorizado aos dispositivos electrónicos pode assim ser evitado através da caixa especialmente concebida para o efeito.

Devem ser tomadas as devidas precauções ao integrar o hardware e o software de modo a garantir a máxima segurança das TAGS. As etiquetas devem ser dotadas de mecanismos que lhes permitam reagir quando se detecta qualquer início de ataque. As medidas de segurança tradicionais e convencionais são úteis quando se tenta um ataque de baixa tecnologia, como a desativação permanente ou temporária das etiquetas.

Adaptando as políticas de vigilância física, utilizando formas mais fortes de impedir a remoção das etiquetas através da utilização de métodos como a colagem, o fecho, etc., a remoção das etiquetas pode ser evitada. A utilização de paredes opacas é também uma das formas que podem ser utilizadas para evitar interferências internacionais ou não intencionais afectadas enquanto os dispositivos comunicam entre si.

Um atacante (Man-in-the-Middle) pode estabelecer ligações independentes com os receptores e retransmitir as mensagens como se o remetente original as tivesse transmitido. O atacante intercepta todas as mensagens entre o emissor e o recetor e injeta novas mensagens. Este tipo de ataque é mais frequente no caso das comunicações sem fios. Um atacante capta uma transmissão válida e retransmite a mesma mensagem várias vezes, bloqueando assim o canal. Este tipo de ataque é designado por ataque de repetição. Os ataques de repetição são cada vez mais comuns nos dispositivos sem contacto que utilizam radiofrequência para a comunicação.

As etiquetas podem ser protegidas contra ataques de retransmissão através da adaptação de várias técnicas que incluem a encriptação das mensagens, a adição de uma autenticação como uma palavra-passe, um PIN ou informações biométricas.

Métodos como o protocolo de limitação da distância baseado na comunicação por impulsos de banda ultralarga podem ser utilizados para contrariar os ataques de retransmissão.

As funções fisicamente não clonáveis (PUF) podem ser utilizadas para garantir a privacidade e a segurança, uma vez que implementam uma solução para o problema crítico da distribuição de chaves e a proteção contra a clonagem das chaves.

A cifragem em tempo real das memórias e dos canais de informação que transportam informações secretas, como os barramentos do sistema, pode ser efectuada para proteger as etiquetas inteligentes de sondagens. As estruturas de proteção que cobrem as áreas que contêm as informações secretas podem ser eficazmente utilizadas como contra-medidas activas.

Todos os mecanismos existentes não dispõem de inteligência de deteção, pelo que a mesma pode ser transmitida ao ambiente próximo, especialmente ao mestre, para controlar os mecanismos locais de manipulação. Na melhor das hipóteses, os mecanismos de combate têm a capacidade de detetar o ataque depois de este ter ocorrido e de proteger o sistema de quaisquer danos adicionais.

A pré-identificação de um ataque e a transmissão por instância dos pormenores do ataque aos locais e aos locais remotos são absolutamente necessárias para proteger a Tag.

4.1.4 Considerações sobre a inviolabilidade

Os TAGS são construídos com diferentes módulos que têm um funcionamento diferente. O funcionamento de cada um destes módulos depende dos ambientes de trabalho. As TAGS são frágeis e tratam de dados muito importantes, uma vez que localizam bens de valor. As TAGS têm de ser protegidas contra a manipulação externa. As TAGS têm de ser dotadas de inteligência incorporada para detetar a adulteração externa quer através de ataques físicos quer lógicos. Devem ser acrescentados mais alguns dispositivos aos sistemas incorporados, como sensores capacitivos, sensores de pressão, interruptores de pressão, autocolantes à prova de adulteração, escudos à prova de adulteração e muitos outros, a fim de proteger a etiqueta dos piratas físicos.

As incidências de adulteração podem ser estudadas através destes dispositivos de deteção e um sistema de alerta ajudará a proteger as TAGS de adulterações externas. É necessário alertar o utilizador LOCAL e o utilizador remoto quando ocorrem tentativas de manipulação. É necessária a comunicação entre as TAGS e o telemóvel remoto para alertar o utilizador da TAG quando se verificam tentativas de adulteração da TAG. É necessário investigar os métodos que permitem reconhecer a adulteração e alertar o utilizador. Deve ser realizado um estudo pormenorizado que aborde os desafios, as práticas actuais e a investigação emergente, e identifique os problemas de investigação em aberto que exigirão inovações na arquitetura e nas metodologias de conceção dos TAG

Algumas considerações sobre a inviolabilidade de uma etiqueta inteligente podem incluir

- Identificar a base de conhecimentos da pessoa que tenciona atacar.
- Identificar todos os métodos através dos quais se pode obter acesso não autorizado a um produto, embalagem ou sistema.
- Identificar todos os meios primários e secundários de ataque
- Encontrar os métodos através dos quais o acesso aos produtos ou sistemas é limitado
- Aumentar a resistência das etiquetas, tornando a manipulação mais difícil, demorada, etc.
- Acrescentar caraterísticas invioláveis para ajudar a indicar a existência de adulteração.

4.1.5 Definição do problema

Num sistema de gestão de etiquetas inteligentes, muitas etiquetas e um dispositivo portátil constituem o hardware. Muitas das etiquetas inteligentes comunicam com o dispositivo portátil utilizando muitos dos sistemas de comunicação, como Wi-Fi, Bluetooth e NFC, etc.

As etiquetas inteligentes são frágeis e muito facilmente acessíveis localmente na sua vizinhança. As etiquetas inteligentes são bastante vulneráveis a ataques físicos por manipulação. A manipulação afecta o sistema de alimentação eléctrica, as portas de comunicação, o módulo de memória, os canais, o circuito interno, a remoção da etiqueta, etc.

Quando a manipulação ilícita é efectuada por qualquer dos métodos acima referidos, a comunicação com a vizinhança ou com o dispositivo portátil remoto deve ser feita de modo a que sejam aplicados diferentes tipos de mecanismos de contramedida. As etiquetas inteligentes devem, portanto, ser capazes de detetar diferentes tipos de adulteração e comunicá-las à vizinhança ou ao dispositivo portátil remoto para que sejam tomadas medidas de combate o mais rapidamente possível.

Assim, o problema é detetar qualquer tipo de adulteração e alertar a vizinhança e, em seguida, o dispositivo portátil para facilitar a segurança da etiqueta inteligente.

4.2 Pesquisa bibliográfica

Os sensores capacitivos podem ser utilizados eficazmente para construir invólucros que podem ser utilizados para impedir o acesso não autorizado aos sistemas incorporados [**Eren H et al., 200501**]. Podem ser impressos num circuito diferentes padrões de condensadores que podem detetar qualquer penetração no circuito e produzir diferentes tipos de avisos. A segurança física de qualquer sistema incorporado e a segurança dos dispositivos criptográficos podem ser asseguradas através de sensores capacitivos. A utilização de sensores capacitivos está em conformidade com a regulamentação FIPS (Federal Information Processing Standard).

[Han S et al. 2011-01] propuseram um esquema de marca de água digital à prova de adulteração. A marca de água digital em multimédia é um método que consiste em colocar informações no documento, na imagem ou no vídeo, de modo a protegê-los contra a manipulação e a duplicação. Esta tecnologia é promissora para a deteção de adulteração de RFID. O método que trata da marca de água é utilizado para a deteção de adulterações em etiquetas RFID e para a deteção de adulterações no fluxo de dados RFID. O método utilizado para a deteção de adulterações tem algumas caraterísticas únicas. Por exemplo, a marca de água incorporada é impercetível. Também impede a incorporação e a verificação ilegais, pelo que só uma pessoa autorizada que possua uma chave pode incorporar, extrair e verificar marcas de água.

[Yamamoto, S. et al., 2008-01] propuseram um método baseado na norma de mapa lógico de memória ISO/IEC 18000-6 tipo C. A memória de uma etiqueta RFID está normalmente dividida em quatro bancos de memória. A ideia proposta neste método baseia-se num esquema designado por esquema de bloqueio ao nível do banco. Neste esquema, uma das secções do banco de memória é bloqueada. Foi proposta uma ideia para gravar numa área especialmente concebida da memória onde só o próprio TAG pode escrever.

[**Abawajy J, 2009-01]** propuseram um esquema de autenticação de TAG denominado "TAG-AUTH", que é utilizado para impedir a clonagem de TAG. Este mecanismo de autenticação baseia-se na elevada segurança e na computação do lado do back-end e permite uma menor computação no próprio TAG. Utiliza a ID da TAG, uma chave secreta armazenada na TAG e uma ID virtual. Esta identificação virtual da TAG só é comunicada ao leitor. O servidor back-end decifra a TAG virtual para obter a ID TAG válida.

[L.T. Murkowski et al., 2007-01] propuseram um sistema baseado em anomalias para detetar a clonagem de TAG. A ideia é monitorizar o comportamento dos utilizadores numa base diária e compará-lo com a atividade atual em tempo real. Uma vez que o comportamento de cada indivíduo é diferente e quase único, podemos construir um perfil diferente para cada utilizador. O registo de auditoria da etiqueta RFID é utilizado para criar um perfil de comportamento normal, que pode ser utilizado para determinar quando existe uma alteração significativa ou um desvio do comportamento normal. Quando é detectado um comportamento anómalo, dispara um alarme e assinala uma violação da segurança.

[B. Danev et al., 2011-01] propuseram a utilização de impressões digitais da camada física dos transponders RFID para detetar os clones. O método proposto por eles baseia-se nas caraterísticas espectrais do sinal de resposta e na forma de modulação gerada pelos transponders para "in" e

"fora" dos sinais do leitor. Os autores testaram-no em cinquenta cartões inteligentes RFID e verificaram a singularidade dos padrões nas impressões digitais da camada física.

O estudo [Lehtonen et. al., 2102-01] mostra que não existe uma solução milagrosa que possa ser aplicada a todas as aplicações. Comparou muitas abordagens, mas no final indica que a autenticação tem de ser específica para a área de aplicação. Além disso, indica que é necessária mais investigação no domínio da autenticação offline e das questões de rede.

[M. Mitra -2008-01] apresentou uma nova técnica de encriptação contra o rastreio e a clonagem. O TAG roda os pseudónimos de tempos a tempos para responder a uma consulta. Um leitor autêntico partilharia os pseudónimos antecipadamente, de modo a ser o único leitor a rastreá-lo de forma consistente. Se um leitor atacante estiver a fazer consultas constantes, então o leitor abrandará a resposta ou adormecerá. No entanto, estas técnicas requerem muitos cálculos para um chip RFID.

Não foi apresentado na literatura um sistema simples e composto à prova de adulteração que detecte qualquer tipo de adulteração e alerte o utilizador local e o utilizador remoto quando esse tipo de adulteração ocorre. A criação de mecanismos de deteção de adulteração, tal como proposto no TAG inteligente, tornaria o TAG mais complexo. É necessária uma abordagem unificada para detetar a adulteração.

[Sastry et al., 2012-05] apresentaram um método de prova de adulteração que combina um conjunto de métodos que foram anteriormente utilizados individualmente para a prova de adulteração de um TAG, uma vez que todos os métodos em conjunto formam um sistema de prova total. O método proposto por estes autores considera a conversão de qualquer tipo de adulteração em equivalência de pressão e, com base na quantidade de pressão exercida, foi iniciado um alerta adequado através de um sistema de alerta.

[Sastry et al., 2012-06] apresentaram uma arquitetura de software para a implementação de um método eficiente de prova de adulteração para alertar o utilizador local e remoto sobre a adulteração que ocorre no TAG e à sua volta. A arquitetura é eficiente e qualquer sistema incorporado pode implementá-la.

[Sastry et al., 2014-04] apresentaram um método para representar todos os tipos de adulteração num único mecanismo de deteção de pressão e, em seguida, alterar o utilizador com base na quantidade de pressão exercida.

4.3 Investigações e conclusões

4.3.1 Requisitos funcionais

O subsistema que trata da manipulação ilícita deve suportar as seguintes funções:

1) Estabelecer uma interface de comunicação através do módulo de comunicação. O módulo de comunicação terá a inteligência de estabelecer comunicação através de Bluetooth ou Wi-Fi com base na atividade das portas de comunicação de cada lado.

2) Detetar adulterações e gerar os alertas mais adequados que indiquem o tipo de adulteração que ocorreu.

3) Comunicar a ocorrência de adulteração a um HOST remoto através do sistema de comunicação mais adequado.

4.3.2 Conceção do hardware

Para cumprir os requisitos funcionais e garantir a inviolabilidade, foi efectuada a conceção do hardware, cujo esquema é apresentado na figura 4.2. O hardware foi concebido com base na tecnologia ARM7. O ARM 7 actua como controlador principal, ao qual a maioria dos dispositivos está ligada diretamente através de vários barramentos. Ao barramento principal estão ligados o barramento AHP, o barramento periférico VLSI e o barramento local. O barramento VLSI é ainda expandido utilizando o barramento GPIO e I^2 C.

A EEPROM externa de 32 MB está ligada através do barramento I^2 C. São utilizados três dispositivos para estabelecer a comunicação em diferentes modos de comunicação. O módulo Bluetooth é ligado através de USB (Universal Serial Bus) ao microcontrolador através do barramento VLSI. Do mesmo modo, o Wi-Fi é ligado ao microcontrolador através da UART01 e do barramento VLSI. O GPS está ligado ao microcontrolador através da UART02 e do barramento VLSI. O LCD, os LED, o teclado, a campainha, o sinal sonoro e a porta de reinicialização estão ligados ao microcontrolador através do barramento GPIO e VLSI.

O LCD é utilizado para visualizar as alterações ambientais que ocorrem dentro e à volta do TAG inteligente com o telemóvel. O LCD e os LED são utilizados para alertar o operador local sobre o estado de identificação entre o TAG e um anfitrião através de módulos de comunicação Wi-Fi ou Bluetooth. O microcontrolador está equipado com uma aplicação ES que monitoriza a ocorrência de adulterações e alerta o sistema local através de um sinal sonoro, de um LCD e de um LED e comunica com o anfitrião remoto através da transmissão de mensagens SMS, indicando o tipo de adulteração que está a ser tentada no TAG, de modo a que possam ser tomadas medidas de segurança adequadas.

Na Figura 4.2, pode ver-se que um sensor de pressão através de um ADC e interruptores push-to-on diretamente ligados aos PINS de saída do controlador são incluídos no projeto para efeitos de monitorização e controlo das manipulações que podem ser efectuadas no TAG inteligente.

4.3.3 Sistema eficiente de proteção contra adulteração

O sistema de inviolabilidade deve ser versátil e atender

para qualquer tipo de ataque às TAGS inteligentes. É necessário ter em conta vários sistemas de inviolabilidade e incluí-los na conceção do sistema de inviolabilidade, de modo a que possa ser implementado o sistema de inviolabilidade mais adequado. Seguem-se os mecanismos de inviolabilidade que foram considerados e incluídos num método unificado de inviolabilidade.

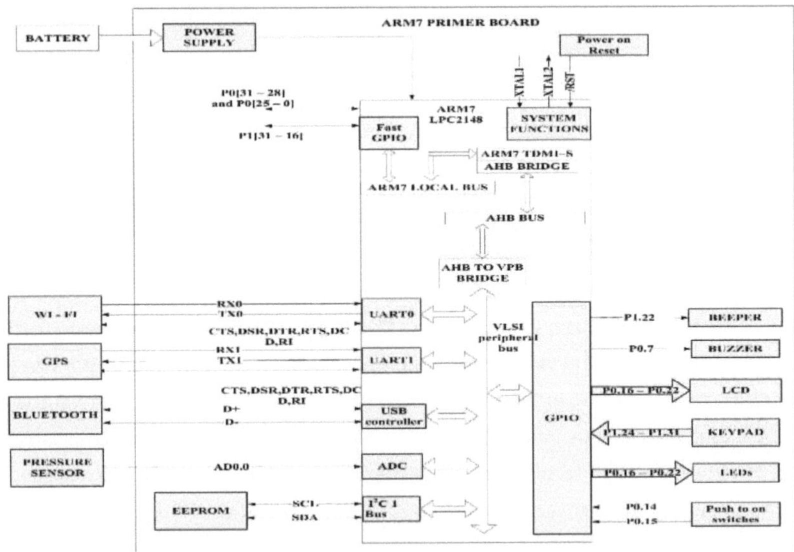

Figura 4.2 Diagrama de disposição do hardware - Sistema de gestão da violação

Os invólucros podem ser utilizados para garantir a segurança física dos dispositivos electrónicos. Os invólucros isolam os circuitos internos do acesso não autorizado. A integridade do invólucro pode ser monitorizada por um circuito interno que pode acionar um alarme ou iniciar uma resposta quando se verifica uma violação da segurança. A integração do hardware e do software deve ser cuidadosamente planeada de modo a garantir a máxima segurança de todos os dispositivos que fazem parte dos sistemas incorporados. Os sistemas incorporados têm de reagir a todos os tipos de adulteração que podem ser afectados a um TAG.

Quando alguém ataca o GPS, o TAG inteligente não estará em condições de localizar a sua própria posição devido ao empastelamento do sinal. Podem ser utilizados métodos criptográficos para evitar ataques de interferência do GPS através da autenticação mútua do recetor e do transmissor.

Para além da ação de inviolabilidade, todos os receptores GPS devem ser reforçados. Os receptores GPS nunca devem fornecer informações perigosas e enganosas. A blindagem do GPS é efectuada para o galvanizar de qualquer tipo de ataque. A blindagem do GPS é mostrada na Figura 4.3.

A etiqueta pode ser tornada inviolável, encerrando o sistema incorporado num invólucro constituído por dois invólucros de plástico ligados entre si por parafusos de cabeça cilíndrica que não permitem uma abertura casual. Ao abrir o invólucro, é libertado um interrutor de resposta à violação, que interrompe um circuito de supervisão, como se mostra na figura 4.4.

Figura 4.3 Blindagens físicas para proteção do módulo GPS

A camada interna da placa de circuito é uma densa malha de sensores que se destina a detetar perfurações a partir da parte de trás do TAG. Esta malha de sensores estende-se a uma parede de três lados que protege o interrutor da perfuração. Adicionalmente, quatro contactos são pressionados pelo invólucro superior da caixa, de modo a dar um alarme se o invólucro exterior for removido. Os contactos estão rodeados por um anel condutor ligado à alimentação da bateria, para evitar que o atacante possa anular o mecanismo através da injeção de um líquido condutor. O módulo de processamento é embrulhado com uma malha de sensor grossa e depois envasado.

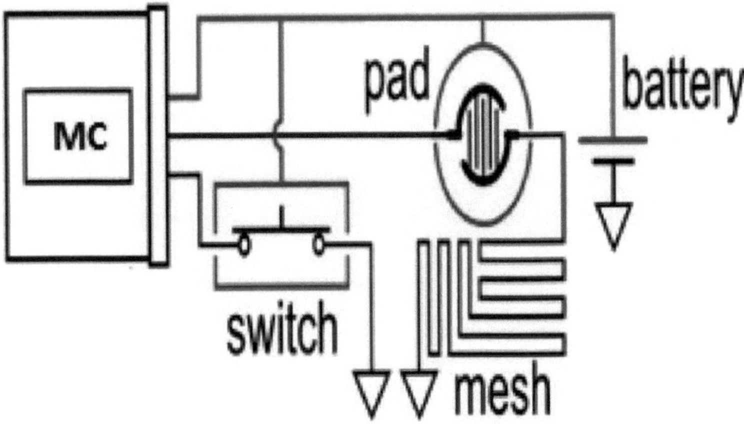

Figura 4.4 Inviolabilidade através de invólucros de plástico

Os sensores capacitivos são adequados para implementar a segurança física de uma determinada área na TAG. Os sensores capacitivos detectam os ataques físicos ao TAG e alertam um sinal sonoro que está ligado ao processador ou controlador presente no interior do TAG. A figura 4.5 mostra a instalação de sensores capacitivos e a instalação do sinal sonoro de alerta.

Os sensores capacitivos podem ser desenvolvidos utilizando diferentes padrões. Alguns padrões que podem ser utilizados para construir os sensores capacitivos são apresentados na Figura 4.6. Os padrões são bastante úteis, pois é possível obter respostas teóricas dos sensores. No entanto, não é possível produzir um padrão ótimo, uma vez que não maximiza a utilização da área do sensor para os sensores capacitivos no módulo TAG. Assim, na prática, estes sensores capacitivos podem ser utilizados para maximizar a proteção física do TAG.

Figura 4. 5 Sistemas de sensores para deteção de manipulações e alarmes

A disposição geral do sistema de proteção contra a manipulação é apresentada na figura 4.7. **O hardware de deteção de adulterações é apresentado como sistema de apoio. Existem inúmeros métodos que podem ser considerados para inclusão num sistema de proteção contra a manipulação. A inclusão de todos os métodos torna o sistema volumoso. Alguns métodos importantes foram considerados e integrados num único método unificado**. Sempre que o sensor detecta uma intrusão ou uma adulteração das TAGS, o circuito de alarme é acionado e o sinal sonoro é ativado, evitando assim a adulteração da tag e protegendo-a.

As interfaces de comunicação incorporadas no TAG inteligente podem, no entanto, ser utilizadas para comunicar com o HOST remoto, a fim de informar sobre os eventos que podem levar à deterioração do TAG inteligente. A placa de hardware concebida para afetar os métodos de inviolabilidade acima mencionados de forma unificada foi concebida e é apresentada na figura 4.8.

Figura 4.6 Alguns padrões de conceção de sensores capacitivos

4.3.4 Inviolabilidade através da deteção de pressão

A conceção do hardware para a implementação dos sistemas anti-violação é apresentada na Figura 4.2. A placa de circuitos integrados foi desenvolvida utilizando a tecnologia ARM7. **Na placa, é possível ver que foram acrescentados dois componentes de hardware adicionais, nomeadamente um sensor de pressão e um interrutor de pressão.** Uma certa quantidade de pressão é exercida sempre que é exercido um tipo de manipulação na placa ES. Procede-se a uma calibração da quantidade de pressão exercida quando há uma adulteração na placa incorporada e mantém-se um vetor que mapeia o tipo de adulteração e a pressão exercida.

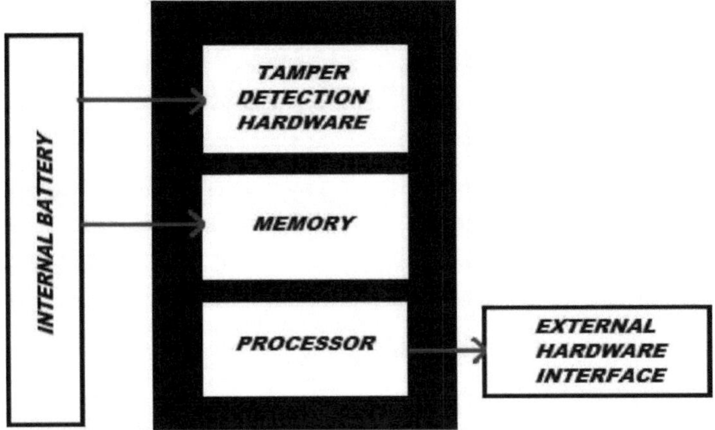

Figura 4.7 Diagrama de blocos básico de um TAG

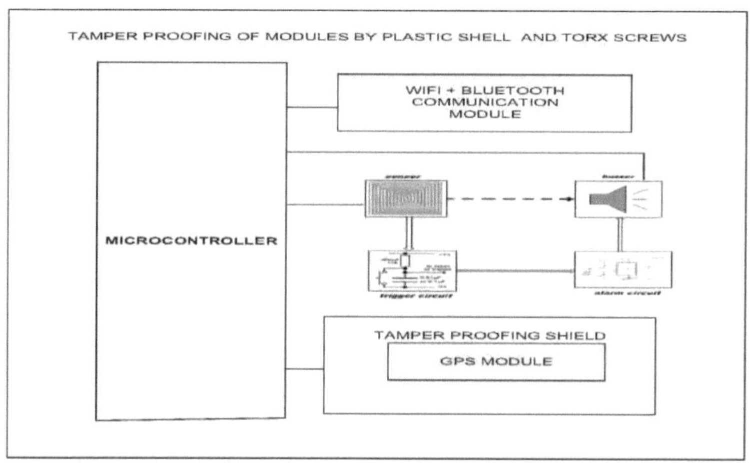

Figura 4.8 Blocos básicos de uma etiqueta à prova de adulteração

A aplicação ES continua a detetar a pressão exercida através do método de comunicação I^2 C e traduz a pressão para o tipo de adulteração que ocorreu na etiqueta inteligente. O sensor é pressurizado sempre que se exerce qualquer tipo de pressão na placa ES. A adulteração descodificada a partir da pressão lida através do conversor A/D ao qual o sensor de pressão está ligado é visualizada no ecrã LCD sob a forma de texto ou através de um sinal sonoro, ou através de um sinal sonoro e do envio de uma mensagem SMS para o HOST através de um dispositivo Bluetooth ou de um dispositivo WiFi.

A montagem do software incorporado efectuada em linguagem C++ é apresentada na **figura 4.9.** Foi utilizada uma classe separada para modelar cada dispositivo ligado ao microcontrolador; todas as funções necessárias para acionar os dispositivos estão contidas nas classes relacionadas com os respectivos dispositivos. A classe de controlo à prova de manipulação tem funções para ler a entrada fornecida pelo sensor de pressão ou pelos interruptores Push to ON/OFF. A classe de controlo à prova de adulteração traduz a pressão no tipo de adulteração e no dispositivo em que a adulteração foi efectuada. A classe à prova de adulteração também determina o tipo de alerta que deve ser efectuado com base no dispositivo em que a adulteração foi iniciada. A saída para o LCD, a campainha ou o sinal sonoro é afetada pelas funções de iniciação das classes relacionadas com esses dispositivos.

A classe de controlo da comunicação é utilizada para enviar o SMS para um dispositivo portátil remoto, através de Bluetooth ou de um dispositivo Wi-Fi, com base na arbitragem que é feita com o anfitrião remoto para a transmissão da mensagem.

4.3.5 Arquitetura de software para a implementação do sistema à prova de manipulação

A arquitetura de software para a implementação do sistema de inviolabilidade relacionado com a etiqueta inteligente é implementada utilizando uma arquitetura de três níveis, como mostra a figura 4.10. No nível I residem todos os módulos relacionados com a aplicação da etiqueta inteligente. A execução global da tarefa é implementada na lógica de controlo principal, que reside no nível II. A tarefa principal foi concebida para incorporar todas as funções em tempo real utilizando o sistema operativo µCos. Os componentes de software através dos quais a comunicação é afetada por Bluetooth ou Wi-Fi são também colocados na camada II. Os módulos de comunicação relacionados com o telemóvel remoto (HOST) estão situados no nível III.

Os módulos de comunicação que se encontram nas camadas II e III comunicam entre si, especialmente para a troca de mensagens entre o TAG e o dispositivo móvel. O sistema à prova de manipulação residente na Fase II é invocado através do controlo principal. O módulo tem classes incorporadas que detectam vários tipos de adulteração e comunicam o mesmo ao controlo principal do sistema de alerta e o sistema de alerta transmite os alertas através do subsistema de comunicação.

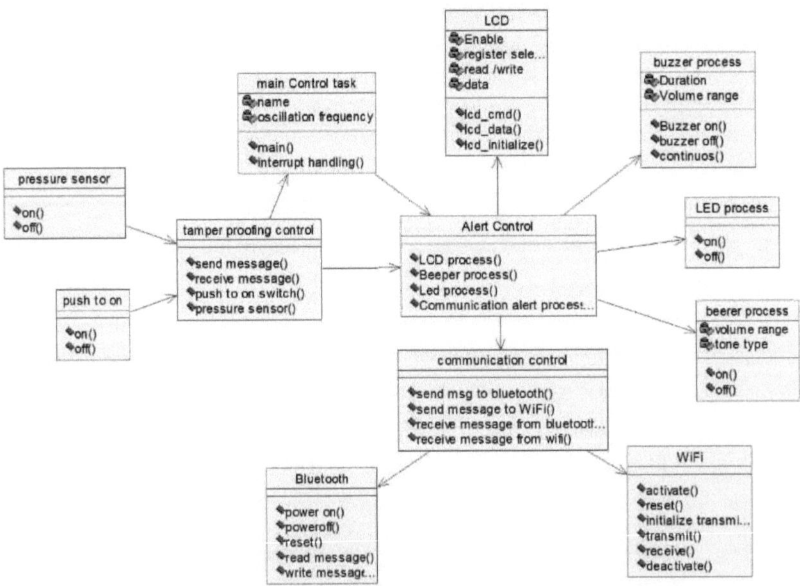

Figura 4.9 Conjuntos de software incorporado - Sistema de alerta de sabotagem

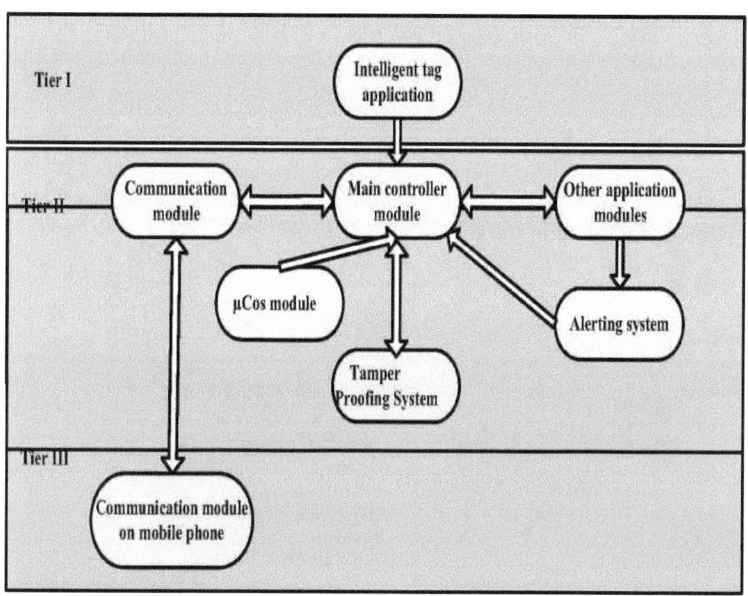

Figura 4.10 Arquitetura de software para o sistema à prova de adulteração

4.3.6 Experimentação e resultados

As experiências são efectuadas através da escrita de uma pequena classe de software residente em cada um dos módulos. No sistema de inviolabilidade, os dados transmitidos pelo sensor de pressão e pelo sensor push-to-on são processados pelo controlo principal do sistema de inviolabilidade. Os alertas que devem ser comunicados como consequência de uma manipulação são transmitidos ao sistema de alerta. O sistema de alerta alerta a vizinhança local através de LCD, LED ou sinal sonoro ou os dispositivos móveis remotos através de comunicação Bluetooth ou Wi-Fi. Foram experimentados vários tipos de adulteração da placa ES, incluindo a aplicação de pressão física sobre a placa, o ataque através de canais laterais mediante a criação de um campo magnético de determinada intensidade, a criação de uma borboleta, o curto-circuito da alimentação de entrada, a indução de corrente adicional na alimentação de entrada, etc., com intensidades conhecidas em Pascal e a observação e registo dos resultados através dos dados escritos no LCD, do padrão de zumbido, da sequência de bipes e do tipo de mensagem transmitida através da interface Wi-Fi ou Bluetooth. Os resultados experimentais observados são apresentados na **Tabela 4.1**.

A tabela mostra que a pressão é exercida quando se inicia um tipo específico de adulteração. O alerta da ocorrência da pressão foi implementado através de uma mensagem SMS, ou accionando um sinal sonoro ou provocando um padrão sonoro. O alerta de ocorrência de adulteração é apresentado no ecrã LCD, como mostra a figura 4.11.

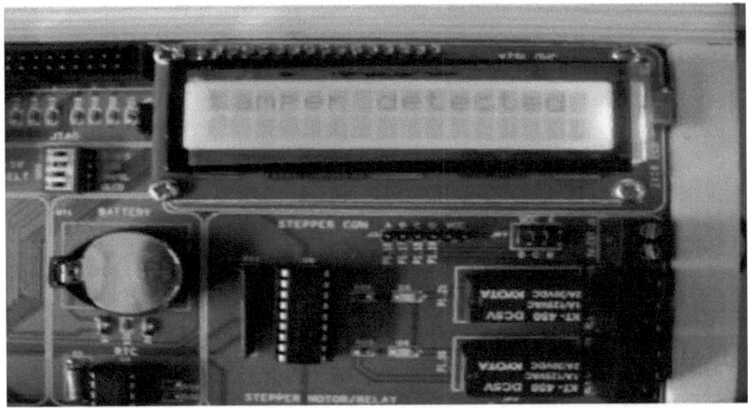

Figura 4.11Saída do lado do marcador

O alerta pode ser enviado para o HOST e a mensagem de alerta pode ser apresentada no ecrã inteligente, como mostra **a Figura 4.12**

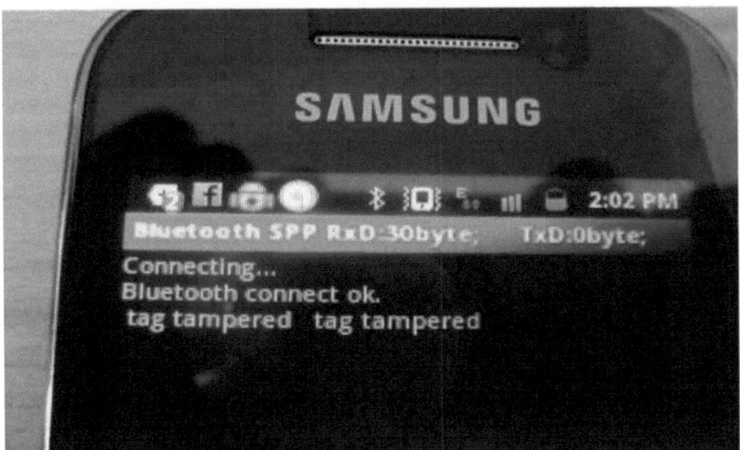

Figura 4.12Saída do lado móvel

Tabela 4.1 Resultados experimentais relacionados com a adulteração

Número de teste	Tipo de adulteração	Pressão física prevista aplicada em mg/mm²	Pressão real aplicada mg/mm²	Push-To-on	SMS Mensagem enviada por Bluetooth	Pressão apresentada no LCD mg/mm²	SMS Mensagem enviada através de WiFi	Buzina ligada	Sequência de sinais sonoros
1	Físico Pressão aplicada	10	10	-	-	10	PPA10	-	-
2	Físico Pressão aplicada	12	12		MAM12	12	-	-	-
3	Criar um campo magnético à volta do microcontrolador	2	2	SIM	MFM2	2	-	ON	121 2
4	Criação de raios ultra-violeta	25	25	SIM	CUR25	25	-	ON	122 5
5	Criar um curto-circuito	50	50	-	CSR50	-	CSR50	ON	-
6	Criação de mais sede	100	100	-	COT	10 0	-	ON	-
7	Indução de corrente em fontes de entrada	23	23	SIM	ICR23	23	-	ON	125 0

4.4 Conclusões

A proteção das TAGS inteligentes é absolutamente necessária contra diferentes tipos de ataques para preservar a segurança das mesmas. As TAGS devem ser inteligentes, de modo a poderem sentir que está a ser tentada alguma manipulação e as tentativas devem ser transmitidas para o ambiente local e para um local remoto onde reside o mestre da TAG. As TAGS podem ser manipuladas de muitas maneiras. **Construir vários mecanismos para detetar e monitorizar cada tipo de adulteração é complexo e as soluções, mesmo que fossem fornecidas, seriam pesadas. É necessária uma solução unificada que tenha em conta qualquer tipo de adulteração da TAG**.

Nesta tese, é apresentado um método que determina o tipo de adulteração e o alarme adequado que é exercido quando a adulteração ocorre. Nesta tese, são apresentados diferentes tipos de mecanismos de deteção que detectam vários tipos de adulteração.

Foi também apresentado um segundo método que considera todos os tipos de adulteração como equivalentes de pressão e utiliza a pressão para reconhecer o tipo de adulteração afetado. Um alarme adequado é exercido localmente e a informação sobre a manipulação é comunicada ao HOST remoto. O sistema à prova de manipulação foi integrado com um sistema de alerta e o mesmo foi apresentado na tese.

Foi apresentada a arquitetura de software utilizada para o desenvolvimento do software ES Tamper proofing. Foram efectuados testes do sistema incorporado e são apresentados os resultados dos testes. Os resultados dos testes provaram que o conceito de sistema unificado de deteção de adulteração pode identificar diferentes tipos de adulteração que podem ser afectados num sistema incorporado.

CAPÍTULO 5 (GESTÃO DE ENERGIA NAS ETIQUETAS)

5.1 Visão geral

O consumo de energia é um dos factores limitantes de qualquer dispositivo incorporado, sobretudo dos que funcionam com bateria. Com o avanço da tecnologia, o tamanho do dispositivo móvel incorporado é reduzido para facilitar a sua utilização. À medida que o tamanho da bateria é reduzido juntamente com outros componentes, o tamanho total do sistema incorporado diminui. Mas a redução do tamanho leva à redução da carga total retida pela bateria, diminuindo assim o seu tempo de vida. O carregamento e o recarregamento frequentes da bateria não são efectuados, especialmente quando os dispositivos em que a bateria está instalada são móveis. No entanto, se conseguirmos reduzir a potência total consumida pelos componentes do dispositivo, podemos dar-nos ao luxo de reduzir o tamanho da bateria, mantendo as caraterísticas originais, ou de aumentar o tempo de vida da bateria, mantendo o tamanho original ou uma combinação de ambos.

O consumo de energia num dispositivo incorporado depende da energia necessária e consumida pelos vários componentes do mesmo. O tempo de vida da bateria pode ser prolongado diminuindo a energia consumida pelos componentes. Várias técnicas de gestão de energia permitem a redução de energia necessária nos dispositivos incorporados. A carga da bateria pode ser preservada através de vários métodos, como permitir que a unidade central de processamento (CPU) abrande, suspenda ou desligue parte ou a totalidade do sistema. As etiquetas são geralmente constituídas por muitos módulos integrados. Nem todos os módulos estarão sempre activos. Os módulos não utilizados podem ser desligados ou colocados em modo de suspensão. Há muitos desafios a considerar e resolver, incluindo a otimização do software, a comunicação de baixo consumo, a visualização de baixo consumo, a gestão de dados de baixo consumo e a tolerância a falhas para aumentar a longevidade da bateria.

As políticas de gestão da energia podem ser descritas a vários níveis de abstração, desde o nível mais baixo do transístor até ao nível final da aplicação. Os diferentes níveis de abstração incluem o nível do transístor, o nível da arquitetura, o nível do sistema e o nível da aplicação. A aplicação é normalmente responsável pela gestão da energia, uma vez que a energia consumida depende de vários estados de funcionamento dos componentes da aplicação.

É necessária energia para acionar qualquer hardware. O software incorporado pode ser utilizado para analisar e melhorar as caraterísticas energéticas do sistema. Os sistemas operativos em tempo real (RTOS) são geralmente fornecidos com as funções de sistema que permitem gerir a disponibilidade de energia para várias partes dos sistemas. A aplicação do utilizador poderá reconhecer o estado atual da bateria invocando funções relacionadas suportadas pelo RTOS. Uma vez conhecidos os requisitos de energia dos componentes, a aplicação do utilizador deve poder reduzir os requisitos de energia ao nível mais baixo. O sistema deve ser capaz de efetuar a operação necessária sem perder a sua eficiência. Os estados de energia eficientes podem ser alcançados permitindo que vários componentes ou a combinação dos componentes estejam inactivos ou em modo de suspensão.

A gestão da energia não reduz o desempenho do sistema, mas simplesmente acrescenta funcionalidades para reduzir o consumo de energia. Os modos de baixo consumo ou de suspensão suportados pelos microcontroladores ajudam a prolongar a vida das baterias. A desativação da alimentação de um dispositivo não deve afetar qualquer outro dispositivo. Os ecrãs dos dispositivos móveis podem ser geridos através do escurecimento ou do apagamento dos ecrãs, cortando a alimentação desses dispositivos em modo inativo. O dispositivo que entra em modo de baixo consumo é geralmente controlado por temporizadores e o regresso ao modo de pleno consumo é efectuado através do acionamento automático de um evento ou da iniciação manual de um evento.

O software desempenha um papel fundamental no consumo de energia. As áreas da etiqueta inteligente em que o software influencia o consumo de energia incluem o ecrã, os periféricos sem fios (Bluetooth, WiFi, NFC, RFID, GPS), o código, a memória e os periféricos

Fonte de alimentação

Para que os sistemas incorporados funcionem, é necessária energia. Geralmente, as fontes de alimentação são utilizadas para alimentar a energia. O dispositivo que fornece energia eléctrica a uma ou mais cargas é designado por fonte de alimentação. Os dispositivos que convertem uma forma de energia noutra são também designados por fontes de alimentação. A energia fornecida a uma carga e a energia consumida por ela própria é também designada por fonte de alimentação. A energia necessária para uma fonte de alimentação pode ser obtida a partir de sistemas de transmissão de energia eléctrica, conversores CA-CC, dispositivos de armazenamento de energia, como baterias e células de combustível, sistemas electromecânicos, como geradores e alternadores, e sistemas de energia solar.

Bateria eléctrica

Qualquer dispositivo que converta energia química em energia eléctrica é designado por pilha. São utilizados dois tipos de pilhas: as pilhas primárias, que são utilizadas e deitadas fora, e as pilhas secundárias, que são utilizadas, carregadas e reutilizadas.

Extensão da vida útil da bateria

A vida útil de uma pilha pode ser prolongada mantendo as pilhas a baixa temperatura devido ao abrandamento das reacções químicas no interior das pilhas. A vida normal de uma pilha pode ser alcançada mantendo as pilhas à temperatura ambiente.

Controlo de potência no microcontrolador LPC2148

O microcontrolador LPC2148 pode ser operado em dois modos de energia: o modo inativo e o modo de desativação. As execuções de instruções são suspensas até ao momento em que ocorre um descanso ou uma interrupção no modo inativo. Durante o modo inativo, os periféricos continuam a funcionar. Os periféricos provocam uma interrupção para retomar a execução através do processador.

A energia utilizada pelo processador, pelos sistemas de memória, pelos controladores relacionados e pelos barramentos internos será consideravelmente reduzida enquanto estiver no modo inativo.

O oscilador não recebe sinais de relógio durante o modo de desativação. Durante o modo de desativação, os valores do processador, dos registos e da SRAM são preservados e os níveis lógicos dos PINS do chip permanecem os mesmos. O modo normal pode ser retomado depois de atingir o modo de desativação sempre que é feito um reset ou quando são iniciadas interrupções específicas pelos dispositivos periféricos que funcionam sem necessidade de sinais de relógio. O modo de desativação reduz o consumo de energia do chip para quase zero, uma vez que todas as operações de um chip são suspensas.

A execução do programa deve ser coordenada quando são utilizados modos de entrada em modo de desativação para poupar energia. Uma interrupção causada por um dispositivo de hardware acorda o processador e a execução do programa é retomada mantendo o estado anterior de execução, o que significa que não há instruções perdidas, incompletas ou repetidas enquanto o sistema estiver no modo inativo ou de desativação.

A alimentação do microcontrolador pode ser controlada através de dois registos, nomeadamente o registo de controlo da alimentação (PEON) e o registo de controlo da alimentação dos periféricos (PCONP). Os modos de alimentação do microcontrolador podem ser definidos através da manipulação de bits no **registo de controlo de alimentação (PCON)**. A ativação das funções selecionadas relacionadas com os periféricos pode ser conseguida através da definição dos bits relacionados no **Registo de controlo de potência para periféricos (PCONP).** A alimentação dos dispositivos periféricos pode ser desligada desligando os sinais de relógio para esses dispositivos. Alguns dos dispositivos periféricos para os quais a alimentação não pode ser desligada incluem o temporizador Watchdog, GPIO, o bloco PIN Connect e o bloco System Control. Os circuitos de adição são utilizados para reduzir ou comutar os dispositivos, especialmente os dispositivos analógicos que não dependem do relógio. Um registo de controlo denominado PCONP é utilizado para controlar a alimentação dos dispositivos periféricos.

Registos de interrupções externas

São utilizados quatro registos internos para despertar o processador do modo de suspensão quando são provocadas determinadas interrupções externas. Os quatro registos incluem o registo EXTINT, que contém os sinalizadores de interrupção, o registo EXTWAKEUP, que contém bits para ativar interrupções externas individuais, e os registos EXTMODE e EXTPOLAR, que especificam os parâmetros de sensibilidade de nível e de borda.

Registo de despertar de interrupções

O registo INTWAKE permite que as interrupções externas acordem o processador se este estiver no modo de desativação. As funções que devem ser invocadas quando é causada uma interrupção devem ser mapeadas para os PINS.

Quando o processamento da interrupção é efectuado através de um vetor de interrupção, não é necessário ativar a interrupção para ativar o processador. Com esta disposição, um processador pode ser ativado a partir do modo de desativação sem provocar efetivamente qualquer interrupção.

Em linhas semelhantes, pode ser activada uma interrupção durante o modo de desativação sem acordar efetivamente o processador. Se algum PIN do registo de sinalização de interrupção externa tiver de ser utilizado como fonte para despertar o processador no modo de desativação, é também necessário limpar o bit correspondente.

1.1.1 Técnicas de gestão de energia existentes

A gestão dinâmica da energia refere-se ao encerramento seletivo ou ao abrandamento dos componentes do sistema que estão inactivos ou subutilizados. A utilização de energia é reduzida colocando diferentes componentes em diferentes estados, cada um representando um determinado nível de desempenho e de consumo de energia. Os componentes das etiquetas inteligentes são acionados por eventos. Quando os dados têm de ser transmitidos, os respectivos componentes participam na transmissão dos dados. Assim, estes componentes podem ser desligados quando estão em modo inativo. Esta abordagem pode ser descrita através de um modelo. O modelo é constituído por quatro componentes: Gestor de energia (PM), Fornecedor de serviços (SR), Solicitador de serviços (SR) e Fila de pedidos de serviços (SQ).

1.1.1.1 Escala de tensão dinâmica

É possível alterar a tensão de alimentação de vários componentes do sistema em tempo de execução. A potência global do sistema pode ser reduzida alterando os níveis de tensão e mantendo intactos o tempo de computação e a taxa de transferência. A alteração da tensão para os componentes em tempo de execução é designada por escalonamento dinâmico da tensão.

As cargas de trabalho computacionais variam consoante o tempo. A quantidade de energia necessária depende do tipo de trabalho que está a ser realizado pelo microcontrolador. Para poder alterar as tensões de forma dinâmica, o circuito gerador de relógios deve ser concebido de modo a que seja possível aumentar ou diminuir a frequência de relógio em função da tensão fornecida aos relógios. A relação de compromisso entre o desempenho e a duração da bateria pode ser avaliada tendo em conta o seguinte:

· Gerir a potência do microcontrolador de acordo com o nível de desempenho necessário. É necessária uma maior potência para atingir a taxa de computação de pico, que deve ser superior à taxa de transferência média que deve ser mantida.

Em alguns casos, é necessário um baixo desempenho, o que significa que o microcontrolador necessita de pouca potência e os requisitos de desempenho máximo surgem durante um período de tempo muito curto, durante o qual é necessário alimentar com potência elevada.

· Se o processador puder ser utilizado a uma frequência reduzida, a tensão necessária será baixa. Os processadores baseiam-se na lógica CMOS, o que significa que a energia dissipada devido ao CMOS será quadraticamente proporcional à tensão fornecida. Quanto menor for a tensão, menor será a dissipação de energia e maior será a conservação de energia, o que conduzirá a um aumento da duração da bateria.

1.1.1.2 Escalonamento dinâmico de tensão e frequência (DVFS)

Também é referido como DVFS de circuito aberto. É utilizado para poupar energia durante os períodos de processamento fora de horas de ponta e como medida de proteção para evitar o sobreaquecimento. O DVFS em circuito aberto é a forma mais comum de DVFS. Aqui, o ponto de tensão de funcionamento ou a tensão nominal e a frequência de funcionamento são pré-determinados para a aplicação-alvo. O objetivo é fazer funcionar o dispositivo com a tensão mais baixa possível, atingindo o desempenho desejado. A velocidade real do relógio do dispositivo é determinada pelos cantos PVT (Processo, tensão de funcionamento e temperatura da junção). A velocidade de relógio desejada é alcançada escalando a tensão para a frequência de relógio desejada com base em dados estatísticos para esse processo. O ponto de tensão de funcionamento para cada frequência alvo é normalmente armazenado em tabelas de consulta que são utilizadas pelo controlador de potência para aumentar e diminuir a tensão conforme necessário para a aplicação.

1.1.1.3 Escalonamento de tensão adaptável (AVS)

O AVS é uma técnica de circuito fechado em que é introduzido um feedback no controlador de potência que indica a rapidez e a lentidão com que um dispositivo está a funcionar com base nas caraterísticas PVT (processo, tensão e temperatura). Neste caso, a tensão é escalonada de forma adaptativa para atingir a velocidade de funcionamento ideal. Para conseguir a máxima poupança de energia, é necessário escalar as tensões com uma granularidade muito mais fina. Uma vez que a velocidade de funcionamento real também muda com a temperatura da junção (PVT), há uma necessidade constante de escalar a tensão para atingir a redução de energia ideal.

1.1.1.4 Protocolos de programação do sono

É frequente desperdiçar-se muita energia a ouvir os canais de rádio quando não há nada para ouvir. Os protocolos de programação do sono têm por objetivo controlar o ciclo de funcionamento do rádio, a fim de reduzir a potência do rádio quando nada é transmitido no rádio ou quando se está a ouvir sem fazer nada.

A alimentação do rádio é fornecida quando este tem de transmitir ou receber e a alimentação é desligada quando não há nada para o rádio fazer. Os programadores de sono assumem a função de ligar e desligar a energia do rádio com base no facto de este ter ou não de fazer alguma coisa. Por defeito, cada TAG pode ser colocado em modo de baixo consumo, de suspensão ou de espera, passando de um modo para outro com base na ocorrência de um evento específico. O sinal de marcação de tempo ou a saída de um descodificador de sinais de baixa potência, ou a receção de um padrão de bits estruturado especial podem ser os eventos típicos que, quando ocorrem, o modo da etiqueta pode ser alterado para o modo de ligação.

Atualmente, estão a ser utilizados dois protocolos de programação do sono. O agendador de sono síncrono e o agendador de sono assíncrono dependem da sincronização do relógio entre todos os nós de uma rede. Tanto o emissor como o recetor devem ter conhecimento um do outro e ambos devem saber a hora a que a transmissão e a receção devem ser efectuadas. A transmissão é efectuada à hora definida e os nós entram em suspensão durante as outras horas.

Os nós podem enviar e receber pacotes quando lhes apetecer, se for seguida uma programação assíncrona do sono que não dependa de qualquer sincronização de relógio entre nós.

1.1.1.5 Consumo de energia em Bluetooth:

As pessoas que se encontram a curtas distâncias poderão comunicar entre si utilizando dispositivos Bluetooth, formando redes pessoais sem fios (WPAN). As WPAN funcionam a uma distância menor e com débitos de dados mais baixos, pelo que requerem pouca energia para funcionar. A potência é o critério mais importante na conceção de sistemas incorporados, especialmente durante a conceção de redes ad-hoc e de redes pessoais. A tendência tem sido para que os dispositivos Bluetooth sejam tão pequenos quanto possível e, ao mesmo tempo, sejam capazes de fornecer funções sofisticadas que, normalmente, incluem um tempo de resposta mais rápido e um débito mais elevado. A necessidade de maior potência surge quando é necessário suportar funções sofisticadas que exigem um débito de dados mais elevado. As normas Bluetooth foram desenvolvidas tendo em conta os requisitos de baixo consumo de energia e de baixo custo.

São considerados quatro modelos operacionais, nomeadamente os modos Ativo, Sniff, Hold e Park. Estes modos são incluídos na conceção dos dispositivos Bluetooth com a intenção principal de manter baixo o consumo de energia do dispositivo, reduzindo as suas actividades de transmissão e receção. Os rádios instalados nos dispositivos Bluetooth podem funcionar em três estados: transmissão, receção e suspensão. A maior parte da energia é consumida nos estados de transmissão e receção e a menor energia no modo de latência.

1.1.1.6 Modos de poupança de energia em Wi-Fi

A maior parte da energia dos dispositivos Wi-Fi é consumida pelos rádios para transmissão e receção. O consumo de energia de um dispositivo Wi-Fi pode ser reduzido através da realização de operações corretas utilizando o Wi-Fi a todo o momento. Foi desenvolvido um protocolo especial de sondagem para poupança de energia (PS-Poll) que tem por objetivo reduzir o tempo que um rádio precisa de ser alimentado.

O PS-Poll faz com que o adaptador Wi-Fi notifique o ponto de acesso de que está a ser desligado quando não é necessário que o dispositivo Wi-Fi trabalhe, em vez de ter o rádio sempre ligado. O ponto de acesso retém todos os pacotes que se destinam ao dispositivo desligado. Quanto mais tempo o Wi-Fi estiver desligado, mais pacotes serão acumulados no ponto de acesso e pode acontecer que os buffers no ponto de acesso se esgotem e não possam ser recebidos mais pacotes. A inteligência pode ser incorporada no Wi-Fi para controlar o tempo decorrido antes de o rádio ser ligado novamente, para obter os pacotes pendentes do ponto de acesso.

As latências das redes Wi-Fi serão afectadas devido à necessidade de implementar a política de guardar e verificar uma vez. Quando é importante reduzir a latência da rede, a PS-Poll não é recomendada, especialmente quando são implementadas aplicações como jogos em linha, transmissão de voz e multimédia, etc.

Uma das questões mais sérias que deve ser abordada é a de fazer com que todos os pontos de acesso suportem a tecnologia PS-POLL. Há sempre uma situação em que, embora alguns pontos de acesso suportem os protocolos, outros não o fazem.

1.1.1.7 Previsão do tempo de vida da bateria

Foram desenvolvidas muitas técnicas para estimar a quantidade de carga restante nas baterias. Com estas técnicas, é possível obter estimativas exactas da carga restante na bateria. No entanto, a quantidade de energia consumida depende do tipo de operações efectuadas pelo dispositivo móvel durante a sua utilização. As baterias também estão sujeitas a vários tipos de cargas que afectam a capacidade de armazenamento e de descarga das baterias. A eficiência das baterias também diminui com o aumento da sua idade. Por isso, é necessário continuar a prever a vida útil da bateria, monitorizando a taxa de descarga da bateria e utilizando-a para estimar a vida útil da bateria através de extrapolação. As curvas de descarga da bateria de vários dispositivos em modo inativo sem software de gestão de energia ativo podem ser estudadas e podem ser derivadas fórmulas empíricas que podem ser utilizadas para estimar a vida útil da bateria.

1.1.1.8 Arquitetura do sistema

O funcionamento dos componentes da aplicação relacionados com a gestão da energia que residem no telemóvel e no TAG é apresentado na **Figura 5.1**. A aplicação residente no dispositivo móvel será executada sob o controlo do sistema operativo Android e terá os componentes necessários para ajudar a localizar os dispositivos de comunicação activos e a estabelecer a ligação de comunicação com o TAG. Os componentes da aplicação devem também armazenar os dados relativos a todas as etiquetas que são estabelecidas por ela. O dispositivo móvel deve ser construído com base nas tecnologias ARM7, que fornecem interfaces de comunicação para comunicar com o TAG utilizando as comunicações Bluetooth e Wi-Fi. O telemóvel dispõe de uma EEPROM de 32 GB para manter um repositório das etiquetas válidas. É utilizada uma interface USB para migrar o código desenvolvido no PC para o dispositivo móvel como uma aplicação suplementar.

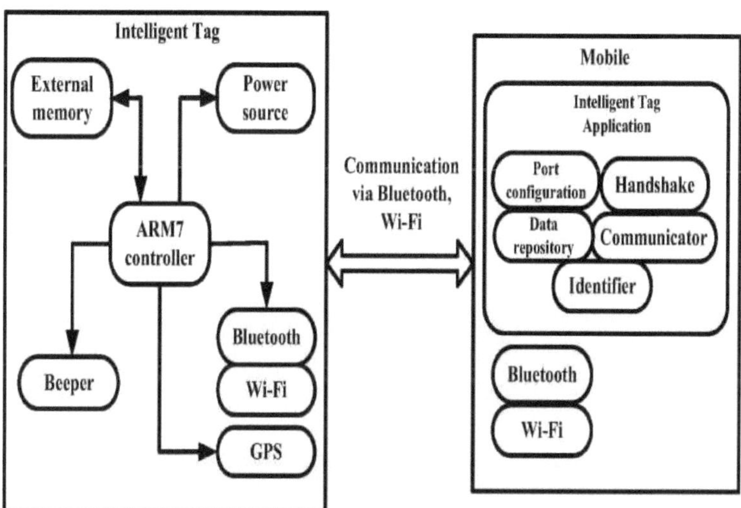

Figura 5.1 Vista geral da aplicação TAG inteligente no lado móvel

1.1.2 Questões relacionadas com os sistemas de gestão de energia

A inteligência tem de ser acrescentada às TAGS para uma gestão eficiente da energia dentro das tags. A adição de inteligência às TAGS é importante do ponto de vista da longevidade da bateria, tanto quanto possível, considerando que as tags inteligentes estão situadas remotamente e que a tag inteligente deve suportar um grande número de módulos funcionais que funcionam em conjunto com o seu próprio hardware incorporado. Seguem-se algumas das principais questões que afectam a potência da etiqueta.

· Escolha de um sistema de gestão de energia adequado que ajude a reduzir a potência de uma etiqueta quando vários módulos estão integrados na etiqueta.

· Um Tag com elevada longevidade da bateria.

· Diferentes desafios, como a comunicação de baixo consumo, o ecrã de baixo consumo

· O sistema deve ser capaz de efetuar a operação requerida sem perder a sua eficiência.

1.1.3 Definição do problema

A questão mais crítica relacionada com as etiquetas inteligentes é fornecer um sistema eficiente de gestão da energia. Geralmente, estas etiquetas estão situadas em locais remotos a partir de um dispositivo portátil. A principal fonte de energia da etiqueta é a bateria. A duração da bateria é limitada, pelo que deve ser carregada regularmente. Uma vez que estas etiquetas são remotas, ocultas e portáteis, a questão do carregamento da bateria torna-se complicada, pelo que o carregamento deve ser efectuado em intervalos de tempo mais curtos.

O sistema de etiquetas inteligentes deve ser construído com vários módulos de aplicação, mas nem todos os módulos têm de estar activos ao mesmo tempo. É possível que apenas um módulo esteja ativo a maior parte do tempo e que alguns dos módulos sejam apenas responsáveis pela comunicação com o dispositivo portátil. Os módulos inactivos podem ser enviados para o modo de suspensão para reduzir a energia por eles utilizada, o que significa que o sistema de gestão da energia deve ser capaz de fornecer o máximo de energia ao módulo ativo e o mínimo aos módulos inactivos. Para uma gestão eficiente da energia da etiqueta inteligente, há que ter em conta os diferentes desafios, como a otimização da energia do software, a comunicação de baixo consumo, a segurança de baixo consumo, a visualização de baixo consumo, a gestão de dados de baixo consumo e a tolerância a falhas.

Em suma, o problema consiste em fornecer energia a diferentes módulos com base no seu funcionamento, importância, requisitos de carregamento em atraso, diferentes níveis de alimentação eléctrica, de modo a aumentar a longevidade do sistema de baterias.

5.2 Pesquisa bibliográfica

A tecnologia RFID melhorada suporta um elevado alcance operacional e capacidades de deteção e monitorização **[Alex Janek, et. al., 2007-01]**, que exigem unidades de aquisição de dados, relógios em tempo real e transmissores activos. Estes componentes adicionais provocam um elevado consumo de energia do TAG. Muitos Tags alimentados por baterias são suportados por dispositivos de recolha de energia e igualmente suportados por várias técnicas de gestão de energia. O protocolo de transição para o modo de latência e o protocolo de controlo de despertar constituem a estratégia de poupança de energia em que o sistema se mantém no estado de poupança de energia o máximo de tempo possível. O TAG permanece no modo de latência e passa para o modo ativo quando é acionado por um determinado evento. A energia adicional pode ser fornecida por dispositivos de captação de energia que convertem a energia do ambiente em energia eléctrica. O tempo de vida da bateria pode ser aumentado. Atualmente, existem muitas fontes de energia, entre as quais o gerador piezoelétrico vibratório, as células solares, o gerador térmico e algumas fontes menos comuns, como a energia electromagnética. Esta energia gerada requer estruturas especiais de armazenamento e de proteção. Os dois tipos de dispositivos de armazenamento são o armazenamento primário e o armazenamento secundário. Os dispositivos primários não são recarregáveis e os dispositivos secundários são recarregáveis.

Foram apresentados vários modelos que permitem reduzir o consumo de energia de vários dispositivos **[Ankur Agarwal, et al., 2009-01]**. Alguns dos modelos incluem o gestor de energia do sistema (PM), o gestor de energia do dispositivo (DPM) e o gestor de energia da aplicação (APM). A energia fornecida aos sistemas incorporados pode ser gerida utilizando as funções suportadas pelos sistemas operativos de tempo real. As funções dos sistemas operativos em tempo real podem ser utilizadas para colocar dispositivos não operacionais em estados de inatividade e alguns outros dispositivos em modos de baixo consumo.

As relações entre os vários componentes podem ser analisadas através da forma como a energia é introduzida e consumida. A energia dos sistemas incorporados também pode ser analisada e optimizada através do estudo da interação entre elementos de hardware e software, utilizando modelos comportamentais como diagramas de sequência.

[Arjun Roy, et al., 2011-01] propôs um sistema de gestão da energia no sistema operativo cinder. A funcionalidade relacionada com o controlo da energia através de uma atribuição adequada é útil e importante para ser incluída nos sistemas operativos utilizados em dispositivos móveis. Foi apresentada uma técnica que utiliza uma reserva de energia e um modelo de delegação através do qual a energia é distribuída e contabilizada.

[Craig Mathias 2008-01] propôs as tecnologias de conservação de energia WLAN. O modo de poupança de energia é apenas uma de uma série de opções. O modo de vigília constante (CAM) é uma das técnicas mais utilizadas atualmente, em que a função de poupança de energia é desactivada devido à redução do desempenho em termos de débito quando as medidas de poupança de energia são activadas. O modo de poupança de energia (PSM) é o método em que o dispositivo móvel é desligado após um período de tempo pré-fixado. O dispositivo é ativado periodicamente para obter dados. A entrega automática de poupança de energia não programada (U-APSD) é o método em que o cliente é autorizado a aceder aos dados sem esperar pelo próximo sinalizador. Esta técnica é eficiente no caso de cargas de tráfego mais leves. O Power save multi poll (PSMP) é utilizado para vários rádios. O adaptador WI-FI informa o ponto de acesso de que foi desligado. O ponto de acesso armazena os dados recebidos e regressa ao adaptador apenas quando este é novamente ligado. No entanto, aumenta a latência e o tráfego quando é ligado.

Os rádios contidos nos dispositivos Wi-Fi consomem o máximo de energia para transmitir e receber **[lesswatts.org/tips/wireless.php, 2009-01]**. Foi apresentado um protocolo de poupança de energia que reduz o tempo que um rádio precisa de ser alimentado. O PS-Poll permite que o adaptador Wi-Fi notifique o ponto de acesso quando vai ser desligado. O ponto de acesso guardará todos os pacotes de rede relacionados com o dispositivo Wi-Fi que foi ligado. Os pacotes armazenados no ponto de acesso são entregues como e quando o dispositivo Wi-Fi é novamente ligado. O controlador do dispositivo Wi-Fi tem a capacidade de controlar o tempo decorrido antes de o rádio ser novamente ligado.

[ibridgenetwork.org, 2007-01] apresentou que a conservação da energia da bateria é importante para uma manutenção reduzida do TAG. É proposto um mecanismo de poupança de energia nas etiquetas activas, designado por buffer inteligente. Consiste num circuito fabricado em silício que analisa o destino de cada pacote da norma ISO e produz um sinal de despertar. O buffer inteligente requer consideravelmente menos energia do que a requerida pelo TAG para interrogar a mesma mensagem e determinar o destino. Esta invenção apresenta um modelo de rastreio da energia utilizada por um conjunto de Tags. Fornece uma base para investigar e determinar as condições que devem ser cumpridas para que o TAG equipado com buffer inteligente produza uma poupança líquida de energia.

[Kavita Deshmukh, et al., 2011-01] propôs métodos ao nível do software para otimizar a potência em dispositivos sem fios incorporados. O consumo de energia em dispositivos sem fios é uma preocupação importante. A otimização da potência pode ser feita através de alterações no hardware ou no software. Geralmente, o hardware é fixado pelo fornecedor e não pode ser modificado pelo utilizador. As alterações ao nível do software podem ser efectuadas pelo utilizador de acordo com os requisitos. Os métodos de otimização do ciclo foram utilizados e testados para reduzir o consumo de energia até certo ponto. Do mesmo modo, foram utilizados o desenrolamento e o alinhamento do ciclo para aumentar o desempenho em termos de potência. São propostos métodos a nível do software, como comutadores aninhados, número de parâmetros, número de variáveis locais e tipos de dados, que melhoram o consumo de energia da codificação.

A energia de um sistema embebido pode ser gerida tendo em conta uma aplicação específica **[Muhammad. et al., 2009-01]**. Foi apresentada uma técnica de gestão de energia relacionada com um sistema de estimativa de localização. A técnica é utilizada quando um algoritmo é usado para localizar um dispositivo quando este se encontra na intersecção de dois ou mais terrenos.

O objeto é localizado utilizando o método do indicador da intensidade do sinal recebido. A localização do objeto é estimada utilizando o método de triangulação e a informação é sujeita à relação sinal/ruído (SNR), ao fenómeno de reflexão, difração e dispersão e é calculada a potência necessária ao dispositivo portátil para efetuar a comunicação com a torre. A estimativa da localização baseia-se na intensidade do sinal disponível (ASS) e na intensidade do sinal recebido (RSS).

O algoritmo tem em conta a não participação de um dispositivo na comunicação, quando este muda o seu estado do modo ativo para o modo de repouso, para que o dispositivo poupe a energia da bateria. A técnica proposta insere-se na categoria de gestão dinâmica da energia (DPM), uma vez que trata da energia da bateria durante o tempo de funcionamento.

[Marium Jalal Chaudhry, et al., 2008-01] propuseram a otimização da potência durante a comunicação Bluetooth segura. A tecnologia Bluetooth é capaz de fornecer muitos serviços, como alta taxa de transferência de dados, redes adhoc que fornecem excelente transmissão de dados e muitos outros serviços em várias aplicações. O consumo de energia é elevado em comparação com outros dispositivos móveis devido à monitorização contínua. Dado que o dispositivo é pequeno e tem um débito elevado, é necessário um algoritmo optimizado em termos de potência que permita um débito elevado com um menor consumo de energia. O consumo de energia no Bluetooth pode ser reduzido a um determinado nível utilizando quatro modos operacionais. São eles os modos ativo, sniff, hold e park. A duração da bateria pode ser aumentada através destes modos.

[As técnicas de gestão da energia em dispositivos incorporados podem ser desenvolvidas como parte de sistemas operativos em tempo real ou das suas aplicações. Se as técnicas de gestão de energia estiverem presentes nos dispositivos incorporados, as funcionalidades e os componentes que não estão a ser utilizados podem ser colocados em estados de baixo consumo. Isto reduz o consumo de energia. Quando um dispositivo não está a participar na comunicação, é orientado para mudar o seu estado do modo ativo para o modo de repouso, para que o dispositivo poupe a energia da bateria. A técnica recomendada por eles insere-se na categoria de gestão dinâmica da energia (DPM), uma vez que lida com a energia da bateria durante o tempo de funcionamento.

[Xavier P'erez-Costa et al., 2007-01] O escalonamento dinâmico de tensão (DVS) é uma das técnicas para reduzir a dissipação de energia através da diminuição da tensão de alimentação e da frequência de funcionamento. São apresentados algoritmos de DVS em tempo real para poupar energia, mantendo os problemas de tempo real. O consumo de energia no Bluetooth é elevado em comparação com outros dispositivos móveis devido à monitorização contínua. Dado que o dispositivo é pequeno e tem de suportar um débito elevado, é necessária uma otimização da potência que permita um débito elevado com um menor consumo de energia.

É importante que uma combinação de métodos propostos por vários autores tenha de ser utilizada nas TAG inteligentes. A aplicação de apenas um método não ajudará a otimizar a potência consumida pela TAG inteligente. A maioria das caraterísticas acima referidas deve ser suportada nas TAGS inteligentes, pelo que é necessário utilizar as combinações de métodos apresentadas na literatura.

[**Sastry et al., 2012-07**] abordaram diferentes desafios, como a otimização do software, a comunicação de baixo consumo, o ecrã de baixo consumo e a gestão de dados de baixo consumo e a tolerância a falhas, para além de outras técnicas de poupança que permitem aumentar a longevidade da bateria. Foi utilizada uma combinação de técnicas no TAG inteligente para aumentar a longevidade da bateria. Foi utilizado o escalonamento dinâmico da tensão e da frequência (DVFS), a gestão dinâmica da energia, a utilização de vários modos de poupança de energia, a utilização de vários protocolos de poupança de energia, etc. A combinação de várias técnicas de gestão da energia proporciona um mecanismo eficaz para reduzir o consumo global de energia do TAG inteligente.

[**Sastry et al., 2012-08**] propuseram uma arquitetura de software para o desenvolvimento de uma aplicação incorporada que ajuda a conservar o consumo de energia e a prolongar a longevidade da bateria.

Sastry et al., 2014-03] apresentaram diferentes estratégias que podem ser implementadas para conservar a energia em diferentes condições de funcionamento e mostraram como a longevidade da bateria pode ser alargada.

5.3 Investigações e conclusões

5.3.1 Requisitos funcionais

A especificação dos requisitos funcionais descreve o tipo de processamento efectuado em cada um dos dispositivos e a forma como estes comunicam entre si. As entradas fornecidas pelos dispositivos que estão ligados ao microcontrolador devem ser processadas pelos componentes de software que residem no microcontrolador.

1. Contabilizar a energia consumida por todos os componentes do TAG Inteligente.

2. Gerir várias tarefas e os dispositivos para os colocar no modo de suspensão e no modo de despertar quando ocorrem eventos relacionados com os dispositivos ou tarefas.

3. Calcule a energia restante e a vida útil restante da bateria e informe o HOST dos pormenores.

4. Comunicar com o HOST remoto o estado da alimentaçao e os níveis de consumo de energia.

5. Quando a energia atinge o modo crítico, passar a energia para Tarefas de baixa prioridade

6. Atualizar as estatísticas de energia quando o carregamento externo é iniciado.

7. Ter em conta a potência no arranque

5.3.2 Conceção do hardware

Foi concebido um sistema incorporado, ilustrado na figura 5.2, para demonstrar a poupança de energia devido à execução de uma aplicação de poupança de energia juntamente com outros módulos instalados na TAG inteligente. A interligação entre os dispositivos de hardware constitui a conceção do hardware relacionado com o sistema de gestão da energia do TAG inteligente. O ARM 7 actua como controlador principal, ao qual a maioria dos dispositivos está ligada diretamente através de vários barramentos. Ao barramento principal, que é o barramento AHP, estão ligados o barramento periférico VLSI e o barramento local. Ao barramento VLSI estão ligados o barramento GPIO e o barramento I2C. Todos os dispositivos estão ligados a um dos barramentos, como mostra a figura 5.2.

A memória externa, que é a EEPROM, é ligada através do barramento I^2 C. São utilizados três dispositivos para estabelecer a comunicação em diferentes modos de comunicação. O módulo Bluetooth é ligado através de USB (Universal Serial Bus) ao microcontrolador através do barramento VLSI. Do mesmo modo, o Wi-Fi é ligado ao microcontrolador através de UART0 e do barramento VLSI. O GPS está ligado ao microcontrolador através da UART1 e do barramento VLSI. O sensor de pressão está ligado ao controlador através de um ADC nativo e de um bus VLSI. O LCD, os LED, o teclado, a campainha, o sinal sonoro e a porta de reinicialização estão ligados ao microcontrolador através de GPIO e do barramento VLSI.

O LCD é utilizado para visualizar as alterações ambientais que ocorrem dentro e à volta do TAG inteligente com o telemóvel. O LCD e os LED são utilizados para alertar o operador local sobre o estado de energia e o HOST é informado do estado de energia da bateria através dos módulos de comunicação Wi-Fi ou Bluetooth. O microcontrolador é carregado com a aplicação ES que gere o sistema de gestão da energia. A aplicação ES controla o consumo de energia de vários dispositivos e optimiza o consumo de energia de vários dispositivos em função do estado das operações em qualquer momento. O software ES actualiza o estado da bateria através da implementação de vários módulos de comunicação.

5.3.3 Sistema de gestão de energia eficiente

A questão mais crítica relacionada com as etiquetas inteligentes é fornecer um sistema eficiente de gestão da energia. Geralmente, as etiquetas estão situadas em locais remotos a partir de um dispositivo portátil. A principal fonte de energia da etiqueta é a bateria. O tempo de vida da bateria é limitado, pelo que deve ser carregada a intervalos regulares. Uma vez que estas etiquetas são remotas, ocultas e portáteis, a questão do carregamento da bateria é complicada e exige que o carregamento seja efectuado em intervalos de tempo diferidos. O sistema de etiquetas inteligentes deve ser construído com vários módulos de aplicação, mas nem todos os módulos têm de estar activos ao mesmo tempo. É possível que apenas um módulo esteja ativo na maior parte do tempo e que alguns dos módulos sejam apenas responsáveis pela comunicação com o dispositivo portátil. Os módulos inactivos podem ser enviados para o estado de suspensão para reduzir a energia utilizada por eles, o que significa que o sistema de gestão da energia deve fornecer o máximo de energia ao módulo ativo e o mínimo aos módulos inactivos. Os estados de energia na etiqueta inteligente são apresentados na Figura 5.3. O sistema de etiqueta inteligente é composto por dois segmentos, nomeadamente o lado do alvo e o lado do anfitrião. O lado do alvo é a etiqueta inteligente que é construída utilizando diferentes tecnologias como Wi-Fi, Bluetooth, GPS e o lado do anfitrião é o telemóvel.

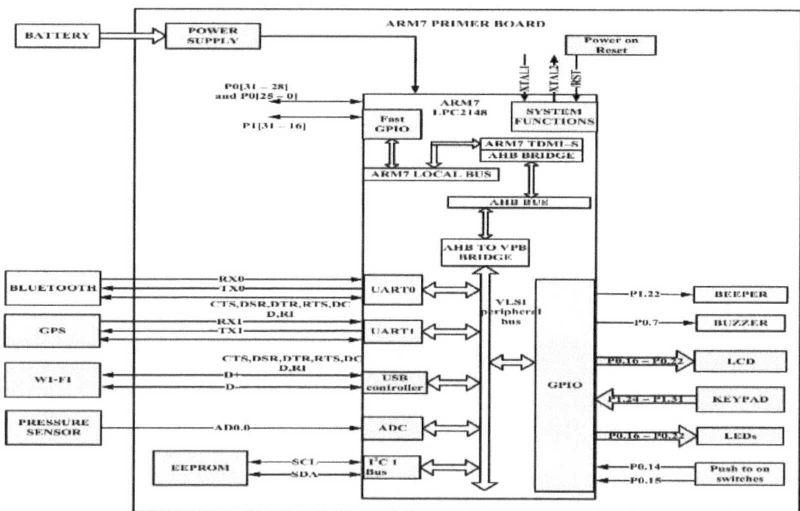

Figura 5.2 Diagrama de interconexão de hardware para o sistema de gestão de energia

A etiqueta inteligente remota comunica com o telemóvel através da aplicação de etiqueta inteligente programada no mesmo. O sistema de gestão de energia eficiente é desenvolvido na etiqueta para aumentar a longevidade da bateria. Diferentes notificações relacionadas com a energia, como o estado de vida da bateria e os estados de energia dos módulos, são enviadas através de Wi-Fi e Bluetooth. Os componentes que residem no Target (TAG) e no HOST (telemóvel) são apresentados na Figura 5.4.

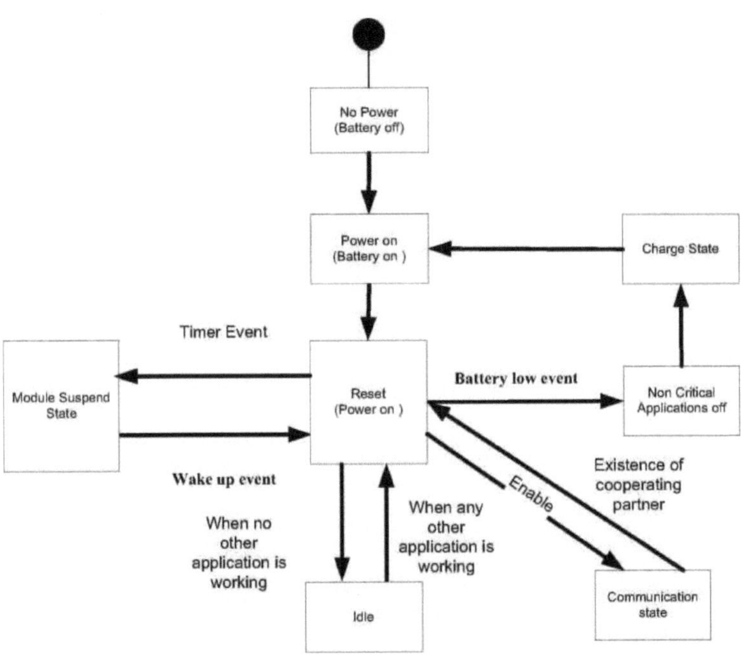

Figura 5.3 Estados de alimentação da etiqueta inteligente

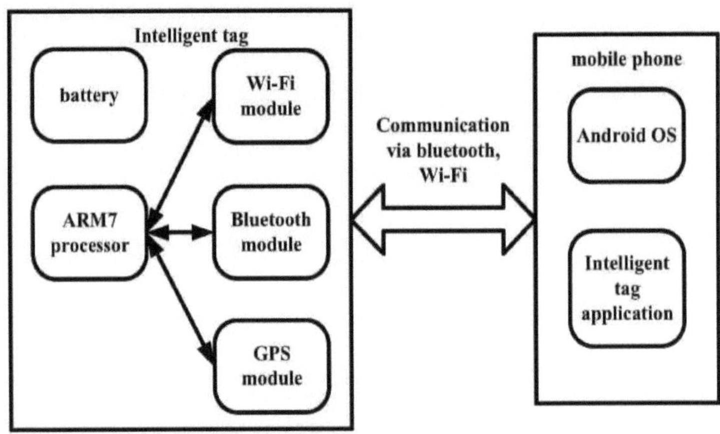

Figura 5.4 Interface de interação entre o TAG e o HOST

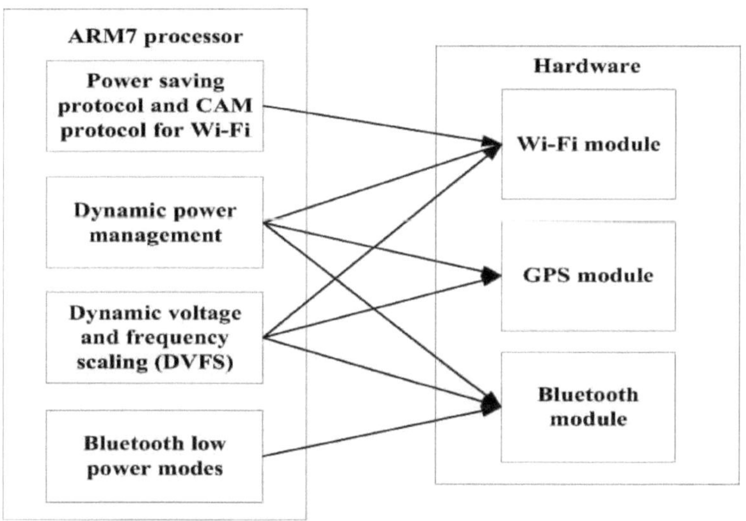

Figura 5.5 Gestão da energia no lado da etiqueta

No módulo Wi-Fi da etiqueta inteligente, inicialmente o consumo de energia deve ser reduzido ajustando a tensão e a frequência de funcionamento através da técnica DVFS, que faz parte da DPM, ou seja, da gestão dinâmica da energia, uma vez que é efectuada durante o tempo de funcionamento. O CAM consome muita energia e tem baixa latência, enquanto o modo de poupança de energia (PSM) consome pouca energia e tem alta latência. O protocolo de poupança de energia e o protocolo CAM podem ser selecionados com base nas diferentes condições ambientais da etiqueta inteligente. As tarefas de alta prioridade, como a comunicação entre o TAG e o HOST, a identificação do TAG, a localização do TAG, a segurança do TAG e o alerta ao HOST, utilizam o protocolo CAM de baixa latência, enquanto as tarefas de baixa prioridade, como o estado da bateria, utilizam o modo de poupança de energia (PSM) de alta latência.

As técnicas DPM e DVFS podem ser aplicadas inicialmente ao módulo GPS para diminuir o consumo de energia da etiqueta inteligente. O módulo Bluetooth da etiqueta inteligente, juntamente com o Wi-Fi, tem de estar em comunicação constante com o HOST, o que aumenta o consumo de energia. Tanto o Wi-Fi como o Bluetooth não precisam de estar ligados ao mesmo tempo. A seleção entre os dois baseia-se na localização da etiqueta inteligente. O consumo global de energia do Bluetooth pode ser reduzido através de ciclos de funcionamento reduzidos. O Bluetooth na etiqueta inteligente funciona em dois modos, ou seja, o modo de transmissão/receção e o modo de espera. O baixo consumo de energia pode ser conseguido através de modos de baixo consumo como ativo, sniff, hold e park.

5.3.4 Estratégias de utilização da energia

A energia é necessária para os processadores, os dispositivos periféricos e os dispositivos incorporados no microcontrolador. Os microcontroladores são concebidos para funcionar em vários modos de poupança de energia, que incluem ligar a alimentação do microcontrolador e reiniciar o microprocessador utilizando um mecanismo de reinício, ligar a alimentação do microprocessador e ligar a alimentação do microprocessador e ligar a alimentação quando é iniciada uma interrupção pelo periférico e ligar e desligar a alimentação dos periféricos pela aplicação do utilizador.

No caso dos sistemas inteligentes, a alimentação do microcontrolador não é desligada. O método de ligar e desligar a alimentação do periférico pode ser controlado pelo sistema de gestão da alimentação (PMS), que é um dos módulos a incorporar na etiqueta inteligente. O PMS ligará a alimentação do dispositivo periférico quando o microcontrolador receber a respectiva interrupção. A E/S é efectuada depois de o dispositivo de E/S estar ligado e a alimentação do dispositivo periférico é desligada depois de a E/S correspondente estar concluída.

As etiquetas inteligentes têm de comunicar continuamente com os dispositivos móveis remotos sempre que as informações relacionadas com a identificação, a mudança de localização, a manipulação ilícita, o esgotamento de energia se situam abaixo dos níveis de segurança, utilizando a interface Wi-Fi ou Bluetooth. A utilização de Wi-Fi ou Bluetooth é arbitrada quando a etiqueta inteligente é reiniciada e, com base nos resultados da arbitragem, é escolhido um dos dispositivos de comunicação e a alimentação do outro dispositivo é desligada. Devem ser utilizados protocolos de vigília constante para manter acordado o dispositivo de comunicação escolhido. O tempo de resposta necessário para cada um dos eventos relacionados com um elemento inteligente é diferente. A identificação e a mudança de localização podem ser comunicadas com um nível de latência mais elevado, ao passo que a comunicação relacionada com o esgotamento de energia, a manipulação ilícita e o alerta deve ser efectuada com a menor latência possível, de modo a que as medidas corretivas necessárias sejam tomadas sem causar danos ao sistema inteligente.

No entanto, a latência depende da forma como um sistema de aplicação é concebido, tendo em conta a rotina de interrupção e a forma como a sinalização para as tarefas em causa é implementada. Pode também ser implementada uma estratégia diferente que leve à redução da potência fornecida aos dispositivos periféricos que estão ligados aos eventos que podem ser processados com latências aceitáveis de alto nível. Os dispositivos relacionados com questões inteligentes que podem ser tratadas com latências aceitáveis de alto nível podem ser alimentados com tensões adequadas de baixo nível e os dispositivos relacionados com questões inteligentes que devem ser tratadas com latências aceitáveis de baixo nível devem ser alimentados com tensões de alto nível. O sistema de controlo dinâmico da alimentação eléctrica dos dispositivos periféricos é designado por sistema de gestão dinâmica da tensão **(DVS).**

A potência a fornecer aos dispositivos de comunicação sem fios depende também das distâncias a que deve ser efectuada a comunicação com o dispositivo portátil. O protocolo de vigília constante **(CAM)** determina as distâncias a que a comunicação deve ser efectuada e, por conseguinte, fixa a frequência necessária para efetuar a comunicação. A frequência pode ser alterada dinamicamente através da implementação do sistema de gestão dinâmica de frequências **(DFS).**

O protocolo CAM também pode decidir ligar ou desligar os dispositivos de comunicação com base no facto de haver algo que deva ser comunicado, o que depende efetivamente do tipo de evento que está a ocorrer. As várias estratégias que podem ser adaptadas e as respectivas latências que podem ser alcançadas são apresentadas na Tabela 5.1. Uma combinação de estratégias que podem ser aplicadas pode ser predefinida em relação à implementação de um determinado problema de inteligência e a mesma pode ser implementada através de um sistema de

O sistema de gestão de energia pode selecionar uma destas estratégias com base nos eventos que ocorrem em qualquer momento. O mapeamento das estratégias de gestão da energia para diferentes questões inteligentes também foi apresentado no quadro 5.I. O sistema de gestão da energia pode selecionar uma destas estratégias com base nos eventos que ocorrem em qualquer momento.

5.3.5 Arquitetura de software para a implementação do sistema de gestão de energia

Foi desenvolvido um sistema incorporado separado para a gestão da energia numa etiqueta inteligente. O sistema de gestão da energia desenvolvido consiste em diferentes módulos de hardware interligados entre si. Os módulos de hardware que estão diretamente ligados ao microcontrolador são controlados pelos respectivos componentes de software definidos através de uma estrutura de classes. A arquitetura do software foi definida tendo em conta a funcionalidade de cada classe e as relações entre as diferentes classes. Sendo o ARM7 o principal dispositivo de controlo do sistema de gestão de energia, é definido como uma classe principal que está associada a uma classe de gestão de energia.

A classe de gestão de energia tem a funcionalidade de controlar o fornecimento de energia a vários dispositivos. O gestor de energia efectua várias operações, como o cálculo da energia consumida por vários dispositivos, incluindo ARM7, periféricos IO, GPIO e vários dispositivos de comunicação, como Wi-Fi e Bluetooth. O módulo de gestão da energia controla a posição da bateria e comunica a posição da mesma ao dispositivo móvel remoto, para que possam ser tomadas medidas corretivas. O barramento IO periférico é responsável pela interface de módulos externos como Bluetooth, Wi-Fi e GPS. Assim, a classe de gestão de energia IO periférica mantém informações sobre a energia consumida pelos módulos externos. O GPIO PM ligado ao IO PM periférico controla a energia consumida pelo sinal sonoro e pelo sensor de pressão. A etiqueta comunica com o dispositivo móvel através de protocolos de comunicação. A classe de protocolo de comunicação é utilizada para localizar os dispositivos utilizando uma gama de frequências. As classes de protocolo de comunicação da etiqueta dependem das classes de protocolo de comunicação do dispositivo móvel.

Tabela 5.1 Estratégias de poupança de energia

Estratégia de poupança de energia em série	Estratégia de gestão de energia	Influenciando a latência	Identificação da etiqueta	Identificação do local	Ingerência	Esgotamento de energia	Alerta
1.	Modo de poupança de energia (Alimentação dos dispositivos de E/S e alimentação dos dispositivos de E/S quando é recebida uma interrupção do dispositivo periférico)	Elevado	√	√	X	X	X
2.	Gestão dinâmica de energia (DVS) através da regulação de alta tensão	Baixa	X	X	√	√	√
3.	Gestão dinâmica de energia (DVS) através da regulação de baixa tensão	ALTO	√	√	X	X	X
4.	Gestão dinâmica de energia (DFS) através da regulação de alta frequência	Baixo	X	X	√	√	√
5.	Gestão dinâmica de energia (DFS) através da regulação de baixa frequência	ALTO	√	√	X	X	X

6.	Implementação do protocolo de vigília constante (ligar e desligar os dispositivos de comunicação sem fios)	Baixo/Alto/Médio	√ ALTO	√ ALTO	√ BAIXO	√ BAIXO	√ BAIXO
7.	Priorização de tarefas	Baixo/Alto/Médio	√ ALTO	√ ALTO	√ BAIXO	√ BAIXO	√ BAIXO

A aplicação desenvolvida permite a identificação e a autenticação entre o anfitrião e as etiquetas inteligentes. O gestor de energia mantém uma comunicação constante com os módulos de comunicação do telemóvel para notificar o estado de energia da bateria.

As funções específicas dos módulos individuais podem ser mantidas em diagramas de classes especiais. As classes Bluetooth PM, Wi-Fi PM e GPS PM especificam as operações especiais de poupança de energia dos módulos individuais para reduzir o consumo de energia dos respectivos componentes. **A figura 5.6** mostra o diagrama de classes do sistema de gestão de energia construído como parte da aplicação de etiquetas inteligentes.

A arquitetura de software para a implementação do módulo de gestão da energia relacionado com a etiqueta inteligente é implementada utilizando uma arquitetura de 3 níveis, como se mostra na figura 5.7. Na camada I, todos os módulos relacionados com a aplicação da etiqueta inteligente ficam residentes. A execução global da tarefa é implementada na lógica de controlo principal, que reside na camada II. A tarefa principal foi concebida para incorporar todas as funções orientadas para o tempo real. Os componentes de software através dos quais a comunicação é efectuada, quer por Wi-Fi quer por Bluetooth, estão situados na Tier-II, mas são invocados através da lógica do controlador principal. Os módulos de comunicação relacionados com o HOST móvel remoto estão situados na Tier-III. Os módulos de comunicação que se encontram nas camadas II e III comunicam entre si, especialmente para alertar o anfitrião remoto, que, neste caso, é o telemóvel, para a falta de energia e para as avarias no lado da etiqueta. Os módulos de gestão da energia residentes na Tier-II são invocados através da lógica do controlador principal.

Os módulos de gestão de energia devem ter os componentes que monitorizam o consumo de energia por diferentes dispositivos e também optimizam o consumo de energia por vários dispositivos com base no tipo de operações que ocorrem na execução global da aplicação. Os módulos de gestão da energia, se forem implementados no futuro, podem ser localizados no nível II juntamente com outros componentes e, assim, o sistema pode ser alargado. Os consumos de energia por vários dispositivos foram registados periodicamente, sendo apresentados no LCD, e as mensagens transmitidas ao HOST remoto também foram apresentadas no LCD, sendo as mesmas registadas. A taxa de descarga da bateria está a diminuir à medida que o tempo de utilização do TAG aumenta. Isto deve-se à gestão eficiente da energia dos dispositivos e ao encaminhamento de todas as operações para os dispositivos através do módulo de gestão da energia. Os resultados experimentais registados são apresentados na Tabela 5.2.

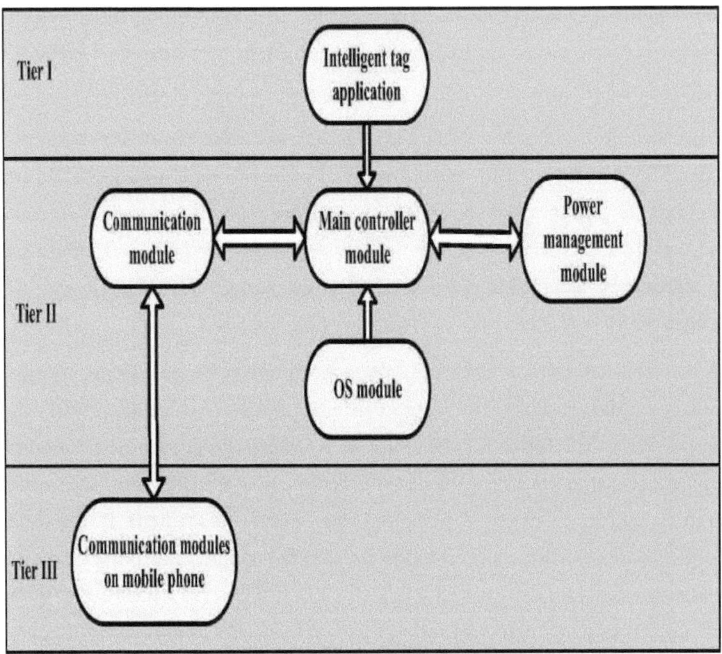

Figura 5.6 Arquitetura de software da etiqueta inteligente

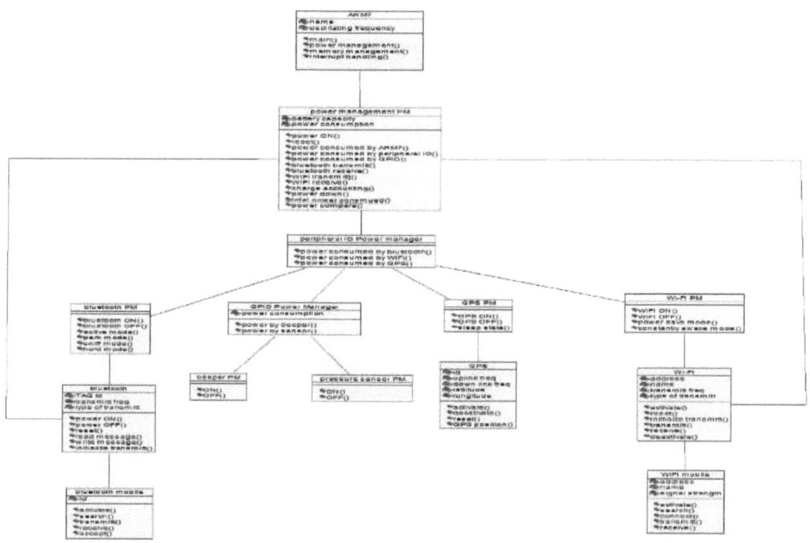

Figura 5.7 Diagrama de classes do sistema de gestão de energia

Os módulos de gestão da energia devem ter os componentes que monitorizam o consumo de energia por diferentes dispositivos e também optimizam o consumo de energia por vários dispositivos com base no tipo de operações que têm lugar na execução global da aplicação. Os módulos de gestão da energia, se forem implementados no futuro, podem ser localizados no nível II juntamente com outros componentes e, assim, o sistema pode ser alargado. Os consumos de energia dos vários dispositivos são registados periodicamente, sendo visualizados no LCD, e as mensagens transmitidas ao HOST remoto também são visualizadas no LCD e registadas.

A taxa de descarga da bateria está a diminuir à medida que o tempo de utilização do TAG aumenta. Isto deve-se à gestão eficiente da energia dos dispositivos e ao encaminhamento de todas as operações para os dispositivos através do módulo de gestão da energia. Os resultados experimentais registados são apresentados na Tabela 5.2.

5.3.6 Experimentação e resultados

O sistema proposto para a gestão da energia da etiqueta é implementado através de C incorporado no kit de ferramentas de desenvolvimento KEIL integrado. **A Figura 5.8** demonstra que o Bluetooth e o GPS estão ligados à UART0 e à UART1, respetivamente. Inicialmente, o processador e os periféricos estarão em modo de suspensão.

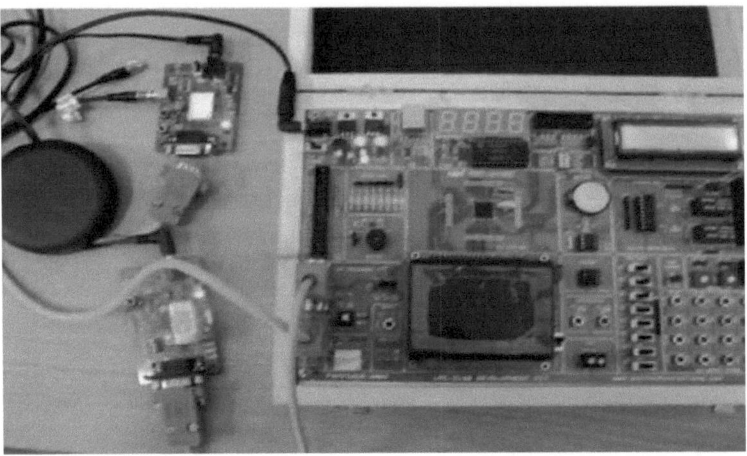

Figura 5.8 Configuração experimental para gestão de energia

O modo de suspensão da etiqueta é notificado ao utilizador local através do LCD e ao HOST remoto através de uma mensagem apresentada no telemóvel, como mostra **a Figura 5.9.**

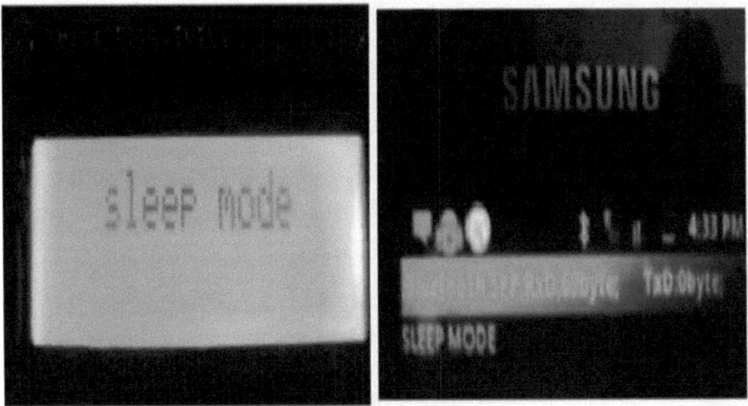

Figura 5.9 Mensagem "Modo de espera" apresentada no LCD e no telemóvel

Tabela 5.2 Resultados experimentais da gestão de energia na etiqueta inteligente

Data	Tempo	Energia consumida em Millie watts em 24 horas						Potência total consumida/dia	Batedor y Potência Em	Energia restante da bateria	Taxa de descarga	Mensagem enviada	Dispositivo para o qual a mensagem
		MRA	WIFI	Blue Toot	GPS	Sensor de	Beeper						

		7		h		pressão			watts				é enviada
15-05-2012	10.0 0	2.40 0	1.44 0	0.72	2.16	0.24	0.24	7.200	1000.0 00	992.80 0	0.720	#@& POW 992800	Wifi
16-05-2012	10.0 0	2.32 8	1.43 6	0.71 7	2.15 6	0.238	0.237	7.112	992.80 0	985.68 8	0.716	#@& POW 985688	Wifi
17 05-2012	10.0 0	2.30 2	1.42 1	0.70 3	2.14 2	0.235	0.234	7.037	985.68 8	978.65 1	0.714	#@& POW 978651	Bluetoot h
18-05-2012	10.0 0	2.20 9	1.41 7	0.70 9	2.13 8	0.233	0.232	6.938	978.65 1	971.71 3	0.709	#@& POW 971713	Bluetoot h
20-05-2012	10.0 0	2.19 5	1.36 9	0.70 2	2.12 5	0.229	0.230	6.850	971.71 3	964.86 3	0.705	#@& POW 964863	Wifi
25-05-2012	10.0 0	2.18 5	1.30 9	0.64 9	2.13 5	0.223	0.223	6.744	964.86 3	957.34 2	0.699	#@& POW 957342	Bluetoot h

Após a ocorrência de qualquer evento, é decidida uma estratégia de gestão da energia e os dispositivos necessários para processar o evento são colocados em modo ativo. O estado de energia da etiqueta é apresentado no ecrã LCD e é notificado ao HOST através de uma mensagem, como se mostra na **figura 5.10.**

Figura 5.10 Mensagens "Modo normal" apresentadas no LCD e no telemóvel

Os consumos de energia dos vários dispositivos foram registados, uma vez que são apresentados no LCD, e as mensagens que foram transmitidas ao HOST remoto também foram apresentadas no LCD e registadas. A taxa de descarga da bateria está a diminuir à medida que o tempo de utilização do TAG aumenta. Isto deve-se à gestão eficiente da energia dos dispositivos e ao encaminhamento de todas as operações para os dispositivos através do módulo de gestão da energia. Os resultados experimentais registados são apresentados na Tabela 5.2. Pode ver-se na tabela que se consegue uma poupança de mais de 50% no consumo de energia, adaptando uma estratégia adequada de poupança de energia e aumentando assim a vida útil da bateria para o dobro do tempo. No entanto, a poupança efectiva depende da frequência de ocorrência dos eventos individuais de diferentes tipos

Tabela 5.3 Resultados experimentais para a gestão de energia na etiqueta inteligente

Evento	Energia consumida em Millie Watts						Consumo total de energia Em Mille Watts	Potência total necessária se todos os dispositivos estiverem a funcionar em Millie watts	Poupança de energia Em Millie watts
	ARM7	Wi-Fi	Bluetooth	GPS	Sensor de pressão	Bip			
Identificação	2.400	1.440	0.000	0.000	0.000	0.240	6.240	11.619	5.379
Indemnização por localização	2.328	0.0	0.717	2.156	0.000	0.237	5.438	11.619	6.181
Ingerência	2.302	1.421	0.000	0.00	0.235	0.234	4.190	11.619	7.429
Alerta	2.209	1.417	0.000	2.138	0.233	0.232	6.229	11.619	5.319
Esgotamento de energia	2.195	0.00	0.702	0.00	0.00	0.230	3.127	11.619	8.419
Total							25.224	58.095	32.817

5.4 Conclusões

A gestão da energia numa TAG inteligente é uma das questões importantes, uma vez que as diferentes tecnologias devem ser integradas de forma eficiente com um consumo mínimo de energia para aumentar a longevidade da bateria. As etiquetas inteligentes devem estar em comunicação com o HOST utilizando qualquer um dos protocolos suportados pelo TAG e pelo HOST para comunicar periodicamente o estado de alimentação da etiqueta.

As caraterísticas de potência de um dispositivo dependem em grande medida do tipo de norma de comunicação utilizada para efetuar a comunicação. A seleção de um determinado método de comunicação tem uma influência definitiva no consumo de energia do dispositivo. Foram apresentados vários mecanismos de redução de potência que são adequados para alimentar uma combinação de circuitos relacionados com um conjunto de caraterísticas que é necessário suportar de cada vez.

São utilizados muitos dispositivos e componentes de software para implementar os sistemas de marcação inteligente. Os eventos ocorrem de forma aleatória. Os dispositivos têm de ser alimentados com energia para processar os eventos. São necessárias estratégias para conservar a energia ou reduzir a dissipação de energia. Nesta tese, são apresentadas várias estratégias de poupança de energia.

Foi também apresentada uma arquitetura de software utilizada para implementar um método eficaz de gestão da energia no TAG. O modelo experimental foi configurado e as experiências foram realizadas e os resultados experimentais revelaram claramente a diminuição da descarga da bateria, uma vez que a melhoria do desempenho das operações ocorre através da otimização das operações que são realizadas em relação a diferentes dispositivos. O software foi desenvolvido utilizando a arquitetura e o mesmo é implementado num sistema incorporado concebido e implementado separadamente.

A gestão da energia nas TAG inteligentes é uma das questões importantes, uma vez que as diferentes tecnologias devem ser integradas de forma eficiente com um consumo mínimo de energia para aumentar a longevidade da bateria. As etiquetas inteligentes devem estar em comunicação com o HOST utilizando qualquer um dos protocolos suportados pelo TAG e pelo HOST.

As caraterísticas de potência de um dispositivo dependem em grande medida do tipo de norma de comunicação utilizada para efetuar a comunicação. A seleção de um determinado método de comunicação tem uma influência definitiva no consumo de energia do dispositivo. Foram apresentados vários mecanismos de redução de potência que são adequados para alimentar uma combinação de circuitos relacionados com um conjunto de caraterísticas que é necessário suportar de cada vez.

CAPÍTULO 6 (ALERTA ATRAVÉS DE TAGS)

6.1 Visão geral

Na vizinhança das etiquetas ocorrem excepções que podem afetar o funcionamento da própria etiqueta. As excepções devem ser dadas a conhecer a quem utiliza os sistemas de etiquetagem para diferentes tipos de aplicações através da implementação de diferentes mecanismos de alerta. Os alertas devem ser comunicados aos utilizadores através de diferentes mecanismos de alerta. O alerta ao remoto é normalmente feito através de comunicação via rádio indicando o tipo de exceção que ocorreu.

Durante uma situação de emergência, uma pessoa pode ficar inconsciente ou sem fala, pelo que pode não ser capaz de contactar os serviços de emergência e indicar o seu estado. O sistema de alerta médico pode prestar a tão necessária ajuda nestas situações. Durante as catástrofes, como terramotos, ciclones e grandes calamidades, estes sistemas desempenham um papel fundamental. O sistema de alerta emite alertas para o utilizador final em diferentes condições. Estes sistemas fazem agora parte da vida mecânica atual.

Existem muitas técnicas para comunicar as alterações que ocorrem no local de destino, incluindo correio eletrónico, SMS, sinais sonoros e intermitentes, etc., para ajudar o utilizador a controlar as adversidades. O tipo de mecanismo a utilizar depende muito da situação local e do tipo de alerta necessário. As etiquetas devem ser construídas com vários mecanismos e métodos para as tornar mais inteligentes e poderem comunicar com os utilizadores remotos ou locais sobre as mudanças que ocorrem no ambiente local.

O sistema sonoro emite alertas para o utilizador final em diferentes condições. Os sistemas sonoros são amplamente utilizados nos aparelhos electrónicos actuais, o que ajuda muito o utilizador. Os sistemas sonoros são frequentemente utilizados em electrodomésticos como o ar condicionado, as máquinas de lavar roupa, os fornos de micro-ondas, etc., e em aparelhos electrónicos como telemóveis, PC, computadores portáteis, iPods, etc.

O utilizador pode ser informado da ocorrência das excepções através de padrões de sinais sonoros que indicam o tipo de exceção que ocorreu. O utilizador, depois de observar o padrão de sinais sonoros, pode tomar as medidas adequadas para corrigir a exceção. Por exemplo, um computador produz um padrão de sinais sonoros para indicar o tipo de erros que ocorreram no momento do arranque e também durante o funcionamento normal do sistema informático. O utilizador poderá encontrar a parte do sistema que se avariou com a ajuda da saída de áudio produzida pelos sistemas de bipes. O número de sinais sonoros, a sequência em que o sinal sonoro é emitido e a duração do sinal sonoro dão uma indicação do problema real.

Os avanços da tecnologia criaram muitas técnicas de alerta. Algumas das técnicas são o SMS, o sinal sonoro, o zumbido e a emissão de luz. O Bluetooth e o WiFi podem ser utilizados para comunicar vários alertas através de mensagens SMS, extensões de correio eletrónico e pedidos de serviço WEB a um HOST remoto.

BLUETOOTH:

O Bluetooth utiliza o método de espetro alargado por saltos de radiofrequência para comunicar com outros dispositivos. O dente azul transmite os dados em 79 bandas, cada uma com uma dimensão de 1 MHz, na gama de frequências de 2402 a 2480 MHz. A gama de frequências utilizada pelo Bluetooth situa-se na banda de radiofrequências de curto alcance não licenciada Industrial, Científica e Médica (ISM) de 2,4 GHz. O sistema de comunicações Bluetooth foi concebido para um baixo consumo de energia, com base em microchips transceptores de baixo custo nele situados. Não é necessária uma linha de visão para que os dispositivos Bluetooth comuniquem, uma vez que é utilizado o rádio para efetuar a comunicação. No entanto, o Bluetooth requer um trajeto sem fios quase ótico. O Bluetooth pode ser utilizado para efetuar a comunicação a distâncias de cerca de 10 metros.

Wi-Fi

O Wi-Fi é outro mecanismo sem fios que a TAGS pode utilizar para efetuar a comunicação com o anfitrião remoto. A comunicação pode ser efectuada com os dispositivos que se encontram numa área de cerca de 300 metros de raio. Um dispositivo ativado com Wi-Fi pode ser ligado à internet através de um ponto de acesso. Um ponto de acesso pode ser operado num raio de 20 metros em interiores e mais do que isso em exteriores. Podem ser utilizados muitos pontos de acesso para cobrir áreas maiores em que a comunicação é afetada.

Foram lançadas muitas normas pelo IEEE, especialmente a 802.11, para implementar a comunicação sem fios utilizando as bandas de frequência de 2,4, 3,6 e 5 GHz. A norma IEEE forneceu a base para o fabrico de muitos dos dispositivos com Wi-Fi.

Serviço de mensagens curtas

A comunicação entre dispositivos sem fios pode ser efectuada através da implementação de SMS (Short Message Service). O SMS é um serviço sem fios globalmente aceite que ajuda a transmitir mensagens alfanuméricas entre dispositivos móveis e outros dispositivos que implementam correio eletrónico, paging e correio de voz. O sistema SMS foi incluído em diferentes outras normas destinadas a efetuar comunicações, que incluem o GSM (Global System for Mobile Communications), o CDMA (Code division Multiple Access) e o TDMA (Time division multiple access).

Os dados que podem ser transmitidos através de SMS estão limitados a 160 bytes (1120 bits). Se for utilizada a codificação de 7 bits e 70 caracteres se for utilizada a codificação de 16 bits.

O SMS funciona bem com todas as línguas suportadas pelo Unicode, incluindo o árabe, o chinês, o japonês e o coreano, etc. Os dados binários também podem ser transmitidos através de mensagens SMS. Através das mensagens SMS, podem ser transmitidos toques, imagens, logótipos de operadores, papéis de parede, animações, cartões de visita e configurações WAP.

O sistema SMS é suportado por todos os telemóveis construídos com base no sistema GSM (Global System for Mobile Communication). Todos os fornecedores de serviços móveis suportaram os serviços SMS a um custo mais baixo, tornando possível a utilização dos serviços por todos os utilizadores.

O SMS é um sistema de mensagens ponto a ponto. A comunicação entre os dispositivos sem fios pode ser efectuada através de mensagens SMS. Um centro de serviço de mensagens curtas (SMSC) fornece um mecanismo para a transmissão de mensagens "curtas" de e para os sistemas sem fios. O sistema de mensagens SMS garante a entrega das mensagens a muitos tipos de dispositivos móveis e sem fios.

6.1.1 Mecanismos de alerta existentes

6.1.1.1 Enviar mensagens para o telemóvel através de Bluetooth

Inicialmente, é estabelecida uma comunicação entre dois dispositivos Bluetooth. Após o estabelecimento da comunicação, as mensagens serão trocadas consoante as situações. No sistema de gestão de etiquetas inteligentes, o dispositivo HOST é um telemóvel que inclui muitas aplicações que funcionam na plataforma Android. O dispositivo de destino é a etiqueta inteligente que funciona com o sistema operativo µCOS. A etiqueta é construída com inteligência, de modo a monitorizar continuamente as condições ambientais.

Quaisquer alterações detectadas são comunicadas ao telemóvel através de mensagens Bluetooth. O telemóvel também pode enviar mensagens de pedido à etiqueta para saber o seu estado atual. Em resposta, a etiqueta envia as informações solicitadas.

6.1.1.2 Comunicação através de campainhas e sinais sonoros

A sinalização áudio pode ser feita utilizando uma campainha ou um sinal sonoro, que pode ser um dispositivo mecânico, eletromecânico ou piezoelétrico. O alarme, o sinal sonoro, a cronometragem, a confirmação das entradas do utilizador, etc., podem ser feitos utilizando uma campainha ou um sinal sonoro.

Um relé é utilizado numa campainha eletromecânica para interromper a sua própria corrente de acionamento, provocando o zumbido de um contacto. As campainhas ou os apitos são pendurados nas paredes para que o som seja audível a grandes distâncias. Um circuito eletrónico oscilante é utilizado para acionar um elemento piezoelétrico através de um amplificador áudio piezoelétrico para produzir sons com diferentes comprimentos de onda e frequências. As campainhas são utilizadas em vários aparelhos, incluindo painéis de aviso, metrónomos electrónicos, programas de jogos, fornos de micro-ondas e outros aparelhos domésticos, eventos desportivos, como jogos de basquetebol, etc.

6.1.1.3 Sistemas de visualização

O alerta pode ser efectuado através da visualização de texto ou de gráficos. É possível produzir uma imagem visual utilizando um dispositivo de visualização. Um sinal elétrico pode ser fornecido como entrada a um dispositivo de visualização, caso em que o dispositivo é designado por visor eletrónico.

Os LED (díodos emissores de luz) são fontes de luz semicondutoras que podem ser utilizadas como lâmpadas indicadoras. As cores vermelha, verde e amarela de baixa intensidade e as variações das mesmas podem ser visualizadas utilizando comprimentos de onda ultravioleta e infravermelhos. Os alertas para os utilizadores podem ser feitos através da apresentação de LEDs com diferentes padrões de cores.

Os electrões combinam-se com o todo para libertar energia sob a forma de fotões quando um díodo emissor de luz é ligado, ou seja, polarizado para a frente. A cor da luz depende da quantidade de energia libertada pelos fotões, que depende do intervalo de energia do semicondutor. O mecanismo de emissão de cor com base na energia libertada pelos fotões é designado por eletroluminescência.

São utilizados diferentes materiais ópticos para o desenvolvimento de LEDs de pequenas dimensões. A radiação libertada pelos LEDs depende do tipo de materiais utilizados no desenvolvimento dos LEDs. A utilização de LEDs permite obter muitas vantagens, nomeadamente um menor consumo de energia, uma vida útil mais longa, uma maior robustez, um tamanho mais pequeno e uma comutação mais rápida. O padrão de luz emitido pelos LEDs pode ser utilizado como uma espécie de sistema de alerta.

Em muitas aplicações, que incluem a iluminação da aviação, a iluminação automóvel, as luzes de travagem, os sinais de mudança de direção, os indicadores, os sinais de trânsito, etc., os LED são amplamente utilizados. Os LEDs também estão a ser utilizados para apresentar texto, vídeos e para o desenvolvimento de sensores.

As taxas de comutação dos LEDs são tão elevadas que também podem ser utilizadas em sistemas de comunicação avançados. Os LED do tipo infravermelho estão também a ser utilizados para controlar televisores, leitores de DVD e outros aparelhos domésticos a partir de locais remotos.

É possível obter uma elevada eficácia luminosa utilizando fontes de iluminação baseadas em LED, mas um problema recorrente é que a eficácia diminui com o aumento da corrente, o que é conhecido como "droop", que limita efetivamente a saída de luz de um determinado LED, levando a um aumento do calor que é superior ao calor produzido quando é emitida mais luz no momento do aumento da corrente.

6.1.2 Questões relacionadas com o sistema de alerta

É necessário um sistema de alerta inteligente para avisar o utilizador das alterações ambientais, uma vez que as etiquetas são colocadas à distância a partir do dispositivo portátil. A etiqueta está equipada com módulos funcionais para a transmissão de falhas e avarias para a área local e para telemóveis situados remotamente (HOST).

As etiquetas inteligentes podem comunicar com o dispositivo portátil através de diferentes tipos de métodos de comunicação e, geralmente, utilizam diferentes tipos de sinais com diferentes intensidades. É muito possível que as etiquetas inteligentes que não estão relacionadas com um determinado dispositivo móvel possam interferir com os sinais emitidos pelas etiquetas inteligentes que estão diretamente relacionadas com o dispositivo móvel.

As etiquetas inteligentes têm de comunicar ao ambiente local, através de LED, LCD e sinais sonoros, as várias condições excepcionais que ocorrem dentro e à volta da etiqueta. Seguem-se algumas das principais questões que devem ser tidas em conta para criar sistemas de alerta adequados.

1 Escolha de um sistema de alerta adequado que ajude a alertar o HOST.

2 Para alertar um utilizador remoto ou local através de sinais sonoros, alarmes, mensagens, zumbidos, etc.

3 . Muitos eventos ocorrem dentro e à volta das etiquetas, incluindo questões como adulteração, mudança de localização do objeto, dissipação de energia, etc., que

precisam de ser monitorizadas e controladas quer através de intervenção humana quer através de um sistema de gestão remota utilizando dispositivos portáteis.

O sistema de etiquetagem inteligente envolve vários números de etiquetas inteligentes individuais e um dispositivo móvel portátil. Cada etiqueta inteligente deve ser capaz de se identificar com o dispositivo móvel para estabelecer comunicação. As etiquetas inteligentes precisam de comunicar com o dispositivo portátil para vários fins, que incluem o fornecimento de informações relacionadas com a sua própria localização, a comunicação de informações relacionadas com o ambiente, o alerta do dispositivo móvel relativamente à ocorrência de vários tipos de eventos, etc. Para tal, é importante que apenas as etiquetas diretamente relacionadas com o dispositivo móvel sejam autorizadas a comunicar.

6.1.3 Definição do problema

A principal questão da etiqueta inteligente é alertar o utilizador para as alterações que estão a ocorrer na sua vizinhança em diferentes condições ambientais. As etiquetas são colocadas nas áreas vizinhas do utilizador e as alterações ambientais devem ser indicadas ao utilizador através de diferentes mecanismos de alerta, como SMS, sinais sonoros e emissão de luz. As diferentes alterações ambientais têm de ser reconhecidas pela etiqueta, o que inclui a expressão da sua própria localização, a identificação de pirataria, a adulteração da etiqueta, a perda de comunicação, a indicação de um nível de potência baixo, o facto de a etiqueta atravessar a zona de proximidade, a reconfiguração do sinal sonoro, etc.

São necessárias interfaces com outros subsistemas para receber as condições excepcionais e o sistema de alerta deve ser capaz de produzir os alertas mais adequados ao tipo de excepções que podem ocorrer em cada um dos subsistemas.

6.2 Pesquisa bibliográfica

A pesquisa bibliográfica revela que a maior parte da investigação está a ser realizada no domínio da conceção de sistemas de alerta. Cada vez mais aplicações estão a ser tornadas seguras, o que leva à necessidade de inventar e desenvolver novos sistemas de alerta. Os novos sistemas de alerta estão a ser acrescentados de forma gradual à medida que mais segurança é acrescentada a vários tipos de sistemas. Os novos sistemas de alerta são desenvolvidos de forma independente e depois são utilizados em vários outros sistemas através de uma integração adequada.

Atualmente, estão a ser utilizados sistemas de alerta baseados em dispositivos móveis. Foi apresentada a conceção e o desenvolvimento de um sistema de alerta chamado FETCH **[Julie A et al., 2006-01]** que ajuda os deficientes visuais a seguir e a localizar objectos que perdem frequentemente. Os dispositivos já em uso, como o telemóvel, foram todos considerados para a implementação do FETCH, através dos quais se localizam os objectos à volta das etiquetas.

Os sistemas de alerta desempenham geralmente quatro funções, nomeadamente **[Lixia Song et al., 2001-01]** monitorização, avaliação da situação, obtenção de atenção e resolução de problemas. Os sensores são utilizados para obter informações sobre os processos e os perigos relevantes enfrentados por esses processos. Cada sistema de alerta utiliza diferentes conjuntos de sensores com base no tipo de alertas que devem ser acionados.

O controlo dos electrodomésticos a partir de locais remotos tornou-se uma necessidade atual **[Malik Sikandar Hayat Khiyal et al., 2009-01]**. Os sistemas baseados em SMS são necessários para controlar os electrodomésticos, pois são soluções mais baratas de implementar. São necessários sistemas económicos para controlar os electrodomésticos a partir de locais remotos. Os sistemas de controlo destinados a controlar o sistema de electrodomésticos devem também ter em conta a proteção dos sistemas contra interferências externas.

As tecnologias sem fios devem ser utilizadas para a monitorização e o controlo do sistema de electrodomésticos com base em SMS. Atualmente, estão a ser utilizados muitos sistemas para implementar o sistema de controlo da domótica (HACS), que proporciona segurança contra a intrusão e automatiza várias funções integradas nos electrodomésticos utilizando SMS.

Foi implementado um sistema de alerta no sistema de cultura de tecidos de palma **[Noor Hafizah Abdul Aziz et al., 2011-01]** através de sistemas de comunicação por SMS e correio eletrónico. Foi demonstrado que factores como a temperatura e a humidade são fundamentais para a produção de materiais de qualidade, necessários para o processo de cultura de tecidos. Os factores que incluem a temperatura e a humidade devem ser fixados num determinado padrão para o desenvolvimento de boas culturas. Assim, estes factores devem ser monitorizados continuamente e controlados. Um sistema de alerta está ligado ao sistema de monitorização para que o utilizador seja notificado por SMS e por correio eletrónico se a temperatura ou a humidade na sala de crescimento ou no recipiente estiverem fora do intervalo normal. Os dados relacionados com o processo são notificados à pessoa autorizada para que esta possa monitorizar o estado e tomar as medidas adequadas sempre que necessário.

[Ren-Guey Lee et al., 2005-01] Foram desenvolvidos sistemas de cuidados móveis para o tratamento de doentes diabéticos, que accionam alertas através de comunicação baseada em SMS. O sistema SMS é utilizado para monitorizar continuamente os níveis de glucose no sangue dos doentes e é feita uma medicação atempada para evitar eventualidades. O sistema de alerta implementado teve em conta as estratégias de urgência para garantir que a informação transmitida é correta e fiável, uma vez que as decisões relacionadas com a medicação dependem da mensagem recebida pelo profissional de saúde.

A integração de sistemas de monitorização e rastreio é necessária para apoiar sistemas de segurança infalíveis. [**Shihab A. Hameed et al., 2010-01**]. O sistema deve ser totalmente seguro e deve ter sido corretamente concebido, com sistemas de comunicação integrados efectuados através de sistemas de mensagens SMS ou MMS. É necessário um modelo de segurança que incorpore as questões de monitorização, alerta e rastreio integrados. A monitorização é necessária para verificar a intrusão; o alerta é necessário para informar o proprietário e o seguimento é necessário para verificar se o utilizador está a iniciar acções de contra-ataque. A comunicação entre o sistema e o proprietário é efectuada através da transmissão de mensagens SMS ou MMS. Uma base de dados criada para o efeito armazena todas as informações necessárias para a monitorização, o alerta e o seguimento.

[Songphon Namkhun et al., 2011-01] apresentaram um sistema de localização e controlo semioffline baseado num telemóvel GSM, no sistema de posicionamento global (GPS) e no sistema incorporado. Neste caso, o alerta é dado ao utilizador através de SMS. A aplicação e o software Android funcionam em telemóveis operados com hardware através do envio de mensagens curtas (SMS). A aplicação Android deve fazer a ligação entre o utilizador e o equipamento de localização. Pode solicitar a localização atual do dispositivo de localização, trabalhar com o Google Map e definir os valores para trabalhar em conjunto com o dispositivo.

[T. S. Chou et al., 2007-01] descreveu um localizador de objectos que alerta o utilizador através de um sinal sonoro e da emissão de luz. O localizador de objectos é utilizado para localizar os bens perdidos, quer em casa, quer no local de trabalho. Um integrador com vários botões de cores diferentes está contido num localizador. Cada botão com uma cor está associado a uma determinada etiqueta. O utilizador pode procurar o objeto fixando um TAG a um objeto a localizar e premindo o botão da cor correspondente no interrogador. O TAG ligado ao objeto emite um sinal sonoro e pisca em resposta, permitindo assim ao utilizador encontrar o objeto.

A literatura mostra que os sistemas de alerta independentes são utilizados para fins específicos. Não foi apresentada na literatura uma combinação de sistemas de alerta para tratar vários tipos de excepções. No sistema de marcação

inteligente, é necessário lidar com combinações de sistemas de alerta que devem ser acionados com base na ocorrência de um tipo de exceção. É necessário um quadro e uma arquitetura de software para lidar com uma combinação de excepções que ocorrem num dado momento

[**Sastry et al., 2012-09**] apresentaram um método para alertar o utilizador local e remoto quando ocorrem diferentes tipos de alterações no ambiente em que o TAG está colocado. Foram propostos vários tipos de mecanismos de alerta para alertar vários tipos de excepções. Os utilizadores remotos são alertados através da comunicação entre o TAG e o telemóvel, mediante a implementação de vários métodos de comunicação.

[**Sastry et al., 2012-10**] também apresentaram uma arquitetura que permite desenvolver software incorporado que implementa vários tipos de mecanismos de alerta.

6.3 Investigações e conclusões

6.3.1 Requisitos funcionais

A especificação dos requisitos funcionais descreve o tipo de processamento que deve ser efectuado nas entradas recebidas pelo microcontrolador e também para gerar as saídas que accionam vários mecanismos de controlo. As entradas fornecidas pelos dispositivos ligados ao microcontrolador devem ser processadas pelos componentes de software que residem no microcontrolador. As funções típicas que devem ser implementadas pelo software ES residente no lado do Tag são as seguintes

1. Estabelecer uma interface de comunicação com o HOST remoto através do módulo de comunicação. O módulo de comunicação terá a inteligência de estabelecer comunicação através de Bluetooth ou Wi-Fi com base na atividade das portas de comunicação de cada lado.

2. Receção de condições excepcionais desencadeadas por outros módulos (identificação da etiqueta, identificação da localização, identificação de adulteração, módulo de gestão de energia, comunicação com o HOST, segurança da comunicação com o HOST) que são co-residentes com o sistema de alerta. A monitorização e a captação das alterações que ocorrem na vizinhança do Tag são da responsabilidade dos respectivos módulos.

3. O tratamento das condições excepcionais implica a identificação do mecanismo de alerta mais adequado para apresentar as condições excepcionais geradas pelos vários subsistemas.

4. Envio de alertas para o ambiente local através de LEDs, LCD e campainha

5. Envio de alertas ao utilizador remoto através de mensagens SMS utilizando o módulo de comunicação

6.3.2 Conceção do hardware

Todos os subsistemas, juntamente com o sistema de alerta, residem numa única placa. Os dispositivos de hardware necessários para suportar um subsistema são ligados ao microcontrolador através de um dos métodos de interação. A interligação entre os dispositivos de hardware constitui a conceção do hardware relacionado com o sistema de alerta de etiquetas inteligentes. A figura 6.1 mostra o diagrama de interconexão.

O ARM 7 actua como controlador principal ao qual a maioria dos dispositivos está ligada diretamente através de vários barramentos. Ao barramento principal, que é o barramento AHP, estão ligados o barramento periférico VLSI e o barramento local. Ao barramento VLSI, estão ligados o barramento GPIO e o barramento I2C. Todos os dispositivos estão ligados a um dos barramentos mencionados.

A memória externa, que é a EEPROM, é ligada através do barramento I^2 C. São utilizados três dispositivos para estabelecer a comunicação em diferentes modos de comunicação. O módulo Bluetooth é ligado através de USB (Universal Serial Bus) ao microcontrolador através do barramento periférico VLSI. Do mesmo modo, o Wi-Fi é ligado ao microcontrolador através da UART0 e do barramento periférico VLSI. O GPS está ligado ao microcontrolador através da UART1 e do barramento periférico VLSI. Um sensor de pressão está ligado ao controlador através de um ADC nativo e do barramento VLSI. O LCD, os LED, o teclado, a campainha, o sinal sonoro e a porta de reinicialização estão ligados ao microcontrolador através de GPIO e do barramento VLSI.

A aplicação de alerta do ES continua a receber as excepções que ocorrem nos respectivos módulos de aplicação utilizando interfaces apropriadas. O sistema de alerta do ES processa as excepções recebidas de outros módulos de aplicação e desencadeia um mecanismo de alerta apropriado e adequado. O software do ES continua a atualizar o estado do TAG com um dispositivo portátil remoto através da implementação de vários módulos de comunicação.

O LCD é utilizado para mostrar as alterações ambientais que ocorrem dentro e à volta do TAG inteligente. O LCD, os LED, a campainha e o sinal sonoro são utilizados para alertar o operador local sobre o estado do TAG e o HOST é informado do estado do TAG através dos módulos de comunicação Wi-Fi ou Bluetooth. O microcontrolador é carregado com a aplicação ES que executa o sistema de alerta.

6.3.3 Quadro de conceção eficiente para a emissão de alertas

As etiquetas existentes são utilizadas principalmente para seguir e localizar os objectos perdidos. Quando o objeto é localizado, emite um sinal sonoro e pisca em resposta. Não possui qualquer inteligência para monitorizar as condições ambientais ou os eventos que ocorrem na vizinhança da etiqueta. A utilização das etiquetas é muito maior se for incorporada alguma inteligência na TAG.

As etiquetas podem ser utilizadas para muitos outros fins para além da mera identificação, se forem dotadas de mais inteligência. As TAGS inteligentes podem ser utilizadas para monitorizar e controlar eficazmente o ambiente em que as TAGS se encontram.

A inteligência dos TAGs pode ser construída utilizando um microcontrolador e integrando-lhe lógica. O microcontrolador pode ser ligado a dispositivos periféricos para detetar as alterações e os eventos do ambiente e ativar vários tipos de alertas, quer através de um sinal sonoro, de um zumbido ou do envio de mensagens SMS, o que só é possível através da construção de uma interface de comunicação com a qual o TAG possa comunicar com o HOST. Questões como a adulteração do TAG podem ser alertadas através da construção do hardware que, quando quebrado, será capaz de emitir um sinal sonoro.

A inteligência da etiqueta tem de ser construída para alertar para a sua própria localização, para a indisponibilidade de um HOST na sua vizinhança, para o estado da energia, para indicar a presença de hackers que perturbem a comunicação entre o TAG e o HOST, para a perda de comunicação entre o HOST e o TAG, para a adulteração lógica das etiquetas, etc.

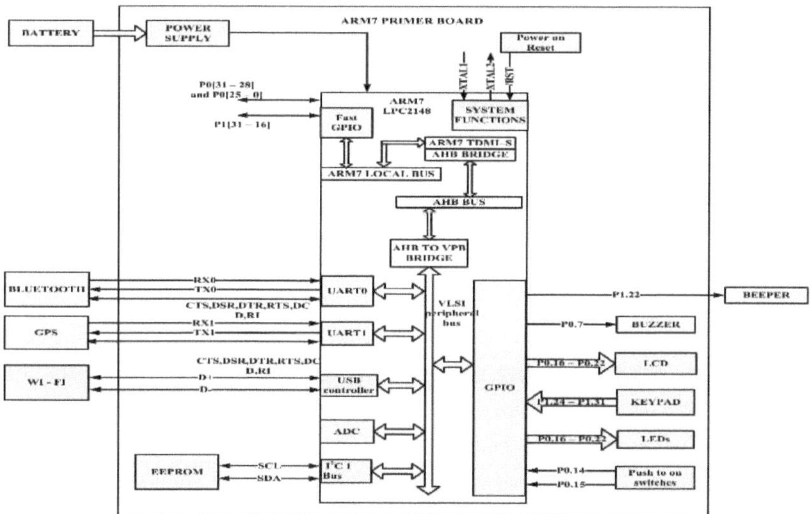

Figura 6.1 Diagrama de interconexão de hardware para o sistema de alerta

As alterações observadas devem ser alertadas ao utilizador LOCAL através de um zumbido e de um sinal sonoro ou ao utilizador remoto através da transmissão de mensagens SMS. **A Figura 6.2** mostra um quadro geral de conceção para a construção de um TAG inteligente e de um telemóvel com o qual o TAG inteligente pode comunicar através de mensagens SMS.

O TAG é construído com diferentes módulos funcionais que incluem a inviolabilidade, a identificação da localização, a gestão da energia, a segurança, etc., que funcionam em conjunto e são executados num microcontrolador. O microcontrolador está também ligado aos dispositivos que são utilizados para alertar. Os módulos de comunicação Wi-Fi e Bluetooth estão ligados ao microcontrolador para efetuar o alerta através de mensagens SMS para um dispositivo móvel remoto. A campainha, o sinal sonoro e o LED estão ligados ao microcontrolador para efetuar alterações ao utilizador local.

Os dispositivos de deteção que estão ligados ao microcontrolador (sensor de violação, transmissor e recetor GPS, sensor de energia e sensor de identificação TAG) são utilizados para detetar as alterações que ocorrem no ambiente.

As aplicações baseadas em HOST são construídas utilizando o sistema operativo Android. A aplicação da etiqueta inteligente está integrada no telemóvel e funciona em paralelo com as aplicações residentes. A aplicação residente no telemóvel tenta estabelecer comunicação com a etiqueta remota utilizando os dados da etiqueta armazenados no telemóvel. Uma vez estabelecida a comunicação, o utilizador remoto pode receber notificações sobre as alterações no sistema de destino.

Mecanismos de alerta:

Podem ser emitidos alertas quando são detectadas incoerências no sistema. Quando é detectada uma incoerência, o sistema alerta o utilizador para que sejam tomadas as medidas adequadas. O utilizador pode estar situado localmente ou à distância do alvo. O utilizador local recebe os alertas através de um sinal sonoro ou de um zumbido e o utilizador remoto recebe os alertas através da transmissão de mensagens SMS.

O SMS é um método através do qual as mensagens podem ser enviadas para um telemóvel através de outro telemóvel, de um computador ligado à Internet ou de um dispositivo móvel normal. O SMS é um serviço de comunicação componente do sistema GSM (Global System for Mobile Communications), que utiliza protocolos de comunicação normalizados que permitem a troca de mensagens de texto curtas entre dispositivos de telemóvel.

Monitorização das alterações ambientais:

Várias condições, como a indicação da sua própria localização, a indisponibilidade de um HOST na sua vizinhança, o estado da energia, a indicação da presença de hackers que perturbam a comunicação entre o TAG e o HOST, a perda de comunicação entre o HOST e o TAG, a adulteração lógica dos Tags, etc., devem ser reconhecidas e depois informadas ao utilizador local ou ao HOST remoto através de diferentes tipos de alertas.

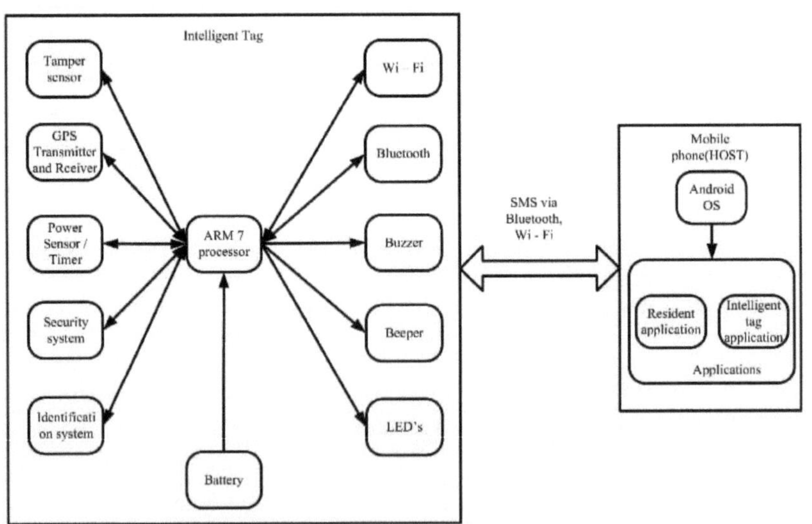

Figura 6.2 Quadro de conceção para a conceção de TAGS inteligentes

As etiquetas são alimentadas por pilhas. Nas TAGS existentes, as pilhas não são recarregáveis. Uma vez terminado o tempo de vida da bateria, é necessário substituir a etiqueta. Mas a etiqueta inteligente está equipada com uma bateria de iões de lítio recarregável. Quando o nível de energia desce para o nível mínimo, a etiqueta envia um alerta através de um sinal sonoro ou de um zumbido ou enviando um SMS.

As etiquetas são colocadas remotamente a partir do HOST. Um tag pode ser localizado com referência à longitude e latitude, ângulo e distância de um ponto de referência e distâncias geométricas utilizando coordenadas no plano xy. As etiquetas inteligentes são localizadas através do ângulo e da distância em relação ao ponto de referência. Estão disponíveis várias tecnologias que permitem medir o ângulo e a distância. Quando o objeto é localizado, o utilizador recebe um alerta e pode facilmente localizar o objeto. Sempre que a etiqueta ultrapassa o raio de ação do anfitrião remoto, ou seja, se o utilizador perdeu os objectos ou se alguém os roubou, é enviado um SMS para o telemóvel.

Quando um intruso mexe na etiqueta, ou seja, tenta abri-la, é enviado um alerta ao utilizador local ou remoto indicando o ataque físico à etiqueta. O quadro de conceção apresentado na figura 6.2 tem em conta as alterações acima referidas que ocorrem no ambiente através da utilização dos sensores e alerta o utilizador local e o utilizador remoto utilizando o mecanismo de alerta mais adequado. São utilizadas as tecnologias mais adequadas para o sinal sonoro, o zumbido, a emissão de luz e a transmissão de mensagens SMS. A campainha e o sinal sonoro são utilizados para alertar o utilizador local. São monitorizadas várias alterações e eventos ambientais e são enviados diferentes tipos de alertas ao utilizador local ou ao utilizador remoto.

6.3.4 Arquitetura de software para a implementação do sistema de indemnização

A arquitetura do software tem em conta o sistema de alerta que inclui alertar tanto o ambiente local como o HOST remoto. Os dispositivos de hardware utilizados para alertar o utilizador local estão ligados ao microcontrolador ARM 7, juntamente com outros módulos de hardware diferentes.

É fornecida uma classe de software para cada um dos dispositivos de hardware diretamente ligados ao microcontrolador para processar as entradas transmitidas pelo dispositivo. O sistema de gestão inteligente de etiquetas é concebido através de vários módulos. Cada módulo é responsável por uma tarefa específica. Cada módulo terá as suas respectivas classes de software para processar as entradas transmitidas pelos dispositivos relacionados com o módulo.

O processo de controlo principal está integrado numa classe separada e todos os outros módulos são acionados através da classe principal. A comunicação entre os módulos é efectuada através da comunicação entre tarefas. Uma classe separada foi concebida para receber e processar os alertas de outros módulos. A comunicação dos alertas é efectuada através das classes associadas aos dispositivos de alerta e as mensagens de alerta são também comunicadas através das classes destinadas a comunicar com o dispositivo móvel remoto. Foi concebida uma classe separada denominada "Sistema de alerta" para o processamento de diferentes tipos de mensagens de alerta, tais como o corte de energia, o envio da localização do objeto, a saída do raio de ação da vizinhança, a inviolabilidade, a perda de comunicação, a identificação de etiquetas, etc., recebidas de muitos outros módulos.

Todos os módulos de comunicação estão ligados à classe IO periférica que tem uma relação de associação com a classe do sistema de alerta. Através destes módulos de comunicação, o utilizador remoto é alertado. Todas as classes relacionadas com dispositivos periféricos, como LCD, LED, campainha e sinal sonoro, estão ligadas à classe de gestão de alertas GPIO, que alerta o utilizador local.

As classes relacionadas com a comunicação com o dispositivo móvel remoto são fornecidas com as funções que fazem o handshake com os dispositivos de comunicação remotos residentes no dispositivo móvel. Estas classes são inteligentes para decidir quais os dispositivos activos, os protocolos a utilizar para a comunicação, decidir os parâmetros de comunicação, etc. O gestor de alertas mantém uma comunicação constante com os módulos de comunicação do telemóvel para notificar o estado do TAG.

As classes Bluetooth, WI - Fi especificam o funcionamento dos módulos individuais para inicializar, transmitir e receber mensagens dos respectivos componentes. A figura 6.3 mostra o diagrama de classes do sistema global de gestão de alertas numa etiqueta inteligente. A estrutura das classes que afectam o sistema de alerta é apresentada na Figura 6.3.

A arquitetura de software para implementar o sistema de alerta relacionado com a etiqueta inteligente é implementada utilizando uma arquitetura de 3 camadas, como mostra **a figura 6.4**. Na camada I, residem todos os módulos relacionados com a aplicação da etiqueta inteligente. A execução global da tarefa é implementada na lógica de controlo principal, que reside na camada II. A tarefa principal foi concebida para incorporar todas as funções do sistema operativo em tempo real, que, neste caso, é o **µCOS.** Os componentes de software através dos quais a comunicação é efectuada por Wi-Fi ou Bluetooth estão situados na camada II, mas são invocados através da lógica do controlador principal.

Os módulos de comunicação relacionados com o anfitrião móvel remoto estão situados no nível III. Os módulos de comunicação que se encontram na camada II e na camada III comunicam entre si, especialmente para alertar, mostrar a localização atual da etiqueta, a falta de energia e as avarias no lado da etiqueta ao anfitrião remoto que, neste caso, é o telemóvel. O sistema de alerta residente na Tier-II é invocado através de outros módulos de aplicação que recebem dados de entradas que são detectadas.

O sistema de alerta processa estes alertas e invoca o mecanismo de alerta adequado para notificar o anfitrião das alterações que ocorrem no sistema. O sistema de alerta, se implementado no futuro, pode ser localizado no nível II juntamente com outros componentes e, assim, o sistema pode ser alargado

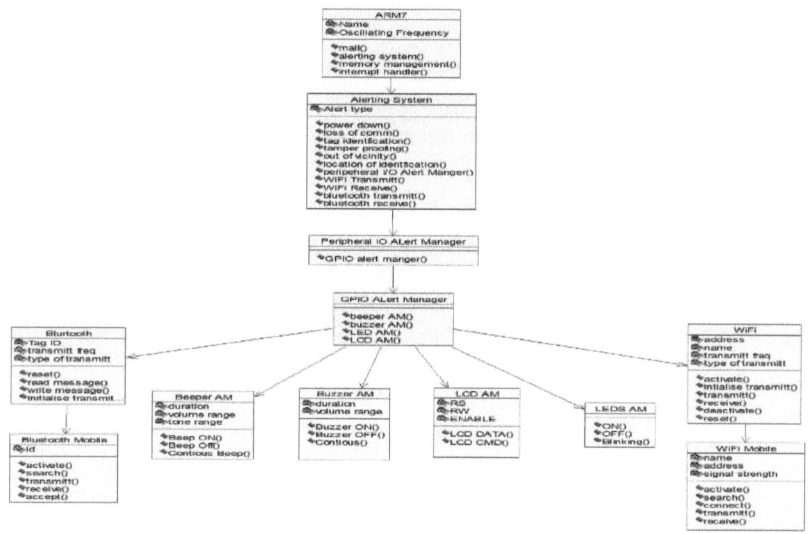

Figura 6.3 Estrutura de interação entre classes

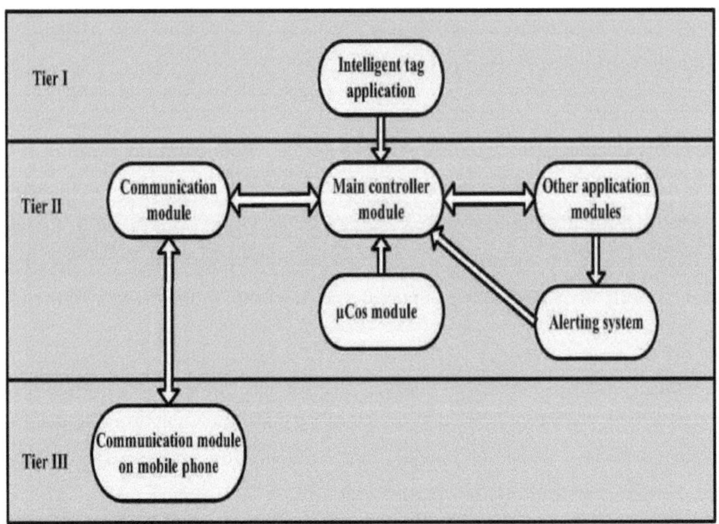

Figura 6.4 Arquitetura do sistema de alerta

6.3.5 Experimentação e resultados

A Figura 6.5 mostra a configuração experimental do sistema de gestão de alertas. O Bluetooth e o GPS estão ligados à UART0 e à UART1, respetivamente. Inicialmente, o processador verifica os alertas de todos os módulos. Os diferentes alertas são enviados ao utilizador local através de um sinal sonoro e de um ecrã LCD e o HOST remoto é notificado através de mensagens, como mostram as figuras 6.6, 6.7, 6.8 e 6.9.

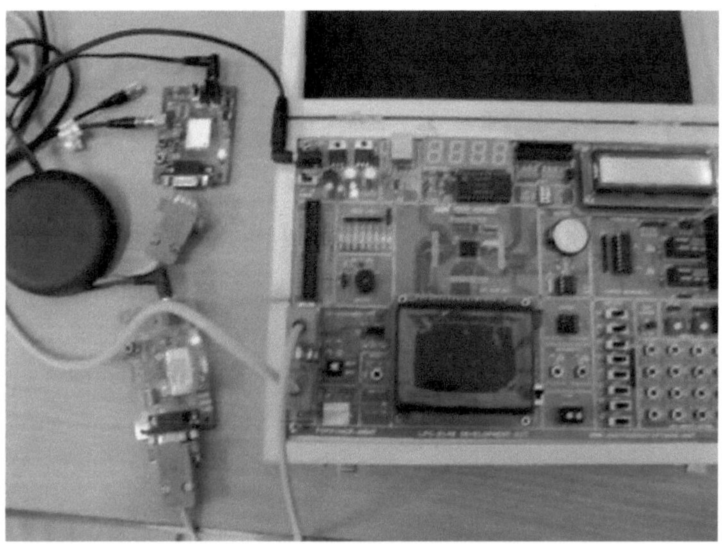

Figura 6.5 Configuração experimental do sistema de alerta

Figura 6.6 Mensagem "Tamper Detected" (adulteração detectada) no LCD

Quando alguém tenta adulterar a etiqueta, é notificado um alerta de adulteração detectada ao utilizador local e ao HOST remoto, como se mostra na Figura 6.7 e na Figura 6.8, respetivamente.

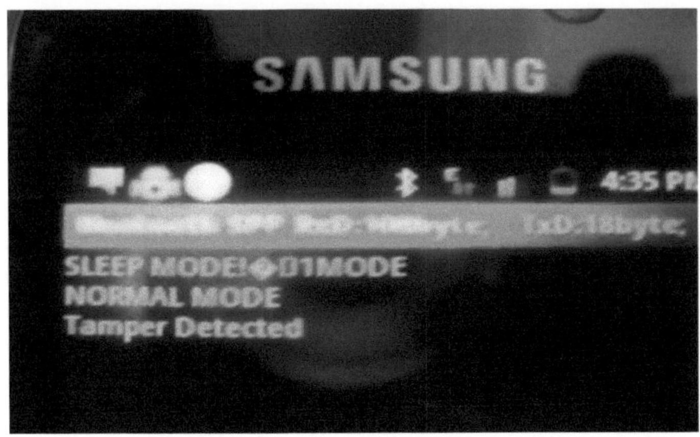

Figura 6.7 Mensagem "Tamper detected" recebida da etiqueta

Quando um pedido de dados GPS é recebido do HOST, a localização é notificada aos utilizadores locais e remotos, como mostra a Figura 6.8

Figura 6. 8 Mensagem "Encontrar localização" no LCD

A perda de comunicação entre o tag e o telemóvel é notificada ao HOST local e remoto. A figura 6.9 mostra a notificação enviada ao utilizador local. As experiências são efectuadas escrevendo uma pequena classe de software residente em cada um dos módulos. A classe gera os alertas que estão diretamente relacionados com o módulo. Os alertas são transmitidos ao sistema de alerta invocando a função relacionada. O alerta é processado utilizando técnicas de processamento de alertas e o alerta é comunicado aos dispositivos locais e ao dispositivo móvel remoto utilizando a interface de comunicação.

Figura 6. 9 Mensagem "Desligar" no LCD

Em cada fase do processo, a entrada e a saída são escritas no LCD e os resultados são tabulados como se mostra na Tabela 6.1. O padrão de zumbido é observado e a saída do sinal sonoro é registada. As mensagens enviadas para os dispositivos móveis e o protocolo utilizado para a comunicação são observados através da saída do LCD e os mesmos são registados em forma de tabela, como se mostra na **Tabela 6.1**.

6.4 Conclusões

O sistema de alerta inteligente num TAG alerta o utilizador local ou remoto sobre as alterações ambientais ou os eventos que ocorrem dentro e em redor do TAG. O utilizador do sistema TAG inteligente precisa de conhecer as condições excepcionais que ocorrem enquanto o TAG está em funcionamento. O TAG e o ambiente em que o TAG existe são dinâmicos, uma vez que as mudanças ocorrem muito rapidamente no ambiente externo. Assim, é necessário monitorizar e controlar o funcionamento do TAG. O sistema de monitorização deve ser inteligente, de modo a comunicar qualquer tipo de exceção que ocorra no sistema.

Nesta tese foi apresentado um sistema de alerta capaz de comunicar qualquer tipo de exceção proveniente de qualquer um dos co-módulos através de diferentes mecanismos de comunicação.

O TAG inteligente dispõe de um quadro de conceção que permite alertar o utilizador local ou remoto para as alterações ambientais que ocorrem. O quadro considera vários tipos de mecanismos e métodos que podem ser integrados num TAG para o tornar suficientemente inteligente para comunicar alterações ambientais a um utilizador local ou remoto.

Nesta tese, foi apresentada uma arquitetura de software para a implementação de um método eficiente para alertar o utilizador local e remoto sobre as alterações ambientais que ocorrem dentro e à volta do TAG. O software foi desenvolvido utilizando a arquitetura e o mesmo foi implementado num sistema incorporado concebido e implementado separadamente.

6.5 Âmbito futuro

O sistema de alerta pode ser alargado para conceber e desenvolver padrões que possam ser visualizados no LCD e nos LED e que também estejam relacionados com sequências de sinais sonoros. O sistema de criação de padrões deve também representar a ordem cronológica de ocorrência de eventos excepcionais no sistema TAG inteligente

Tabela 6.1 Resultados experimentais

S. Não	Tipo de módulo	Tipo de alerta	Saída LCD	Saída LED	Saídas de sinal sonoro	Modo de comunicação	Mensagem enviada no LCD	Data da mensagem no LCD	Hora da mensagem LCD
1	Etiqueta Identificação	IDFY1213	TAG 12, Móvel 13	1213 Padrão brilhante	1 sinal sonoro com 10 milissegundos 2 sinais sonoros com 10 milissegundos 1 sinal sonoro com 10 milissegundos 3 sinais sonoros com 10 milissegundos	Wi-Fi	IDFY1213	22-05- 12	10.00 AM
2	Sistema de gestão de energia	PWDN1213	TAG 12, Móvel 13	1213 Padrão brilhante	1 sinal sonoro com 10 milissegundos 2 sinais sonoros com 10 milissegundos 1 sinal sonoro com 10 milissegundos 3 sinais sonoros com 10 milissegundos	Bluetoot h	PWDN1213	24-05- 12	11:55 AM
3	Sistema de gestão de localização	LOTRK1213	TAG 12, Móvel 13	1213 Padrão brilhante	1 sinal sonoro com 10 milissegundos 2 sinais sonoros com 10 milissegundos 1 sinal sonoro com 10 milissegundos 3 sinais sonoros com 10 milissegundos	Bluetoot h	LOTRKI21 3	25-06- 12	2:00 PM
4	Sistema de gestão da segurança	SEHAK1213	TAG 12, Móvel 13	1213 Padrão brilhante	1 sinal sonoro com 10 milissegundos 2 sinais sonoros com 10 milissegundos 1 sinal sonoro com 10 milissegundos 3 sinais sonoros com 10 milissegundos	Bluetoot h	SEHAKI21 3	28-05- 12	6:00 PM
5	Sistema anti-violação	TPRF1213	TAG 12, Móvel 13	1213	1 sinal sonoro com 10 milissegundos 2 sinais sonoros com 10 milissegundos 1 sinal sonoro com 10	Wi-Fi	TPRF1213	29-05- 12	1:00 PM

					milissegundos				
					3 sinais sonoros com 10 milissegundos				
6	Módulo de comunicação	COMFL1213	TAG 12, Móvel 13	1213	1 sinal sonoro com 10 milissegundos 2 sinais sonoros com 10 milissegundos 1 sinal sonoro com 10 milissegundos 3 sinais sonoros com 10 milissegundos	-	-	-	-
7	Módulo de comunicação	COMHF1213	TAG 12, Móvel 13	1213	1 sinal sonoro com 10 milissegundos 2 sinais sonoros com 10 milissegundos 1 sinal sonoro com 10 milissegundos 3 sinais sonoros com 10 milissegundos	Bluetoot h	COMHF121 3	20-05-12	11:36 AM

CAPÍTULO-7 EFETUAR A COMUNICAÇÃO ENTRE AS TAGS E O HOST

7.1 Visão geral

Cada Tag deve comunicar com o seu mestre (HOST) para implementar várias questões inteligentes dentro das Tags. Os telemóveis estão a ser utilizados por muitos utilizadores em todo o mundo através de uma rede estabelecida pela ligação dos telemóveis. Alguns dos objectos importantes podem ser ligados a um Tag para que um objeto possa ser identificado e seguido para qualquer local para onde o objeto se desloque. Os objectos podem ser detectados quando o TAG a ele ligado é movido para perto de um telemóvel. Muitas aplicações novas são integradas nos telemóveis para os tornar eficazes na seleção da melhor técnica de comunicação com heterogeneidade, coexistência e interoperabilidade.

São utilizadas várias tecnologias sem fios, como RFID, IR, Bluetooth, WiFi e NFC, para estabelecer a comunicação entre a etiqueta inteligente e o dispositivo principal. Os serviços que têm em conta a mobilidade estão a ser implementados devido ao sucesso alcançado no desenvolvimento e implementação dos telemóveis. Os serviços de mobilidade devem ser implementados em caso de alterações súbitas do contexto e de transferências. As mudanças de contexto e as transferências introduzem, em geral, atrasos imprevisíveis e descontinuidades intermitentes, pelo que os serviços sensíveis à mobilidade têm de resolver estes problemas.

A gestão da consciência do contexto e dos handoffs torna-se complicada quando as tecnologias sem fios heterogéneas, que incluem Wi-Fi e Bluetooth, são utilizadas para efetuar a comunicação através de uma variedade de dispositivos sem fios. Os sistemas de comunicação sem fios integram muitos mecanismos que oferecem funções e facilidades para efetuar a sensibilização para o contexto e a gestão dos handoff.

A disponibilidade de interfaces de comunicação adequadas e as normas relacionadas com essas interfaces são a chave para efetuar uma comunicação adequada em ambos os lados do HOST e do TAG. A fim de estabelecer a comunicação entre o HOST e o TAG, devem ser estudadas as tecnologias de comunicação como BLUETOOTH, Wi-Fi, NFC, juntamente com as suas portas de comunicação e sistemas operativos que suportam uma comunicação eficaz, juntamente com a inteligência na seleção da melhor interface de comunicação eficaz.

7.1.1 Normas de comunicação sem fios existentes

7.1.1.1 Norma de comunicação RFID

A identificação por radiofrequência (RFID) é uma tecnologia que está a ser utilizada para armazenar as informações de identificação e recuperá-las quando é necessário identificar um objeto. As etiquetas RFID são desenvolvidas utilizando um chip de silício e uma antena. As etiquetas passivas, que não têm qualquer fonte de energia, são utilizadas para detetar os objectos a uma distância operacional de 30-40 cm. As etiquetas podem ser activadas através da instalação de uma bateria, pelo que a transmissão de dados pode ser efectuada a uma distância de 300 metros. As etiquetas RFID podem ser utilizadas para a identificação e o seguimento de objectos. As etiquetas RFID passivas são utilizadas em lojas e bibliotecas e as etiquetas RFID activas são utilizadas em armazéns, aeroportos, etc., onde os objectos estão localizados a longas distâncias. Os objectos são geralmente localizados nos pontos de saída. Não é necessária uma linha de visão entre o transmissor e o recetor quando a tecnologia RFID é utilizada dentro de um determinado intervalo.

As velocidades a que as etiquetas RFID podem funcionar são muito elevadas e, por isso, são úteis quando é necessário localizar os objectos que se deslocam a um ritmo mais rápido. As etiquetas RFID são muito baratas, pequenas e adequadas para localizar os objectos e as pessoas. As etiquetas RFID podem ser bloqueadas por outros objectos ou outras ondas de rádio e, por esta razão, não podem ser utilizadas quando várias etiquetas estão a funcionar ao mesmo tempo.

7.1.1.2 Norma de comunicação Bluetooth

A comunicação Bluetooth também é construída utilizando a tecnologia de comunicação por rádio. A comunicação Bluetooth é efectuada através do espetro de propagação com salto de frequência. A comunicação Bluetooth é efectuada através da transmissão de dados em blocos que são transformados em 79 bandas. Cada banda tem o tamanho de 1 MHz e é derivada da gama de frequências que vai de 2402 MHz a 2483,5 MHz. A banda de radiofrequências de curto alcance de 2,4 GHz, geralmente designada por banda industrial, científica e médica (ISM), não está licenciada a nível mundial.

A norma de comunicação sem fios Bluetooth foi concebida tendo em conta o baixo consumo de energia através da utilização de microchips transceptores de curto alcance e baixo custo em cada dispositivo. Não é necessária uma linha de visão para comunicar com os dispositivos Bluetooth, mas deve existir um caminho sem fios quase ótico para efetuar a comunicação sem fios.

A gama efectiva de frequências suportadas pelo Bluetooth depende de muitas condições de funcionamento que incluem condições relacionadas com a propagação, várias versões de produtos, configurações de antenas e condições da bateria. As taxas de dados e o débito máximo que podem ser alcançados para diferentes versões do Bluetooth são apresentados no **Quadro 7.1**

Tabela 7.1 Versões Bluetooth

Versão	**Taxa de dados**	**Rendimento máximo**
Versão 1.2	01.00 Mbits/sec	0,70 Mbits/seg
Versão 2.0 + EDR	03.00 Mbits/sec	2,10 Mbits/seg
Versão 3.0 + HS	24,00 Mbits/seg	21,0 Mbits/seg
Versão 4.0	24,00 Mbits/seg	21,0 Mbits/seg

Existiam muitos problemas nas versões 1.0 e 1.0B, especialmente relacionados com a interoperabilidade. Estas versões estipulavam a inclusão da transmissão do endereço do dispositivo durante a ligação com o recetor, dificultando o anonimato a nível do protocolo. Muitos erros foram corrigidos na versão Bluetooth v1.1, através da adição de canais não encriptados e da previsão do "**Indicador da intensidade do sinal recebido**" (RSSI).

Na versão Bluetooth v1.2 foram acrescentadas algumas melhorias que incluem uma ligação mais rápida e a implementação do espetro de propagação de saltos de frequência adaptável (AFH). O AFH melhorou a resistência às interferências de radiofrequência ao não permitir frequências densas na sequência de saltos.

Foi introduzido um novo protocolo Bluetooth com a versão v1.2 para atingir velocidades de transmissão mais elevadas, até um máximo de 721 Kbit/s. Nesta norma, foi acrescentada uma funcionalidade que alarga as ligações síncronas para melhorar a qualidade de voz das ligações áudio. Os pacotes corrompidos são retransmitidos repetidamente, pelo que a latência do áudio é aumentada e, assim, o protocolo suporta a transferência simultânea de dados. Nesta versão, foi considerado um suporte UART de três fios na interface do controlador HOST (HCI). O controlo do fluxo e os modos de retransmissão foram também incluídos na conceção desta versão do protocolo.

Na versão v2.0 do Bluetooth, foi incluído o **EDR** (enhanced Data Rate) para uma transferência de dados mais rápida. A taxa de transmissão do EDR é de cerca de 3 Mbit/s, embora seja possível atingir uma taxa de transferência de dados de 2,1 Mbit/s. Nesta versão do protocolo, foram utilizadas as modulações FSK (Frequency

Shift Keying) e Phase Shift Keying (PSK). O baixo consumo de energia é conseguido através da redução do ciclo de funcionamento com a utilização desta versão do Bluetooth.

A segurança do emparelhamento simples (SSP) foi implementada na **v2.1**, o que melhora a experiência de emparelhamento dos dispositivos Bluetooth. Foram introduzidas muitas outras melhorias nesta versão do protocolo, especialmente a funcionalidade que alarga a resposta a pedidos de informação (EIR). A EIR fornece informações sobre o procedimento de consulta, através das quais é possível obter uma melhor filtragem dos dispositivos antes da ligação e uma subclassificação de sniff. A EIR ajuda a reduzir o consumo de energia no modo de baixo consumo com o qual o dispositivo Bluetooth pode funcionar.

O suporte para velocidades teóricas de transferência de dados de até 24 Mbit/s foi fornecido na versão v3.0 do Bluetooth. A caraterística mais importante que foi adicionada a esta versão é a inclusão do AMP (Alternate MAC/PHY), que fornece uma ligação de transporte de alta velocidade. O MAC e o PHY alternativos ajudam a transportar os dados do perfil Bluetooth. A descoberta do dispositivo, a ligação inicial e a configuração do perfil continuam a ser efectuadas através do rádio. Podem ser transmitidas grandes quantidades de dados utilizando qualquer um dos MAC/PHY. A frequência do rádio é controlada com base na quantidade de dados que têm de ser transmitidos. A quantidade de energia para o dispositivo também pode ser controlada com base na frequência que deve ser definida para a transferência de dados a uma determinada velocidade.

São utilizados mais protocolos na versão **v4.0,** nomeadamente os protocolos Bluetooth clássico, Bluetooth de alta velocidade e Bluetooth de baixa energia. O Bluetooth low energy é outro protocolo da versão **v4.0** que é implementado utilizando uma pilha de protocolos inteiramente nova para a criação rápida de ligações simples. Os chips Bluetooth estão a ser concebidos para suportar o modo simples, o modo duplo e o modo melhorado. A pilha de protocolos de baixo consumo de energia é implementada no modo simples e, no modo duplo, a funcionalidade de baixo consumo de energia é integrada no controlador Bluetooth.

O custo do modo único v4.0 é bastante inferior devido à implementação da camada de ligação, que é leve. Através desta camada de ligação, podem ser alcançados vários modos de alimentação, descoberta de dispositivos e transferência fiável de dados, etc.

7.1.1.3 Norma de comunicação Wi-Fi

O Wi-Fi é outra norma lançada em várias versões que está a ser utilizada para a comunicação sem fios. Muitos dispositivos, como telemóveis, ipads e computadores portáteis, estão a ser construídos com a interface Wi-Fi para que os dispositivos possam comunicar utilizando o protocolo de comunicação. Para efetuar a comunicação sem fios, são necessários pontos de acesso. Os pontos de acesso podem interagir com os dispositivos com Wi-Fi, situados a uma distância de 20 metros no interior e a uma distância superior no exterior. Os dispositivos com Wi-Fi podem ser ligados à Internet através de um ponto de acesso à rede sem fios. Podem ser utilizados muitos pontos de acesso sobrepostos para cobrir uma área maior.

Foi introduzida uma nova norma Wi-Fi, nomeadamente a IEEE 802.11, para implementar uma rede local sem fios (WLAN) que pode funcionar em três frequências, nomeadamente **2,4, 3,6 e 5 GHz.**

Muitas variações do 802.11 foram introduzidas ao longo do tempo. Na norma **802.11a**, a multiplexagem OFDM (Orthogonal Frequency domain multiplexing) é adicionada à camada física, para além da utilização do protocolo da camada de ligação de dados e do formato de quadro que são suportados na norma de base 802.11. Esta versão permite operar a comunicação na banda de 5 GHz com uma taxa de dados líquida máxima de 54 Mbit/s. São também utilizados códigos de correção de erros que reduzem o débito para cerca de 20 Mbits/s. A utilização da banda de 5 GHz oferece uma vantagem significativa, dado que a banda não é relativamente utilizada. No entanto, uma frequência portadora mais elevada afectará o alcance global da comunicação. Os sinais 802.11a são absorvidos pelas paredes e outros objectos devido ao seu comprimento de onda mais pequeno, pelo que não conseguem penetrar em grandes profundidades.

A versão 802.11b permite obter uma gama de frequências mais elevada com velocidades mais baixas. A velocidade, neste caso, é reduzida para 5 Mbit/s ou mesmo 1 Mbit/s com baixas intensidades de sinal. O 802.11a também sofre de interferências e o débito quando o protocolo é utilizado numa área local é maior devido a menos interferências.

A versão Wi-Fi 802.11b foi concebida para atingir um débito de dados de 11 Mbit/s. Esta versão também implementa as mesmas técnicas de modulação que são suportadas na norma original. O débito do 802.11b foi duplicado. Esta norma está a ser muito utilizada para a implementação de WLAN. A comunicação através da norma 802.11b é afetada pelas interferências de outros produtos que operam na mesma banda de 2,4 GHz.

Uma outra norma, a **802.11g**, foi introduzida na mesma banda de 2,4 GHz. Com esta norma, foi possível obter um débito de bits da camada física de 54 Mbit/s, excluindo os códigos de correção de erros avançados, e um débito médio de cerca de 22 Mbit/s.

A norma 802.11g sofre de problemas de legado originais que levam a uma redução do débito de cerca de 21% em comparação com a norma 802.11a.

Foram desenvolvidos muitos telemóveis que suportam bandas duplas 802.11a e 802.11b/g. Até os pontos de acesso são implementados utilizando as bandas duplas. Foram estudados muitos aspectos técnicos para que o 802.11a e o 802.11b/g coexistam no mesmo dispositivo e na mesma rede. A taxa de dados será afetada quando se utilizar a versão 802.11a em modo duplo, quando, na realidade, a transferência de dados pode ser eficazmente conseguida utilizando a versão 802.11b/g. A versão 802.11g também sofre interferências de outros dispositivos que operam na mesma banda de 2,4 GHz. As antenas de entrada múltipla e saída múltipla (MIMO) foram adicionadas à norma 802.11n, que funciona tanto na gama de 2,4 MHz como na de 5 GHz.

7.1.1.4 Coexistência de Bluetooth e Wi-Fi

O espetro de 2,4 GHz é utilizado tanto pelo Bluetooth como pelo WiFi, utilizando todas as versões das normas 802.11. Assim, existe a possibilidade de interferência entre os dois rádios quando ambos estão a funcionar na mesma faixa e no mesmo tempo. As interferências causadas pelo funcionamento de ambos os rádios provocam uma perda de desempenho quando funcionam com qualquer um dos protocolos.

A localização relativa dos emissores-receptores, a frequência utilizada para a transmissão e o tipo de dados transmitidos terão influência na quantidade de interferência que será causada durante a comunicação. O esquema de salto de frequência é utilizado quando o Bluetooth é empregue e uma grande quantidade de dados está contida no espetro de 1 MHz. O espetro muda para uma frequência diferente 1.600 vezes por segundo.

No caso da norma 802.11, os dados são transmitidos numa frequência fixa, que é de 22 MHz. Ambas as normas Bluetooth e Wi-Fi têm mecanismos incorporados para lidar com as interferências entre si.

No entanto, o desempenho da comunicação utilizando qualquer uma das normas será degradado devido à presença de interferências. A mistura de Bluetooth ou Wi-Fi ou a mistura de várias versões da mesma norma conduz a transmissões descoordenadas de vários dispositivos, o que afecta a receção de pacotes no nó recetor.

Outro problema é a sobrecarga da potência de saída de um transmissor com a potência de entrada do recetor quando o transmissor e o recetor estão muito próximos, o que conduz a uma situação de sobrecarga frontal. Esta condição pode levar à redução da capacidade de receção de qualquer um dos receptores e esta redução da capacidade de receção pode perder-se para além da existência de um sinal de interferência.

O efeito da interferência de qualquer um dos dispositivos não é assim tão crítico quando ambos os dispositivos estão a transmitir os dados. A interferência pode ser mínima, o que também depende do tipo de dados que estão a ser transmitidos. As perturbações causadas na transmissão de dados são ocultas, uma vez que as perturbações são tratadas por aplicações de nível superior.

Quando o Bluetooth e o Wi-Fi são utilizados num ponto de acesso, o problema torna-se mais grave do que a interferência. A interferência torna-se mais grave quando ambos os dispositivos estão a transmitir dados ao mesmo tempo. As interferências aumentam quando são transmitidos dados multimédia, como voz, vídeo ou dados de tempo crítico, com taxas de transferência de dados mais elevadas através das ligações. O problema é visível quando os débitos de dados atingem metade da largura de banda disponível. Assim, a sobrecarga do front end resulta numa degradação do desempenho.

É necessário investigar dois casos diferentes para encontrar os métodos que atenuam a redução do desempenho devido à interferência. Os casos que devem ser investigados são os seguintes

1. Os dispositivos 802.11 e Bluetooth estão interligados e colocados

2. Os dispositivos 802.11 e Bluetooth estão co-localizados dentro de um raio de ação, mas não estão interligados.

A transmissão de dados iniciada por ambos os dispositivos não pode ser coordenada e é necessário implementar métodos locais que evitem a interferência. O 802.11 não considerou quaisquer técnicas de atenuação das interferências e os dispositivos dependem da inteligência incorporada nos transmissores que operam no mesmo espetro.

Na versão **v1.2 do** Bluetooth, foi implementada uma técnica conhecida como Adaptive Frequency Hopping (AFH), que faz com que cada dispositivo procure regularmente no espetro as frequências que são afectadas pela interferência ou que estão a ser utilizadas por outros dispositivos. O dispositivo adapta o seu padrão de salto de frequência quando se apercebe de que uma parte do espetro está a ser utilizada para evitar essas frequências. O dispositivo Bluetooth analisa regularmente o espetro para manter informações actualizadas sobre a interferência local. Repete este processo regularmente para se manter atualizado em relação às interferências locais. O AFH, embora ajude a evitar os sinais de interferência, reduz o espetro disponível que pode ser utilizado para efetuar a comunicação. Na pior das hipóteses, o dispositivo Bluetooth deixa de transmitir em qualquer canal. Se o número de canais que podem ser utilizados pelos dispositivos Bluetooth for limitado, é possível obter uma comunicação fiável. Os regulamentos da FCC exigem que um dispositivo Bluetooth reavalie o seu padrão de saltos pelo menos de 30 em 30 segundos e os módulos Bluetooth são concebidos para o fazer de forma significativamente mais rápida, normalmente de quatro em quatro segundos.

Dois rádios situados no mesmo dispositivo causam interferências, uma vez que os transmissores estão situados perto uns dos outros, o que pode provocar uma sobrecarga do front end. A sobrecarga do front end afecta o débito, o que pode ter um efeito negativo importante no débito. Foram desenvolvidos vários esquemas que ajudam os dispositivos que estão co-localizados a arbitrar a utilização do espetro para comunicar

A multiplexagem por divisão do tempo e o salto de canal são os dois métodos, para além do AHS, que estão a ser utilizados para efetuar a arbitragem entre os dispositivos que não dispõem de espetro.

O salto de canal tira partido do facto de, num ambiente de colocação, os dispositivos 802.11 e Bluetooth poderem ser ligados em conjunto. O Wi-Fi pode ser configurado para utilizar frequências fixas e informar o Bluetooth da utilização das frequências pelo Wi-Fi, para que o dispositivo Bluetooth possa removê-las preventivamente da gama de frequências que está a utilizar.

A omissão de canais pode ser implementada através de um processador que determina os canais a utilizar pelo rádio e efectua a comunicação com o dispositivo Bluetooth. O espetro do Bluetooth será sacrificado às exigências do 802.11, se a única estratégia de co-localização a utilizar for a de saltar canais

A multiplexagem por divisão de tempo permite a comunicação entre dispositivos, permitindo que um rádio tenha precedência sobre o outro. A atividade Bluetooth pode ser interrompida sempre que a banda de base 802.11 é activada. A frequência com que a comunicação é efectuada através de Wi-Fi tem de ser fixada com base no tamanho do pacote. A frequência fixada pode, por vezes, não ser adequada, uma vez que o tamanho dos pacotes pode estar sempre a mudar em função das velocidades de transferência necessárias. Foram inventados métodos mais sofisticados para resolver o problema dos pacotes de grandes dimensões transmitidos em canais de frequência fixa. Os métodos equilibram a procura de atividade fazendo arbitragem com o Bluetooth para libertar frequências elevadas que possam estar ocupadas por ele. Foram implementados muitos outros métodos que atribuem aos dispositivos a prioridade de utilização de determinados canais. Quando um Wi-Fi atribui uma prioridade às frequências, a comunicação baseada no Bluetooth é diferente quando o Bluetooth está a utilizar a mesma frequência.

No caso da multiplexagem por divisão do tempo, a velocidade com que os dispositivos comunicam para fixar a prioridade é limitada e, consequentemente, a lentidão da arbitragem afecta a velocidade com que a comunicação é efectuada. A informação pode ficar desactualizada no momento em que os rádios comunicam entre si. Uma solução para este problema é fazer com que os controladores de cada um dos dispositivos falem entre si através de uma ligação por cabo. A necessidade de comunicação direta levou à invenção dos sistemas híbridos que permitem a comunicação direta entre Bluetooth e 802.11.

1.1.1.5 Comunicação utilizando os regimes híbridos

Os esquemas híbridos utilizam uma mistura de algoritmos para implementar uma combinação de multiplexagem por divisão de tempo e salto de canal, juntamente com um esquema de salto adaptativo. Ligação direta entre os

Os dispositivos Bluetooth e Wi-Fi podem ser utilizados através de uma ligação de dois ou três fios. Devem também ser implementados algoritmos adicionais no dispositivo para afetar a comunicação com 2 ou 3 fios.

A Intel Corporation desenvolveu e implementou um esquema de sinalização próprio para efetuar a comunicação a dois ou três fios entre ambos os dispositivos sem fios. Os dispositivos devem implementar algoritmos adicionais para efetuar a comunicação utilizando dois ou três fios. O esquema de dois fios implementado pela Intel é mostrado na Figura 7.1.

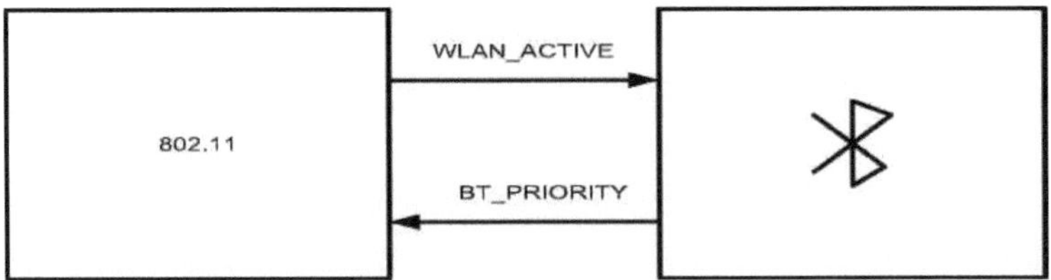

Figura 7.1 Ligações de 2 fios

São utilizados apenas dois sinais para ligar os dispositivos Bluetooth e 802.11 num esquema de 2 fios. Ambos os fios transportam sinais que transmitem o estado das transmissões Wi-Fi para o dispositivo Bluetooth e o requisito de transmissão de alta prioridade do Bluetooth para o Wi-Fi.

Uma melhoria em relação ao sistema de dois fios é o sistema de três fios, conhecido como WCS (sistema de controlo sem fios). É utilizado um sinal adicional para transmitir ao Bluetooth que o Wi-Fi está ocupado. Os sinais utilizados para efetuar a comunicação com três fios são apresentados na Figura 7.2. As soluções de três fios adicionam normalmente um sinal BT_STATE para alertar a banda de base 802.11 da presença de uma transmissão Bluetooth:

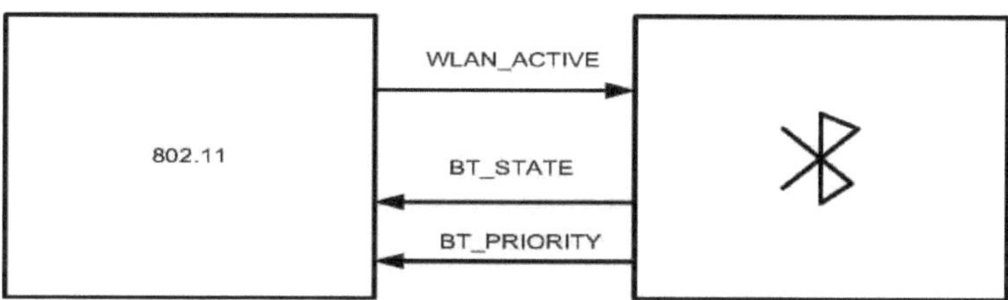

Figura 7.2 3- Ligações dos fios

Algoritmos adicionais devem ser implementados em ambos os lados para tornar operacional qualquer um dos esquemas indicados. A simples ligação de linhas de sinal não resultará na implementação de estratégias de colocalização.

1.1.1.6 Efetuar a comunicação ad-hoc

As redes adhoc permitem que os utilizadores comuniquem sem necessidade de qualquer infraestrutura permanente. Atualmente, não foram desenvolvidas muitas aplicações, embora muitos dos protocolos de comunicação tenham sido desenvolvidos e implementados para efetuar a comunicação adhoc. Muitas das interfaces sem fios estão a ser disponibilizadas através de portas Wi-Fi e Bluetooth fornecidas nos dispositivos móveis. A comunicação ad-hoc pode ser conseguida utilizando o telemóvel, mas o desempenho é limitado devido à disponibilidade de recursos limitados no lado móvel.

Algumas das tecnologias sem fios, como o Bluetooth ou o ZigBee, ajudam os utilizadores móveis e os dispositivos a comunicar facilmente através do intercâmbio de dados. A utilização de tecnologias de ligação em rede ad-hoc permite uma comunicação mais flexível. A implantação lenta de capacidades de ligação em rede ad-hoc em terminais móveis afecta a comunicação adequada entre os dispositivos. No entanto, para realizar comunicações em redes móveis ad-hoc, há vários problemas a resolver.

A IETF (Internet Engineering Task Force) propôs muitos protocolos de encaminhamento ad-hoc que incluem o encaminhamento AODV (on-Demand Distance Vetor) e o OLSR (optimized Link State Routing). Foram desenvolvidas várias aplicações móveis utilizando redes ad-hoc. Cada aplicação ad-hoc tem caraterísticas únicas e é importante avaliar a implementação efectiva em cada máquina do ponto de vista dos protocolos de encaminhamento.

Muitas aplicações baseadas na comunicação adhoc devem ser desenvolvidas para tornar a sua utilização mais eficaz. As aplicações Peer-to-Peer (P2P), como as mensagens, a partilha de ficheiros, etc., estão a ser utilizadas devido à falta de sistemas de comunicação adhoc adequados.

Tornou-se também possível implementar aplicações como os serviços Web utilizando redes adhoc, que são convencionalmente desenvolvidas utilizando redes com fios ou redes sem fios baseadas em infra-estruturas. Atualmente, muitos dos telemóveis estão equipados com múltiplas interfaces, incluindo interfaces sem fios de curto alcance, suportadas por Wi-Fi e Bluetooth. Muitas das aplicações foram implementadas e tornadas operacionais nos telemóveis devido ao suporte de protocolos de comunicação adhoc nos dispositivos móveis. Os telemóveis estão também a ser ligados a redes de base através de conetividade baseada em comunicações adhoc.

1.1.1.7 Sistemas de comunicação com consciência da mobilidade

Tornou-se necessário implementar serviços conscientes da mobilidade devido ao sucesso alcançado na implementação da tecnologia móvel. Os serviços sensíveis à mobilidade devem ter em consideração as mudanças súbitas que ocorrem nos ambientes e os handoffs. As questões como os handoffs causam atrasos imprevisíveis e descontinuidades intermitentes.

As questões do tipo Handoff complicam a implementação de serviços sensíveis ao contexto devido à heterogeneidade presente nas tecnologias sem fios em termos de muitas das versões e normas. É necessário um tratamento diferente da consciência do contexto e dos handoffs para cada solução. É necessária uma arquitetura de middleware para tornar possível o desenvolvimento de serviços sensíveis à mobilidade. A arquitetura das comunicações móveis deve incluir serviços que suportem mecanismos de sensibilização para o contexto e de transferência, ocultando simultaneamente questões específicas da tecnologia, que são bastante complexas.

1.1.2 Questões relacionadas com a comunicação efectiva entre o GTA e o HOST

As etiquetas inteligentes podem comunicar com o dispositivo portátil através de diferentes tipos de métodos de comunicação e, geralmente, utilizam diferentes tipos de sinais com diferentes intensidades. É muito possível que as etiquetas inteligentes não disponham de portas de comunicação activas para comunicar com o dispositivo remoto (HOST). Seguem-se alguns dos principais problemas que afectam o sistema de comunicação da etiqueta com o dispositivo móvel

1. Escolha do protocolo de comunicação adequado que está prontamente disponível para comunicar com o dispositivo móvel.

2. Transferência entre protocolos de comunicação quando a etiqueta ou o telemóvel se desloca da sua área de proximidade.

3. Para efetuar a comunicação entre o TAG e o dispositivo móvel, a questão da heterogeneidade deve ser abordada para resolver a ausência de portas activas e compatíveis do outro lado.

1.1.3 Definição do problema

O problema consiste em conseguir uma comunicação eficaz entre as Tags e o dispositivo móvel num ambiente de comunicação heterogéneo, na presença de muitas ligações de comunicação simultâneas entre um conjunto de dispositivos móveis e TAG. O problema também está relacionado com a manutenção da comunicação estabelecida quando o TAG está em movimento.

É necessária uma arquitetura de software eficiente que ajude a implementar uma comunicação eficaz entre o dispositivo móvel e os TAG, que tenha em conta a heterogeneidade dos protocolos de comunicação em ambos os lados do TAG e do HOST e que também tenha em conta a mobilidade dos TAG...

7.2 Pesquisa bibliográfica

Foram propostos muitos serviços de mobilidade de dispositivos **[Paolo Bellavista, et al., 2005-01]** para tornar os dispositivos adaptáveis a mudanças súbitas e transferências que causam atrasos e transferências imprevisíveis. Para cada uma das versões dos protocolos de comunicação sem fios existentes atualmente, o conhecimento do contexto e o mecanismo de transferência têm de ser implementados individualmente para cada uma das versões. Foi proposta uma arquitetura de middleware para possibilitar a implementação de mecanismos de sensibilização para o contexto e de transferência individualmente para cada versão dos protocolos de comunicação sem fios.

O espetro de comunicações tem de ser partilhado e a partilha do canal exige a programação, intercalando o acesso aos canais por muitas versões de sistemas de comunicações sem fios **[Lichun Bao, et. al., 2011-01]**. O agendamento do acesso ao espetro de muitas versões dos sistemas de comunicação pode ser implementado por um único projeto colaborativo que inclui estações de base baseadas em software (SDR). A implementação do mecanismo de partilha do espetro permite a coexistência de ambos os sistemas de comunicação sem fios.

Foi provado, através de simulações, que a programação da partilha do espetro é viável e provou ser um requisito emergente devido à limitação de dispor de espetro adequado.

Os pontos frios permitem que os dispositivos móveis sem fios alternem entre rádios para aumentar a duração da bateria instalada nos dispositivos móveis **[Trevor Pering, et al., 2006-01]**. Foram exploradas muitas políticas relacionadas com a comutação dos rádios, que têm caraterísticas e gamas de frequência diferentes. A comutação dos rádios também ajuda a poupar a energia da bateria. Não são necessárias quaisquer alterações às aplicações quando se implementa a comutação de rádios. Foram realizadas experiências e os resultados são apresentados tendo em conta aplicações como a transferência de ficheiros, a navegação na Web e o streaming de media, numa série de condições de funcionamento. Ficou provado que é possível obter uma poupança substancial de energia através da implementação de pontos frios e que a duração da bateria pode ser aumentada em 50%.

A qualidade de serviço (QoS) tem de ser abordada quando os sistemas de comunicação são altamente heterogéneos e utilizam diversas gamas de frequências **[W. Qadeer, et. al., 2003-01]**. Uma das questões de qualidade mais importantes que deve ser abordada é a manutenção adequada de uma ligação sem fios para suportar múltiplas interfaces de rede. Tornou-se essencial gerir a alimentação das interfaces sem causar qualquer degradação no desempenho, para que a vida útil da bateria possa ser prolongada. Foram propostas para implementação interfaces de rede sem fios (WNIC) adequadas a uma aplicação específica. Foi igualmente proposta a otimização da utilização dos WINC.

Foi proposto um ponto de acesso polivalente (MPAP) que virtualiza várias normas de comunicação sem fios heterogéneas com base em software de rádio **[Yong He et al., 2010-01]**. No MPAP foi incluído um frontend de rádio de banda larga que recebe sinais sem fios de todas as normas sem fios que partilham a mesma banda. Foram também incluídas bandas de base de software separadas para efetuar a desmodulação da informação recebida em relação a cada uma das normas sem fios. Múltiplos dispositivos sem fios são integrados numa única plataforma de hardware baseada em software de rádio, de modo a que os sistemas de comunicação utilizem os mesmos recursos informáticos. É fácil estabelecer comunicações utilizando bandas de base de software, fornecendo assim a plataforma para uma melhor coexistência entre normas sem fios heterogéneas.

Tornou-se preocupante o facto de as tecnologias sem fios Wi-Fi e Bluetooth, quando partilham o mesmo espetro, poderem interferir umas com as outras e tornar a comunicação ineficaz. Cada uma das tecnologias de comunicação sem fios é resistente à outra devido à utilização de diferentes técnicas de propagação do espetro. Os protocolos de comunicação Wi-Fi e Bluetooth são tão robustos que se degradam graciosamente quando existe interferência. Os protocolos de comunicação incluem mecanismos de verificação e correção de erros e de retransmissão dos pacotes quando é detectado qualquer tipo de erro. Utilizando estas abordagens, o aumento dos níveis de interferências pode resultar na redução da taxa de comunicação.

Quando existem muitos modos de comunicação em ambos os lados do HOST e do TARGET, deve haver uma forma de estabelecer a comunicação utilizando interfaces de comunicação heterogéneas. O problema é conseguir uma comunicação eficaz entre as TAGS e o dispositivo MÓVEL num ambiente heterogéneo na presença de muitas ligações de comunicação simultâneas entre um dispositivo MÓVEL e muitos dispositivos baseados em TAG.

[**Jeffrey Wojtiuk, 2004-01**] descreveu vários desafios que se colocam à integração de tecnologias sem fios populares como o Bluetooth e o WiFi. Os vários problemas de integração apresentados incluem substratos de semicondutores e placas de circuitos impressos comuns, interoperabilidade com funcionalidades Bluetooth e Wi-Fi co-localizadas, etc.

Existe a possibilidade de interferência [**NicK Hun, 2006-01**] quando o Bluetooth e o 802.11 coexistem, dado que ambos funcionam na mesma porção do espetro radioelétrico a 2,4 GHz. A existência de interferências entre os dois rádios conduzirá a uma perda de desempenho dos sistemas de comunicação. A localização relativa dos dois emissores-receptores determinará o grau de interferência e a frequência com que transmitem, bem como o tipo de dados que estão a ser transmitidos.

O Bluetooth utiliza um esquema de salto de frequência. A dimensão dos dados contidos num espetro de 1 MHz de largura muda continuamente 1600 vezes/segundo. Por outro lado, os transmissores 802.11 não utilizam o salto de frequência. A norma de comunicação 802.11 utiliza apenas frequências estáticas que utilizam 22 MHz de espetro. Ambas as comunicações sem fios dispõem de mecanismos para lidar com as interferências e podem também provocar perturbações nas comunicações sem fios quando a comunicação é efectuada utilizando ambos os protocolos de forma mista.

[Neil Tebbutt, et. al., 2010-01] analisaram as vantagens e desvantagens técnicas e comerciais da utilização do Bluetooth 3.0 e do Wi-Fi para a transferência de dados a alta velocidade em redes pessoais sem fios (WPAN). Ficou provado que, com o aparecimento de telemóveis mais pequenos, mais finos e mais elegantes, o Wi-Fi está pronto a conquistar o segmento da transmissão de dados a alta velocidade em WPAN e acabará por substituir o Bluetooth na transmissão de voz e áudio. O Bluetooth avançará para transferências de baixo débito de dados e de baixo consumo de energia, utilizando sensores

Foram propostas várias interfaces de rede **[Ganesh Ananthanarayanan et al., 2008-01]** que consideram caraterísticas complementares relacionadas com o consumo de energia, o débito e o alcance. Foi feita uma tentativa de reduzir o consumo de energia do Wi-Fi em inatividade utilizando uma combinação de Bluetooth e Wi-Fi. A precisão e a cobertura da comunicação podem ser aumentadas através da utilização de ambas as tecnologias de comunicação sem fios de forma combinada.

O desempenho de diferentes tecnologias na presença de interferências foi avaliado quando estas são misturadas sem utilizar nenhuma das tecnologias ou instrumentos [**Kaushik Lakshminarayanan, et al., 2011-01**]. Foi desenvolvida e implementada uma ferramenta denominada "WiMed" que utiliza apenas medições locais de placas de interface de rede (NIC). As ferramentas geram o mapa temporal com o qual se pode determinar o modo como o meio é utilizado.

Num sistema de etiquetagem inteligente, são utilizadas várias versões de ambas as normas sem fios, pelo que têm de coexistir. A comunicação entre o HOST e a etiqueta tem de ocorrer de forma heterogénea. A comunicação entre o HOST e a etiqueta deve efetuar-se de forma heterogénea (por um lado, Bluetooth e, por outro, WI-Fi). A comunicação deve efetuar-se utilizando frequências da mesma banda larga. É necessária uma arquitetura de middlewar para conseguir a comunicação heterogénea entre o Bluetooth e o Wi-Fi. O sistema de comunicação em ambos os lados deve ser adaptado de forma dinâmica. Nenhuma das contribuições acima referidas satisfez este requisito, pelo que tem de ser inventado e implementado um novo quadro de comunicação.

[Sastry et. al., 2012-11] propuseram um protocolo de ponto de acesso multiusos modificado para lidar com um ambiente de comunicação heterogéneo. Para tirar o melhor partido das caraterísticas do MPAP, foram consideradas arquitecturas de middleware baseadas em rádio, juntamente com diferentes mecanismos de coexistência para que o TAG comunique eficazmente com o anfitrião remoto, tendo sido proposta uma nova arquitetura MMPAP.

A técnica de rádio por software e o hardware frontal de RF de banda larga foram incluídos na arquitetura do MMPAP. O front-end RF de banda larga recebe sinais heterogéneos sem fios de diferentes normas na mesma banda do espetro (*ou seja,* banda ISM de 2,4 GHz). Os sinais recebidos são transferidos para uma memória principal HOSTS utilizando a placa de controlo de rádio Sora (RCB). As amostras digitais em bruto são distribuídas a várias interfaces de placa de rede virtual (VNIC) através do Sora SDR Service para posterior processamento. A VNIC é um programa de software que implementa tanto o PHY como o MAC de uma norma sem fios. A filtragem dos sinais de entrada é efectuada à medida que uma banda muito mais larga é amostrada e são gerados os sinais que correspondem aos padrões de comunicação adequados utilizados. Os sinais assim filtrados e que correspondem às normas de comunicação são desmodulados e enviados para a pilha de rede para tratamento posterior.

Cada TAG deve comunicar com um HOST dentro de uma gama próxima dos protocolos de comunicação de forma heterogénea através do dispositivo de comunicação na outra extremidade, tendo em conta a presença de muitas TAGS que comunicam simultaneamente com o HOST.

[Sastry et al., 2012-12] apresentaram uma arquitetura de software que incluía as questões relacionadas com a configurabilidade dinâmica e a adaptabilidade das etiquetas inteligentes com o dispositivo móvel portátil para comunicar de forma heterogénea. A arquitetura incluía a adaptabilidade dinâmica do método de comunicação handoff.

7.3 Investigações e conclusões

7.3.1 Requisitos funcionais

A especificação dos requisitos funcionais descreve o tipo de processamento a efetuar em relação à comunicação que deve ter lugar entre o TAG e o dispositivo móvel. O início da comunicação começa através de um processo residente no TAG que verifica a existência de dispositivos de comunicação activos. As funções típicas que devem ser implementadas pelo software ES no lado do TAG e no lado do telemóvel são as seguintes

1. Para verificar a atividade das portas de comunicação disponíveis no Tag e desenvolver um repositório de protocolos de dispositivo válido do Tag

2. Estabelecer uma comunicação física do Tag com o ponto de acesso e trocar pares de protocolos válidos.

3. Verificar se há portas activas disponíveis no lado móvel e verificar se há ligações

de comunicação válidas para troca.

4. Criar um repositório de todas as associações válidas de protocolos de dispositivos do lado dos dispositivos móveis que possam ser utilizadas para uma comunicação eficaz.

5. Troque os pares de comunicação da porta do dispositivo no lado móvel com o ponto de acesso.

6. Iniciar o middleware de comunicação residente no ponto de acesso que actua como gateway para estabelecer uma comunicação direta ou através de um processo de conversão de protocolos

7. Iniciar os processos de transmissão e receção em ambos os lados do TAG e do dispositivo móvel.

7.3.2 Conceção do hardware

O hardware foi concebido para um dispositivo incorporado que inclui interfaces Wi-Fi e Bluetooth necessárias para efetuar a comunicação com o dispositivo móvel. A figura 7.3 mostra a disposição e a interface de vários dispositivos com o microcontrolador. O ARM 7 actua como controlador principal, ao qual a maioria dos dispositivos está ligada diretamente através de vários barramentos. Ao barramento principal, que é o barramento AHP, estão ligados o barramento periférico VLSI e o barramento local. Ao barramento VLSI estão ligados o barramento GPIO e o barramento I^2 C. Todos os dispositivos estão ligados a um dos barramentos.

A EEPROM é ligada como memória externa através do barramento I^2 C. São utilizados três dispositivos para estabelecer a comunicação em diferentes modos de comunicação. O módulo Bluetooth é ligado ao microcontrolador através de USB (Universal Serial Bus) e o Wi-Fi é ligado ao microcontrolador através de UART01 e do bus VLSI. O GPS está ligado ao microcontrolador através da UART02 e do barramento VLSI. O LCD, os LED, o teclado, a campainha, o sinal sonoro e a porta de reinicialização estão ligados ao microcontrolador através do barramento GPIO e VLSI.

O LCD é utilizado para visualizar as alterações ambientais que ocorrem dentro e à volta do TAG inteligente com o telemóvel. O LCD e os LEDs são utilizados para alertar o operador local sobre o estado de identificação entre o TAG e um anfitrião através dos módulos de comunicação Wi-Fi ou Bluetooth.

O microcontrolador é carregado com a aplicação ES, que contém módulos de aplicação que facilitam a comunicação com o Tag remoto. A aplicação ES mantém o controlo dos dispositivos relacionados com o HOST e fornece uma identificação e autenticação adequadas com o HOST. O software ES actualiza o estado do TAG e a ocorrência de vários eventos através dos módulos de comunicação. Ambos os dispositivos de comunicação foram ligados a outros sistemas incorporados que actuam como um middleware que contém todas as versões dos protocolos de comunicação Bluetooth e Wi-Fi. O sistema incorporado que actua como middleware comunica com um ponto de acesso.

7.3.3 Configurabilidade dinâmica e adaptabilidade de etiquetas inteligentes com dispositivos portáteis

As caraterísticas que incluem a largura de banda, a cobertura e o custo de transmissão por byte são as questões mais abordadas na conceção das tecnologias sem fios Wi-Fi e Bluetooth. Os dispositivos de comunicação sem fios são móveis por natureza e, por isso, têm de se adaptar às variações que podem ocorrer na largura de banda e ao atraso causado para efetuar a comunicação. As alterações que ocorrem em torno dos dispositivos móveis devem ser monitorizadas, o que exige a prestação de serviços de aplicação separados para o efeito. Os serviços devem ser **sensíveis ao contexto**, o que significa que devem ter conhecimento dos diferentes protocolos de comunicação e das suas versões, da localização dos utilizadores e devem ter acesso fácil à largura de banda.

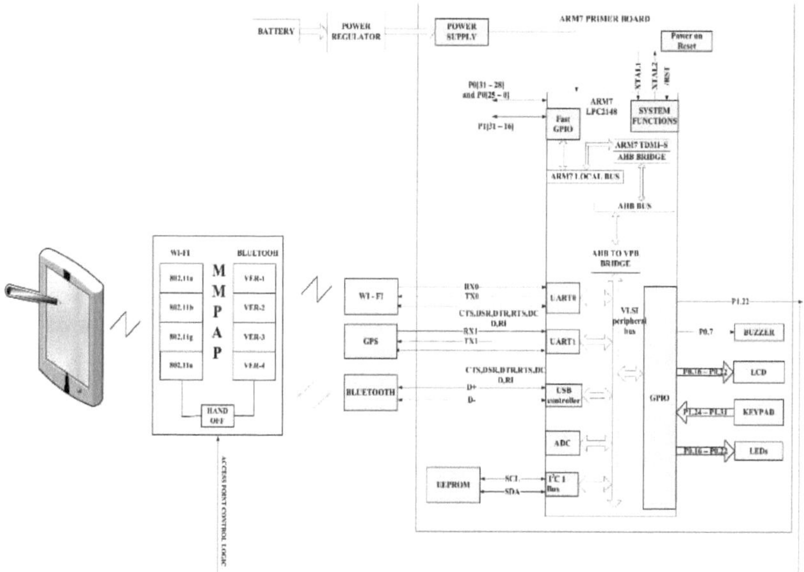

Figura 7.3 Diagrama de disposição do hardware

As normas de comunicação Wi-Fi, embora utilizem a mesma banda ISM, não podem comunicar entre si devido a diferenças significativas que existem na conceção da camada física e de acesso ao meio (MAC). Os pontos de acesso ou os controladores de rede são obrigados a suportar a comunicação utilizando os protocolos heterogéneos, o que aumenta significativamente a sobrecarga de gestão. Um dos problemas a resolver é o da coexistência, que cria interferências entre as normas de comunicação heterogéneas.

Na etiqueta inteligente, existem muitas interfaces de comunicação, nem todas as interfaces de comunicação estão sempre funcionais e as interfaces de comunicação, especialmente as relacionadas com Wi-Fi e Bluetooth, podem ter sido implementadas com diferentes versões de protocolo. No mesmo tom, a mesma situação pode também verificar-se do lado do telemóvel. Assim, existe uma espécie de arbitragem e de sondagem para estabelecer a interface de comunicação adequada e os parâmetros com que a comunicação pode ser efectuada.

O desenvolvimento de uma etiqueta inteligente deve ser capaz de comunicar com um anfitrião remoto de forma dinâmica, uma vez que a etiqueta deve ser inteligente na comunicação heterogénea sem fios. É necessária a implementação de uma arquitetura de middleware para que haja comunicação heterogénea com coexistência.

Na literatura, tem sido discutida uma arquitetura de virtualização múltipla, denominada Multi-Purpose Access Point (MPAP), e uma arquitetura de middleware sensível à mobilidade para a heterogeneidade dos protocolos de comunicação que podem virtualizar várias normas sem fios heterogéneas com base em software de rádio. Um front-end de rádio de banda larga é implementado para receber sinais sem fios de todas as normas sem fios que partilham a mesma banda de espetro e utilizar bandas de base de software para separar e desmodular o fluxo de informação para cada norma sem fios coexistente.

O MPAP consolida vários dispositivos sem fios numa única plataforma, reduzindo assim o custo de manutenção. A arquitetura do middleware é concebida em termos de várias camadas nas quais são distribuídos vários serviços. A gestão do handoff está incluída numa camada que se destina a gerir mecanismos e instalações. Um rádio de software implementado no MPAP ajuda a implementar várias normas sem fios que partilham o mesmo recurso informático. O MPAP é também flexível e extensível para suportar futuras normas sem fios. Os programas de banda base de software heterogéneo, juntamente com a comutação ao nível do condutor e ao nível do MAC, proporcionam uma melhor coexistência e evitam a interferência mútua entre comunicações sem fios heterogéneas.

O MPAP deve ser alargado de modo a dispor de todas as caraterísticas do MPAP, de arquitecturas de middleware baseadas em rádio e de diferentes mecanismos de coexistência para que a etiqueta comunique eficazmente com o anfitrião remoto. A "coexistência" é a capacidade de vários protocolos funcionarem na mesma banda de frequências sem degradação significativa do funcionamento de qualquer um deles, que deve ser monitorizada e controlada

São consideradas várias normas sem fios heterogéneas no desenvolvimento da arquitetura do ponto de acesso multifuncional (MPAP) baseada em software de rádio. Um front-end de rádio de banda larga é utilizado para receber sinais sem fios de todas as normas sem fios que partilham a mesma banda de espetro e utiliza bandas de base de software separadas para desmodular o fluxo de informação para cada norma sem fios.

Baseado em software de rádio, o MPAP consolida vários dispositivos sem fios numa única plataforma de hardware e permite-lhes partilhar o mesmo recurso de computação. É, pois, necessário assegurar a coexistência de normas sem fios heterogéneas. É também necessário configurar dinamicamente as placas de interface de rede virtual (VNIC).

7.3.3.1 Arquitetura MPAP

A arquitetura do MPAP é apresentada na Figura 7.4. A partir da arquitetura, pode ver-se que foi utilizado um rádio de software e um hardware de front-end de RF de banda larga. O front-end de RF de banda larga foi utilizado para receber sinais heterogéneos sem fios de diferentes normas na banda ISM de 2,4 GHz. A placa de controlo de rádio Sora (RCB) é utilizada para converter os sinais recebidos em dados digitais e armazená-los na memória. Os sinais digitais armazenados na memória são lidos a partir da memória utilizando um serviço SDR Sora e os sinais são distribuídos como amostras digitais em bruto a várias interfaces de placa de rede virtual (VNIC), que são também uma espécie de componentes de software que implementam tanto o PHY como o MAC de uma norma sem fios.

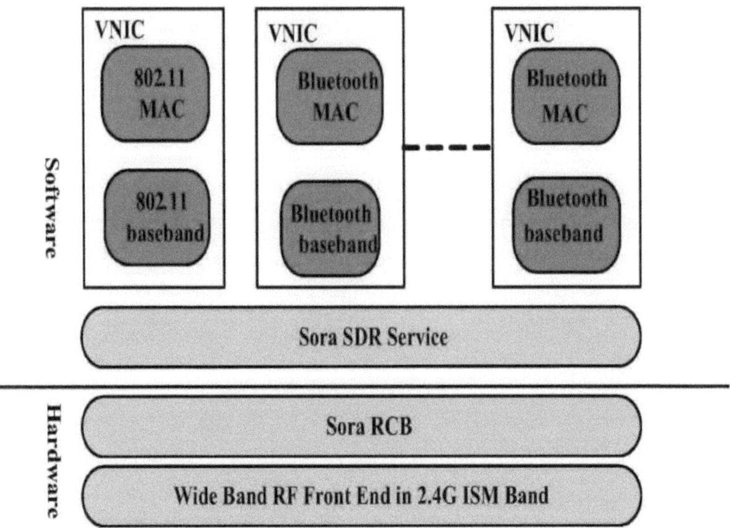

Figura 7.4 Arquitetura MPAP

É necessário que a banda de base do software filtre as amostras do sinal de entrada à medida que a banda mais larga é captada pela placa frontal Sora para a sua própria definição de canal sem fios, como se mostra na Figura 7.5. As amostras digitais correspondentes são depois desmoduladas e enviadas para a camada superior da pilha de rede.

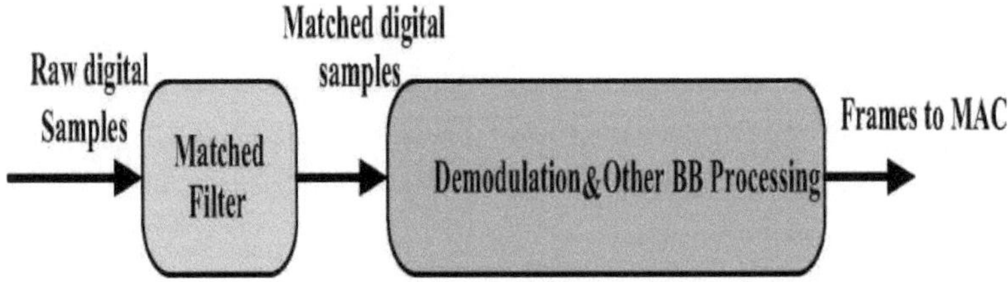

Figura 7.5 Arquitetura de banda base de software virtualizada

É instalado um serviço de software SDR que coordena e assegura uma coexistência amigável entre múltiplos VNIC heterogéneos. A sincronização do comportamento de transmissão/receção de cada VNIC é efectuada através da implementação da função de coordenador. O MPAP utiliza apenas um único front-end de RF de banda larga, que só pode transmitir ou receber de cada vez. Todos os VNICS na arquitetura MPAP devem estar a transmitir ou a receber. O coordenador MPAP também facilita a atenuação das interferências mútuas entre normas sem fios heterogéneas, reconhecendo a melhor configuração dos VNIC com base no modo como a banda de espetro largo é detectada e utilizada. No entanto, esta arquitetura não prevê a existência de um módulo de comunicação no lado do alvo.

O MPAP é silenciosamente eficiente para a gestão do handoff entre os protocolos de comunicação Bluetooth e Wi-Fi, mas a arquitetura não lida com questões de colisão, factores de atraso temporal como o tempo de configuração e o tempo de espera para proporcionar o handoff horizontal e vertical e o bloqueio devido a problemas de falha da rede.

7.3.3.2 A conceção arquitetónica do middleware

Existem várias diferenças técnicas quando é necessário efetuar a comunicação entre várias normas de protocolo. É necessária uma API simples que forme uma arquitetura de middleware para lidar com as diferenças existentes nos vários mecanismos de transferência e para fornecer serviços conscientes da mobilidade. A arquitetura de middleware é mostrada na Figura 7.6.

Todas as questões relacionadas com o handoff heterogéneo foram abordadas na arquitetura MMPAP, explorando todas as possibilidades oferecidas pelas tecnologias de comunicação subjacentes.

A arquitetura inclui um middleware que permite um acesso fácil às interfaces relacionadas com os VNIC. O middleware proporciona uma ampla visibilidade dos eventos, que incluem o handoff horizontal/vertical, a mudança de localização do utilizador e eventos de falha da rede. A arquitetura do middleware é constituída por três camadas: a camada dos mecanismos, a camada das instalações e a camada dos serviços, como se mostra na **figura 7.6**.

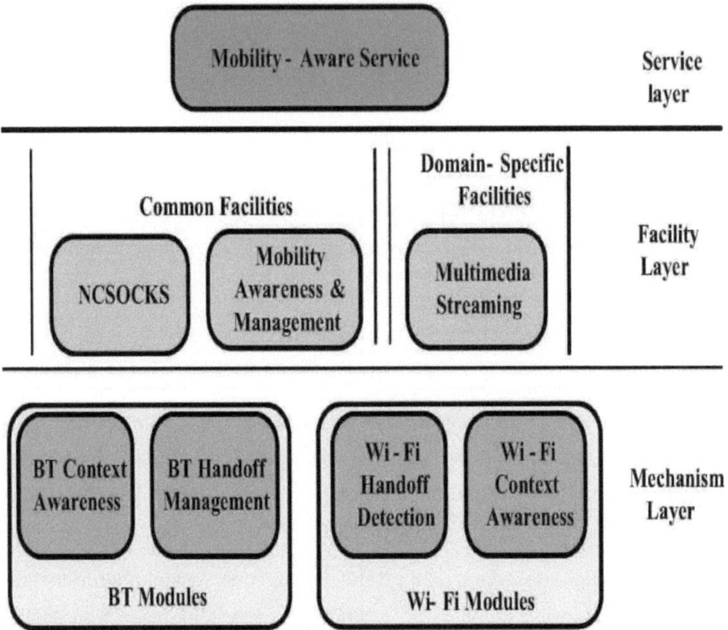

Figura 7.6 Arquitetura do middleware

A lógica/conhecimento necessária para controlar/monitorizar uma determinada tecnologia sem fios nas camadas de ligação de dados/rede foi incorporada na camada de mecanismo.

Na camada de recursos, é fornecido um conjunto de recursos comuns, como o NCSOCKS (API nómada para o fornecimento de serviços sensíveis ao contexto). Na camada de recursos, são também fornecidos serviços de sensibilização e gestão da mobilidade que podem ser utilizados para o desenvolvimento de vários tipos de aplicações multimédia.

Os serviços que residem na camada de serviço utilizam os módulos de sensibilização e gestão da mobilidade que residem na camada de instalação para recolher informações sobre o estado atual do canal e para efetuar o handoff vertical. A transferência é efectuada por um serviço na camada de serviço depois de confirmar que todos os requisitos são cumpridos.

Mecanismos Camada

É fornecido um módulo correspondente a cada tipo de tecnologia sem fios na camada de mecanismo. Em cada um dos módulos estão integrados dois sub-mecanismos que recolhem informações de contexto para poderem monitorizar e gerir o processo de transferência. A transferência vertical e horizontal envolvendo duas ou mais tecnologias sem fios diferentes é tratada na camada do mecanismo.

Gestão de Handoff no Bluetooth (BT)

Não foi definido qualquer mecanismo de transferência para o Bluetooth. O middleware é necessário para afetar as transferências horizontais e verticais. O mecanismo de transferência horizontal integrado no middleware explora as primitivas BT oferecidas para criar/destruir ligações BT e procurar pontos de acesso adequados. A deteção do Handoff entre os dispositivos é conseguida através da implementação de um esquema "Second Soft Handoff (LSSH)" que é implementado na camada de mecanismo para **Bluetooth.** O indicador da intensidade do sinal do recetor (RSSI), com uma afinação adequada dos seus parâmetros, foi utilizado para detetar o Handoff. A cobertura de cada um dos pontos de acesso foi amplamente utilizada pelo esquema. São estabelecidas várias ligações para implementar o soft handoff através de uma fase do esquema LSSH que procura várias ligações. É adoptada uma solução baseada na topologia para implementar o Soft handoff que permite a um dispositivo móvel escolher um AP existente na vizinhança. **Gestão de Handoff Wi-Fi**

Os mecanismos de Handoff definidos para a rede Wi-Fi têm por objetivo reduzir a duração dos handoffs através da modificação dos protocolos da camada MAC, especialmente para conseguir uma redução do tempo de desconexão do handoff. Quaisquer alterações aos protocolos da camada MAC exigem uma atualização do firmware e a sua reimplementação em todos os dispositivos Wi-Fi.

A camada "Facilidade" tem por objetivo ajudar os serviços que tratam da sensibilização para a mobilidade, adoptando uma abordagem transversal a todas as camadas. Os valores RSSI que são transmitidos por todos os pontos de acesso visíveis do lado do cliente são monitorizados para prever a ocorrência de handoff, de modo a realizar todas as operações necessárias para mascarar a ocorrência de handoff Wi-Fi na camada de serviços.

A técnica RSSI-GM (Received Signal Strength Indication-Grey Model) foi utilizada para prever o RSSI de qualquer AP que esteja na visibilidade para efetuar o método de gestão do Handoff Wi-Fi. A técnica RSSI-GM pode estimar os valores RSSI futuros com base num conjunto de PA acessíveis e nos seus valores RSSI reais medidos no TAG.

É utilizada uma técnica baseada em limiares para estimar a distribuição da probabilidade e a duração do handoff com base nos valores RSSI previstos obtidos a partir do ponto de acesso atual e também nos valores RSSI máximos considerando todos os pontos de acesso que estão na visibilidade do telemóvel. O modelo de previsão assim obtido é configurado separadamente para cada uma das normas de comunicação.

O cliente pode estimar os valores futuros do RSSI mantendo uma série temporal utilizando os dados RSSI anteriores. A implementação do algoritmo de previsão de RSSI impõe uma sobrecarga muito reduzida e limitada, uma vez que o algoritmo não impõe qualquer troca de dados adicional com a infraestrutura Wi-Fi. É adicionado um módulo suplementar no lado móvel como um stub que interage com os mecanismos de reconhecimento do contexto Wi-Fi para recolher valores RSSI.

Camada de instalações

A camada de recursos, que se situa no topo da camada de mecanismos, é constituída por serviços que incluem o módulo de sensibilização e gestão da mobilidade, os módulos NCSOCKS e uma aplicação específica do domínio relacionada com o fluxo contínuo de multimédia. Os serviços com consciência da mobilidade podem gerir diretamente o processo de transferência vertical ou delegá-lo no middleware.

Os serviços sensíveis à mobilidade, que dispõem de informações sobre o contexto atual, interagem com o middleware para gerir as transferências verticais. Esta camada de recursos é constituída por três componentes importantes que incluem o connectionMonitor, o location monitor e o connection broker. O gestor de ligações obtém o estado atual da ligação e os parâmetros relacionados com a ligação. O Location Monitor obtém a localização atual dos dispositivos clientes e o Connection Broker ativa/desactiva as interfaces de rede sem fios disponíveis.

Os mecanismos de conhecimento do contexto são utilizados pelo Connection Monitor e pelo Location Monitor e disponibilizam as informações de contexto aos serviços de acordo com um formato de representação uniforme. Os mecanismos de perceção do contexto podem obter os pormenores da ligação atual, o estado da localização e podem também registar-se para obter a notificação sobre as alterações de contexto que ocorrem periodicamente. O Monitor de Ligação e o Monitor de Localização escondem as diferenças tecnológicas das diferentes tecnologias de comunicação. Os serviços sensíveis à mobilidade podem ser activados e desactivados a partir das interfaces de rede pelo mediador de ligação. O desencadeamento de uma transferência vertical pode depender de requisitos de serviço específicos e os serviços devem ser capazes de detetar as transferências através da obtenção de informações sobre o conhecimento do contexto. Os recursos específicos do domínio podem explorar a sensibilização e a gestão da mobilidade para efetuar transferências verticais, para além dos serviços.

NCSOCKS

A Nomadic Computing Sockets (NCSOCKS) é uma interface de programação de aplicações (API) orientada para objectos que pode ser utilizada para o desenvolvimento de aplicações sensíveis à mobilidade. A API fornece o suporte básico de comunicação através da abstração do canal de comunicação real. NCSOCKS, a API, fornece o suporte de comunicação e ajuda a comunicar as mensagens independentemente da existência de transferências verticais.

7.3.3.3 Mecanismos de coexistência

A "coexistência" de vários sistemas de comunicação permite que vários protocolos utilizem a mesma banda de frequência sem afetar o desempenho de qualquer um dos sistemas de comunicação. A possibilidade de interferência de um sobre o outro é possível, uma vez que tanto o Bluetooth como o Wi-Fi funcionam na mesma banda de frequência de 2,4 GHz. Devem ser criados modelos e mecanismos para que ambas as tecnologias de comunicação coexistam sem que uma interfira com a outra.

7.3.3.4 Interação e interferência Wi-Fi / Bluetooth

O Bluetooth utiliza o espetro de propagação por salto de frequência (FHSS) para efetuar a comunicação. O Bluetooth utiliza canais de frequência de 1 MHz de largura com 1600 saltos por segundo. 625 msec de tempo é

gasto em cada frequência. Os canais de frequência de 1 MHz, numerando 79, existentes na banda ISM de 2,4 GHz são utilizados pelo Bluetooth.

Por outro lado, a banda de 22 MHz é utilizada pelo Wi-Fi, o que permite atingir uma taxa de transferência de até 11 Mbps. Os subcanais de 22 MHz de largura de uma banda de frequência de 2,4 GHz são utilizados pelo Wi-Fi para a comunicação. Uma vez que tanto o Bluetooth como o Wi-Fi funcionam na mesma banda de frequências, é inevitável que haja uma situação de interferência de um sobre o outro. O MAC Wi-Fi utiliza a deteção de portadora antes da transmissão e não pode detetar qualquer colisão, pelo que cada pacote recebido tem de ser confirmado. Presume-se que ocorreu uma colisão se não for recebida qualquer confirmação. A norma Wi-Fi utiliza um algoritmo exponencial que procura retransmitir o pacote se o aviso de receção não for recebido dentro do tempo estipulado. No entanto, o algoritmo acaba por repetir a correção de erros, mesmo na ausência de interferências, o que resulta numa redução da taxa de transferência Wi-Fi.

. A comunicação Wi-Fi é suscetível de colidir com o Bluetooth, uma vez que geralmente tende a funcionar numa frequência fixa de 22 MHz. A probabilidade de uma comunicação Wi.Fi colidir com Bluetooth é de 55%. A necessidade de coexistência do Bluetooth e do Wi-Fi leva a que se utilize o mesmo fator de forma sem que haja qualquer disposição para lidar com as interferências. As interferências tendem a aumentar se o Bluetooth e o Wi-Fi coexistirem sem qualquer disposição para atenuar a interferência de um sobre o outro

7.3.3.5 Nível do condutor e nível do rádio Comutação

A divisão dos períodos de funcionamento de cada rádio requer uma comutação baseada na divisão do tempo do nível de condutor. A divisão do tempo tem de ser efectuada com base nas caraterísticas relacionadas com a comunicação.

Têm sido utilizadas muitas formas de comutação do rádio ao nível do condutor. No modo duplo, um dos dois rádios é completamente desligado e o outro é colocado em modo de repouso/retenção ou de poupança de energia. A comutação real é conseguida através de qualquer um dos métodos de comutação que incluem a comutação dependente do utilizador, a comutação discriminatória, a comutação de transmissões bem sucedidas, a comutação estatística e a comutação temporizada. A comutação concetual num sistema de comunicações sem fios é apresentada na Figura 7.7.

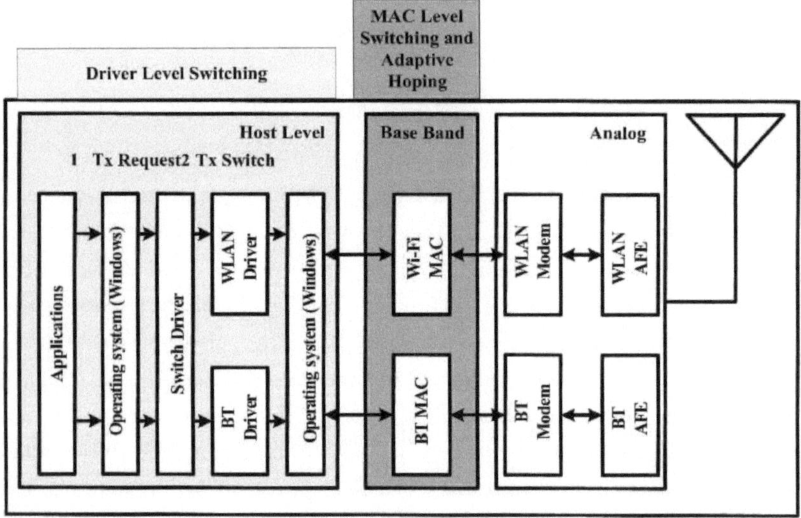

Figura 7.7 Sistemas de comutação conceptuais para Bluetooth e comunicações sem fios

Comutação de rádio de modo duplo

No modo duplo, os rádios nunca funcionam em simultâneo, o que leva a que a comunicação seja efectuada para transmitir ou receber. A transmissão e a receção simultâneas nunca são tentadas. A interferência de um método de comunicação sobre o outro pode ser completamente evitada utilizando o modo duplo, uma vez que apenas um rádio está a funcionar em ambos os lados da transmissão ou da receção. A comutação de rádio em modo duplo pode ser efectuada simplesmente parando um dos rádios ou através da sinalização de que um dos rádios suspendeu o seu trabalho.

Comutação de nível de condutor

A comutação pode também ser efectuada a nível do condutor. É difícil evitar colisões utilizando a comutação a nível do condutor, pois o tempo necessário para completar uma transação de comunicação não é previsível. Há a possibilidade de perder pacotes e causar interferências quando a transmissão é efectuada enquanto a receção está em curso devido à falta de coordenação entre os processos de comunicação. O atraso entre as transmissões deve-se à dependência do controlador em relação ao sistema operativo do anfitrião, que geralmente não é determinista no seu tempo de resposta.

Salto adaptativo

O Bluetooth utiliza o salto de frequência de banda larga (WBFH) para efetuar a comunicação. O salto tem lugar em 15 canais de 1 MHz na banda ISM de 2,4 GHz. O salto adaptativo é efectuado através da divisão de frequências e permite que os dispositivos Bluetooth funcionem simultaneamente com dispositivos Wi-Fi através da divisão da banda de frequências distribuída por ambas as tecnologias de comunicação. Tanto o Bluetooth como o Wi-Fi funcionarão em duas secções de frequência diferentes que não se sobrepõem.

O requisito de coexistência de ambas as tecnologias de comunicação pode ser adequadamente resolvido utilizando o salto adaptativo. O salto adaptativo Bluetooth proporcionará uma excelente solução de coexistência, considerando um conjunto de dispositivos de comunicação Bluetooth ou Wi-Fi.

Na comutação de rádio, a comutação ao nível do condutor e o salto adaptativo acabarão por conduzir a cenários de funcionamento sem interferências.

Comutação ao nível do MAC

A comutação ao nível da banda de base pode ser conseguida através da comutação ao nível do MAC. A comutação ao nível do MAC pode ser conseguida através da utilização de duas bandas de base de protocolo e de um módulo que acciona a comutação entre as bandas de base dos protocolos que são reconhecidos para Bluetooth e Wi-Fi separadamente.

A comutação a nível da banda de base é efectuada através da comutação a nível do MAC, que é efectuada a um ritmo muito mais rápido do que a comutação a nível do condutor. É possível prever a latência da comutação a nível MAC. Os problemas relacionados com as interferências podem ser muito facilmente atenuados utilizando a comutação a nível MAC. Os problemas que incluem a transmissão de sinais em recepções de entrada, a sondagem Bluetooth ou a latência do sistema operativo não afectam a comutação ao nível do MAC.

No entanto, a interferência do canal adjacente pode afetar a comutação ao nível do MAC e, por vezes, pode sofrer algum tipo de degradação. O desenvolvimento da comutação ao nível do MAC demora muito tempo, pelo que pode ser utilizado quando a comunicação tem de ser efectuada numa área pequena.

A arquitetura concetual de comutação sem fios especifica as técnicas de comutação entre a banda de base Bluetooth e Wi-Fi. A comutação ao nível do condutor expõe o problema das interferências e tem latências imprevisíveis que podem ser ultrapassadas através do salto adaptativo e da comutação ao nível do MAC, mas que conduzem a um longo ciclo de desenvolvimento, podendo todas as técnicas ser adoptadas como técnicas alternativas para que o Bluetooth e o Wi-Fi comuniquem eficazmente sem interferências. Por conseguinte, é necessário incluir na arquitetura questões fundamentais como a heterogeneidade dos protocolos de comunicação com coexistência e co-localização sem interferências.

7.3.3.6 Arquitetura do protocolo multiacesso modificado (MMPAP)

A arquitetura MPAP é independente dos HOSTS que estão ligados ao ponto de acesso, não sendo tidas em consideração as questões de interferência e coexistência.

A arquitetura do middleware especifica a hierarquia de várias técnicas de coexistência que são específicas da aplicação para adotar o mecanismo de coexistência mais adequado, tendo em conta o fator tempo para a coexistência e a comunicação sem interferências e fazendo com que ambos os protocolos de comunicação heterogéneos funcionem em qualquer momento.

A arquitetura de middleware é a mais adequada para a gestão do handoff, mas não aborda os problemas de colisão, o tempo de atraso para a heterogeneidade e os problemas de falha da rede.

A Figura 7.8 mostra uma arquitetura eficiente que cobre todos os inconvenientes acima referidos, na qual é apresentada uma nova conceção arquitetónica. A arquitetura especifica os mecanismos de transferência e a coexistência de Bluetooth e Wi-Fi.

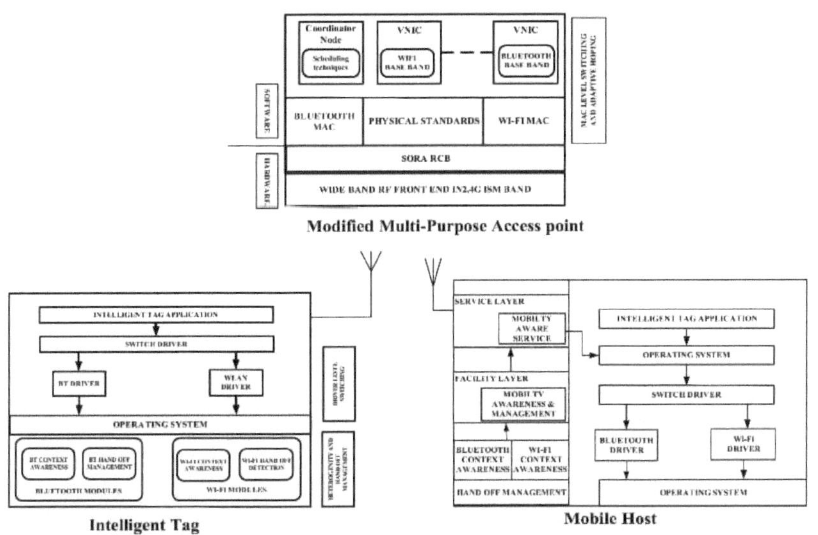

Figura 7.8 Arquitetura para a coexistência heterogénea de comunicações sem fios para etiquetas inteligentes

No lado da etiqueta, é necessário um módulo de sensibilização ao contexto que encapsule toda a lógica/conhecimento necessários para controlar/monitorizar uma determinada tecnologia sem fios nas camadas de ligação de dados/rede para uma comunicação heterogénea utilizando a abordagem de comutação ao nível do condutor. O projeto ajudará a conseguir tanto a transmissão como a receção, exigindo um tempo de configuração e um tempo de retenção mínimos.

A arquitetura modificada deve suportar uma comunicação heterogénea com a utilização de diferentes protocolos em ambos os lados, como o Bluetooth no lado do TAG e o Wi-Fi no lado do dispositivo móvel, o que pode ser conseguido através da conversão de uma norma MAC na outra.

A arquitetura MPAP (Modified Multipurpose Access Point) consiste num front end RF de banda larga na banda 2,4G dentro do ponto de acesso que recebe os dados enviados por várias etiquetas inteligentes utilizando diferentes tipos de protocolos. O SORA RCB (Software Radio Control Board) efectua a filtragem das amostras recebidas para corresponder à sua própria definição de canal sem fios na extremidade de destino. O SORA RCB distribui estas amostras digitais em bruto, que são convertidas em PHY e MAC de uma norma sem fios, a várias interfaces de placa de rede virtual (VNIC) para processamento posterior.

O VNIC é um programa de software que implementa o PHY e o MAC de uma norma sem fios, que são controlados por um nó coordenador. O nó coordenador utiliza uma lógica inteligente para distribuir os formatos padrão do protocolo aos pontos de destino correspondentes.

A arquitetura MMPAP aceita informações enviadas de várias etiquetas para comunicar as mesmas ao anfitrião remoto. A comunicação de várias etiquetas é prioritária a nível do coordenador e a inteligência é incorporada no módulo coordenador para programar a comunicação das etiquetas para o anfitrião remoto.

Na arquitetura MMPAP, a comutação ao nível do MAC é efectuada antes da banda de base e, consequentemente, muitos factores de interferência são atenuados. O MMPAP implementa um mecanismo de salto adaptativo para a comutação. O Bluetooth transmite um padrão de pacotes em todo o espetro e observa o rácio de pacotes perdidos nos canais disponíveis. O canal menos ativo ou menos propenso a interferências é selecionado e o dispositivo Bluetooth é colocado em conjunto com um dispositivo Wi-Fi no canal selecionado. Uma vez que o canal pode receber a localização da banda Wi-Fi do dispositivo Wi-Fi, pode controlar a utilização da mesma banda pelo dispositivo Bluetooth.

No lado do HOST, uma vez que é necessária uma comunicação ad-hoc ponto a ponto, o HOST deve ser capaz de detetar o handoff, o que é conseguido através da implementação do esquema Last Second Soft Handoff (LSSH).

O indicador de intensidade do sinal do recetor (RSSI), com uma afinação adequada dos seus parâmetros, é utilizado para detetar os handoffs. O ponto de acesso cobrirá uma zona bem definida com este esquema. O handoff suave é conseguido através do estabelecimento de múltiplas ligações. É adoptada uma solução baseada na topologia para reduzir o número de pontos de acesso necessários para efetuar a comunicação.

O mesmo método de consciencialização do contexto é implementado tanto no TAG como no lado HOST. A gestão da consciencialização da mobilidade na camada de recursos do lado do HOST utiliza os mecanismos subjacentes de consciencialização do contexto e disponibiliza a informação de contexto aos serviços num formato predefinido.

A aplicação inteligente ao nível da API procura as interfaces de comunicação prontamente disponíveis e estabelece a comunicação com a autenticação adequada, e a comutação ao nível do condutor e a gestão da transferência serão executadas em segundo plano, tornando o anfitrião inteligente.

7.3.4 Arquitetura de software para configurabilidade e adaptabilidade dinâmicas

A arquitetura de software para implementar uma comunicação eficaz entre o TAG inteligente e o HOST utilizando uma interface de comunicação heterogénea é apresentada na **Figura 7.9.** A arquitetura de software inclui três pneus.

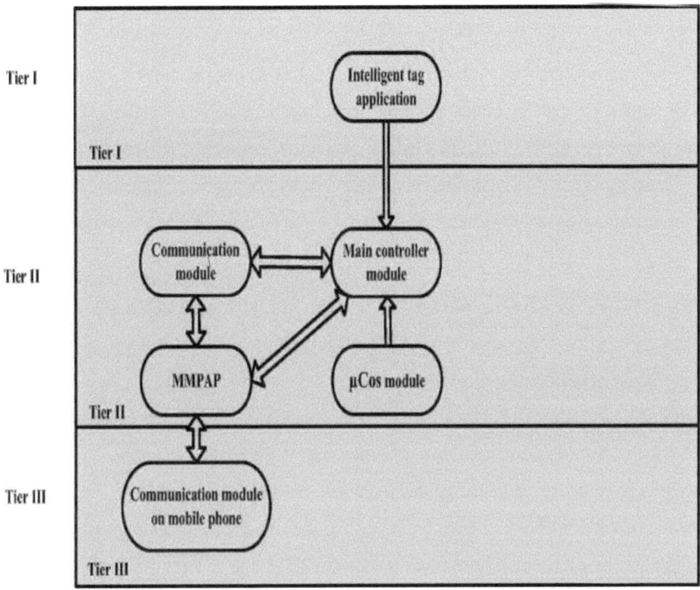

Figura 7.9 Arquitetura de software - Implementação de comunicação heterogénea

Na **camada I** residem todos os módulos relacionados com a aplicação da etiqueta inteligente. A execução global da tarefa é implementada na lógica de controlo principal que reside na camada II. A tarefa principal foi concebida para incorporar todas as funções orientadas para o tempo real, utilizando, neste caso, um sistema operativo em tempo real (µCos). Os componentes de software através dos quais a comunicação é efectuada, quer por Wi-Fi quer por Bluetooth, estão situados na **camada II**, mas são invocados através da lógica do controlador principal. Os módulos de comunicação relacionados com o HOST móvel remoto situam-se no **nível III**. Os módulos de comunicação que se encontram nas **camadas II** e **III** comunicam entre si através de um MPAP modificado residente no dispositivo de acesso. Os módulos de gestão das comunicações residentes nas camadas II e III são invocados através da lógica do controlador principal. O meio de comunicação, as portas de comunicação e a lógica de comunicação são estabelecidos na Fase II.

A gestão da comunicação e do handoff utilizando as técnicas de comunicação disponíveis é efectuada através do módulo de comunicação. O sistema de gestão das comunicações desenvolvido é composto por diferentes módulos de hardware interligados entre si. Os módulos de hardware que estão diretamente ligados ao microcontrolador são controlados pelos respectivos componentes de software. A arquitetura do software foi definida utilizando as classes, a funcionalidade incorporada nas classes e as relações entre as classes.

Sendo o ARM7 o principal dispositivo de controlo do sistema de gestão das comunicações, é definido como uma classe principal associada a uma classe de gestão das comunicações. O módulo de gestão das comunicações lida com portas de comunicação prontamente disponíveis para comunicação, escrevendo um mecanismo de sondagem através de um código s/w escrito no lado do controlador.

O barramento de E/S periféricas é responsável pela interface com módulos externos como Bluetooth e Wi-Fi. Assim, a classe de gestão da comunicação IO periférica mantém informações sobre as portas activas disponíveis ligadas, ou seja, para estabelecer a comunicação. A classe de protocolo de comunicação é utilizada para localizar os dispositivos utilizando uma gama de frequências. As classes de protocolo de comunicação do TAG dependem das classes de protocolo de comunicação do dispositivo móvel. A classe do sinal sonoro é utilizada durante a gestão da transferência de comunicação e quando a comunicação é interrompida por um intruso. A aplicação desenvolvida permite a identificação e a autenticação entre o anfitrião e os tags inteligentes. O diagrama de classes relacionado com o sistema de comunicação é apresentado na Figura 7.10.

7.3.5 Experimentação e resultados

Para simular o funcionamento dos métodos utilizando a conceção do hardware, foram adicionados processos ao telemóvel e ao TAG. A natureza ativa e inativa das portas foi simulada em cada extremidade do TAG e do telemóvel e o estado das portas foi comunicado ao dispositivo MMPAP. Também foi simulada a atribuição das versões dos protocolos a diferentes portas, tendo as mesmas sido comunicadas ao dispositivo MMPAP.

Figura 7.10 Arquitetura de componentes para efetuar a comunicação heterogénea entre o TAG e o HOST

Muitos dos TAG foram postos em funcionamento e o software de simulação neles carregado configura aleatoriamente as portas com Inativo/Ativo, versões de protocolo. A experiência é iniciada com a execução do software ES em todos os TAG e no telemóvel. Os dados transmitidos ou recebidos no telemóvel são visualizados no LCD, mesmo os dados de configuração definidos no telemóvel também foram visualizados no LCD do telemóvel. Do mesmo modo, os dados de configuração e os dados reais comunicados através do TAG também são visualizados no seu LCD. Os dados apresentados são tabelados e mostrados na Tabela 7.1. A tabela mostra que todos os problemas de heterogeneidade, interferência e estados ativo/inativo das portas foram devidamente resolvidos pela implementação do MMPAP no dispositivo de acesso.

O algoritmo proposto para o sistema de comunicação de etiquetas é implementado através de C incorporado no kit de ferramentas de desenvolvimento KEIL integrado. A figura 7.11 mostra o módulo Bluetooth ligado à UART0 do ARM LPC 2148. Os dados Tx e Rx são encaminhados através da UART0 para o Bluetooth.

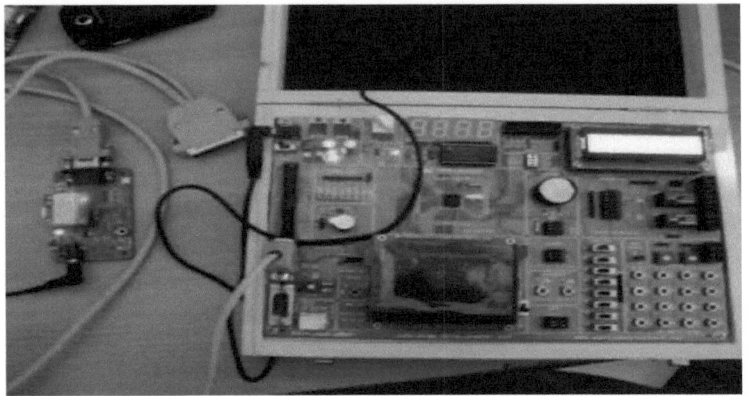

Figura 7.11 Interface Bluetooth do hardware para o ARM LPC 2148

A Figura 7.12 mostra a comunicação sem fios segura entre a etiqueta e o dispositivo móvel e os dados enviados através de Bluetooth do dispositivo móvel são transmitidos e recebidos pelo módulo Bluetooth que foi ligado ao ARM LPC 2148 e apresentados no LCD de matriz de pontos ligado aos pinos GPIO do controlador.

Figura 7. 12 Dados enviados do telemóvel visualizados no LCD do TAG

A Figura 7.13 demonstra um aviso de receção dos dados enviados pelo dispositivo móvel remoto que foram recebidos pelo Tag.

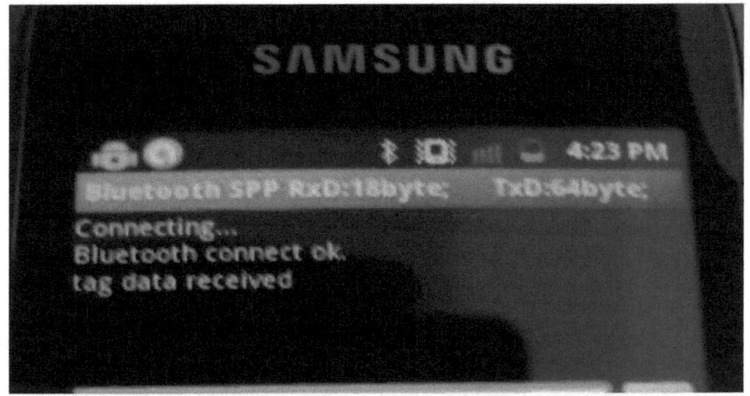

Figura 7.13 Confirmação dos dados enviados para o TAG

As experiências foram iniciadas com a execução do software ES em todas as TAGS e no telemóvel. Os dados transmitidos ou recebidos no telemóvel são visualizados no LCD, e mesmo os dados de configuração definidos no telemóvel foram também visualizados no LCD do telemóvel. Do mesmo modo, os dados de configuração e os dados reais comunicados através do TAG também foram visualizados no seu LCD. Os dados apresentados são tabulados e mostrados na **Tabela 7.2**. A tabela mostra que todos os problemas de heterogeneidade e interferência foram devidamente resolvidos pela implementação do protocolo MMPAP no dispositivo de acesso.

7.4 Conclusões

O desenvolvimento de um TAG inteligente deve poder ser adotado rapidamente por várias tecnologias sem fios para comunicar com vários dispositivos. É necessário implementar a tecnologia de middleware do lado do TAG através de um ponto de acesso que é normalmente outro sistema incorporado que assegura a comunicação entre o TAG e os dispositivos móveis utilizando versões heterogéneas do protocolo. O middleware deve suportar diferentes tecnologias de comunicação sem fios que incluem Bluetooth e sem fios e todas as combinações que existem entre elas. O sistema de comunicações deve ter em conta questões como a coexistência, o ruído, o handoff, etc. Foi apresentado um protocolo de acesso multiponto modificado (MMPAP) que permite a conversão de protocolos e que funciona como middleware em ambos os lados do Tag e do HOST

Na tese, foi apresentada uma arquitetura de software adequada para a criação de software ES no lado do TAG, uma vez que muitas das questões de entrelaçamento devem ser abordadas. A arquitetura de software inclui a componente de middleware MMPAP para efetuar a conversão do protocolo e facilitar a comunicação entre o TAG e o HOST com base nos dispositivos de comunicação eficazes e operacionais que estão presentes em ambos os lados do TAG e do HOST. O software ES foi desenvolvido utilizando a arquitetura de software e o mesmo foi portado para o microcontrolador ARM7. Foram realizadas experiências e provou-se que a implementação do protocolo MMPAP do dispositivo de acesso teve em conta todas as questões heterogéneas, incluindo a questão das interferências, de forma bastante eficaz.

7.5 Âmbito futuro

A comunicação entre o TAG e o telemóvel apresentada na tese pode ser alargada tendo em conta questões como o handoff, o desvanecimento, o ruído e vários tipos de perturbações, etc., que entram em jogo quando a comunicação é efectuada entre o TAG e o dispositivo móvel utilizando diferentes dispositivos de comunicação sem fios.

Os modelos discutidos nesta tese devem ser alargados ao tipo de topologia de rede em malha, em que vários telemóveis actuarão como mestre para várias das TAGS. Quando existe um único mestre, o conceito de prioritização tem de ser adotado e implementado. A arquitetura do protocolo MMPAP utilizada deve também ser alargada para implementar as sessões.

Tabela 7.2 Dados e resultados experimentais

	Dispositivo móvel							Lado da etiqueta							
Telemóvel Código do dispositivo	Wi-Fi 802.11g	Wi-Fi802.11b	Dente azul	Dente Azul3.0	MSG SENT/RECVD	Mensagem atual	Ativo /Inativo	ID da etiqueta	Wi-Fi802.11g	Wi-fi802.11b	Dente Azul2.2	Dente Azul3.0	MSG SENT/RECVD	Mensagem atual	Ativo/em atividade
ID102					ENVIADO	PTEMP	Ativo	TGIO 1					RECVD	PTEMP	Ativo
ID102		√			RECVD	PDOW	Ativo	TGIO 2		√			ENVIADO	PDOW	Ativo
ID102		√			ENVIADO	ATTAC	Ativo	TGIO 3					RECVD	ATTAC	Ativo
ID102		√			RECVD	BIP	Ativo	TGIO 4				√	ENVIADO	BIP	Ativo
ID103					RECVD	LATT	No ativo	TGIO 5					ENVIADO	LATT	Ativo
ID103	√				RECVD	LATT	Ativo	-	-	-	-	-	-	-	-

ID104				√	ENVIADO	LONGO	Ativo	TGIO 6		·√			RECV D	LONGO	No ativo
ID104	-	-	-	-	-	-	-	TGIO 6					RECV D	LONGO	Ativo

CAPÍTULO-8 PROTEGER A COMUNICAÇÃO ENTRE AS TAGS E O HOST

8.1 Visão geral

O sistema de gestão de etiquetas inteligentes é composto por várias tecnologias que tratam de diferentes aspectos da inteligência. Uma etiqueta é fixada a um objeto para fins de localização. O TAG está em comunicação contínua com um dispositivo móvel para informar sobre o seu próprio estado. As TAGS estão a ser construídas com mais inteligência para seguir várias questões, como a localização dos objectos, a gestão da energia, o ataque de adulteração, a identificação, etc.

À medida que as TAGS se tornam mais inteligentes, lidam com informações muito sensíveis e as mesmas são comunicadas ao utilizador das TAGS através da interface do telemóvel. É possível que os intrusos possam atacar as comunicações que têm lugar entre o TAG e o dispositivo móvel.

As TAGS devem ser protegidas contra ataques sem perda de resposta e de rendimento. A segurança de um sistema incorporado é um desafio, uma vez que os sistemas incorporados têm poucos recursos. A questão da segurança do TAG é muito mais importante porque os TAGS comunicam com os dispositivos móveis utilizando tecnologias sem fios como o Bluetooth e o Wi-Fi.

Estão a ser utilizados vários protocolos de comunicação para estabelecer a comunicação entre as etiquetas e os dispositivos móveis. Uma vez que envolvem a comunicação no meio sem fios, há que ter em conta várias questões de segurança para assegurar uma transferência de dados segura e ininterrupta entre os dispositivos.

São utilizadas várias versões de Bluetooth e Wi-FI para efetuar a comunicação entre as TAGS e o HOST. No capítulo 7.0 apresentam-se todos os pormenores relativos à comunicação entre as TAGS e o HOST.

A informação de um TAG para um HOST pode ser protegida através da encriptação dos dados transmitidos, enquanto o código de acesso e o cabeçalho do pacote são transmitidos através de um canal não encriptado. Os dados podem ser encriptados utilizando diferentes tipos de cifras.

8.1.1 Mecanismos de segurança

As etiquetas e o anfitrião podem funcionar em modo desprotegido, em que não é utilizada qualquer encriptação ou autenticação, enquanto o próprio dispositivo funciona em modo não discriminatório, ou seja, em modo de difusão.

No modo baseado em aplicações/serviços (L2CAP), o processo de autenticação é implementado para restringir o acesso a um TAG e ao dispositivo móvel assim que a ligação é estabelecida.

No caso da autenticação PIN da camada de ligação / autenticação do modo de encriptação do endereço MAC, a autenticação é efectuada antes do estabelecimento da ligação. Por vezes, a comunicação pode ser comprometida mesmo neste caso, embora seja utilizada a encriptação transparente.

8.1.1.1 Proteger a comunicação iniciada por dispositivos Bluetooth

Os códigos PIN, de 1 a 16 bytes de comprimento, podem ser utilizados para efetuar a segurança utilizando a norma de comunicação Bluetooth. Uma chave de ligação de 16 bytes baseada no código PIN pode ser gerada utilizando um algoritmo de encriptação. Em seguida, a chave de ligação é utilizada para gerar uma chave de encriptação utilizando outro algoritmo de encriptação. A primeira chave é utilizada para autenticação e a segunda para encriptação.

O processo de autenticação é o seguinte:

1. O dispositivo envia o seu endereço de 48 bits para iniciar a ligação com o dispositivo remoto. O endereço é único e é exatamente semelhante a um endereço MAC.

2. É enviada uma sequência de desafio aleatória de 128 bits em resposta ao endereço enviado pelo dispositivo.

3. Ambos os dispositivos geram uma cadeia de resposta de autenticação baseada no endereço do dispositivo, na sequência aleatória e na chave de ligação

4. O aparelho estabelece a ligação através da sequência de desafio.

5. O dispositivo recetor compara a sequência de desafio recebida com a sua própria sequência e a ligação é estabelecida se as duas sequências coincidirem.

8.1.1.1.1 Ataque à comunicação Bluetooth

Basicamente, o Bluetooth oferece dois modos de ligação a outros dispositivos Bluetooth, que incluem o modo detetável e o modo não detetável. Os dispositivos Bluetooth têm uma funcionalidade que pode ser definida para tornar o dispositivo visível para outros dispositivos enquanto o dispositivo está no modo detetável.

No modo Não detetável, o dispositivo Bluetooth pode ser tornado não visível através da definição de uma das caraterísticas Bluetooth. Só pode ser visível para os dispositivos que tenham o seu endereço MAC e que tenham informações sobre este dispositivo.

Há várias formas de penetrar na segurança do Bluetooth, devido ao facto de os dispositivos Bluetooth terem pouca capacidade de processamento. As principais formas de ataque que podem ser efectuadas nas comunicações Bluetooth incluem blue jacking, blue snarfing, blue bugging, PIN cracking, negação de serviço, eves dropping, Man-in-the-middle of attack, etc. **Blue Jacking:**

Um hacker envia um contacto telefónico ou algum tipo de identidade para outro telefone depois de substituir o nome arquivado por um texto, para que o dispositivo recetor leia o texto como parte da consulta que tem de efetuar. Este tipo de ataque é designado por blue jacking. Este tipo de mensagem é de certa forma equivalente a um spam, uma vez que as mensagens recebidas não são solicitadas pelo destinatário, pois são recebidas sem qualquer consentimento, explorando a natureza básica do sistema de comunicação. No Blue Jacking, o atacante utiliza o Bluetooth para enviar as mensagens. Este tipo de ataque é também designado por "push attack".

Os dispositivos necessitam de emparelhamento ou de instruções antes de os dispositivos remotos serem autorizados a utilizar os seus próprios serviços. Os cartões de visita e as notas OBEX são aceites por alguns dispositivos sem qualquer requisito de emparelhamento ou solicitação, o que torna possível atacar utilizando o Blue Jacking através da exploração de cartões de visita OBEX.

O endereço do HOST pode ser emparelhado com o endereço do Bluetooth ligado aoTAG e o mesmo é promovido para permitir ou negar a receção da mensagem com base no facto de ser ou não recebida uma sequência de emparelhamento adequada. Se for recebido um emparelhamento correto, o dispositivo remoto recebe o nome do dispositivo que iniciou a sequência de emparelhamento.

Snarfing azul

O Blue Snarfing é um método de ataque que contorna o requisito de emparelhamento e rouba dados importantes como mensagens, listas telefónicas, tarefas, etc. Um dispositivo Bluetooth pode ser definido para o modo detetável ou não detetável. Um dispositivo Bluetooth que esteja configurado para o modo detetável pode ser atacado, uma vez que todos os outros dispositivos Bluetooth que se encontrem na sua vizinhança podem comunicar, o que conduz a uma vulnerabilidade para o ataque. No entanto, existem atualmente muitas ferramentas que podem adivinhar o endereço do dispositivo através de um método de força bruta, mesmo quando o dispositivo está configurado para o modo não detetável. Neste caso, não é enviado nada para o dispositivo que se pretende atacar e este tipo de ataque é conhecido por ataque pull. O atacante utiliza o protocolo OBEX (Object Exchange) para extrair os dados à força do dispositivo recetor.

Insectos azuis:

Neste caso, o dispositivo recetor é controlado pelo atacante, enviando comandos para executar acções no dispositivo da vítima, como se lhe fosse dado acesso físico ao dispositivo. O hacker pode, assim, atacar através da escuta de conversas telefónicas ou efetuar uma chamada telefónica e comunicar através do envio e receção de mensagens de texto. Este tipo de ataque é semelhante ao dos cavalos de Troia, em que o software do atacante é instalado no dispositivo da vítima como se fosse um programa normal e começa a aceder aos recursos e a fazer processamento malicioso, incluindo a troca de informações com o atacante. O atacante também pode transmitir comandos do sistema para serem executados no dispositivo da vítima, causando um efeito devastador.

Fratura de PIN:

Um PIN é uma informação armazenada nos pacotes transmitidos de um dispositivo Bluetooth para outro, que é utilizada para autenticação. No pacote de dados, o PIN é transformado em texto e armazenado. Um atacante tem acesso aos pacotes enviados e recebidos e, por conseguinte, pode descodificar as informações contidas nos pacotes. As informações contidas nos pacotes relacionadas com o PIN são extraídas e processadas através de algum tipo de processamento numérico e extraem o PIN original que é utilizado para autenticação.

Ataque de negação de serviço:

Cada dispositivo Bluetooth fornece alguns serviços que são utilizados pelos utilizadores para vários fins. Os serviços dos dispositivos Bluetooth podem ser bloqueados através da inundação de mensagens para o dispositivo destinatário, de modo a que o mesmo serviço fique ocupado, não permitindo que qualquer outro utilizador utilize qualquer outro serviço. Este tipo de ataque é designado por ataque de negação de serviço. Este tipo de ataque resulta no desperdício da largura de banda da rede, do espaço em disco e da capacidade de processamento.

Escutas:

A escuta é um método que permite descobrir o carácter secreto dos dados trocados entre os dispositivos Bluetooth. Cada pacote Bluetooth contém dois elementos importantes: o endereço MAC e o relógio. O endereço MAC identifica um dispositivo Bluetooth de forma exclusiva. Os dispositivos Bluetooth possuem também um relógio que funciona a uma frequência de 3,2 KHz e que se comporta como um contador que conta números de 28 bits, sendo este número suficiente para contar até 23 horas. São utilizados 79 canais para efetuar a comunicação Bluetooth e utiliza o salto de frequência para efetuar a comunicação e salta todos os canais uma vez em cada 625 micro segundos para enviar um pacote de informação. O endereço MAC do dispositivo principal e o seu relógio decidem a sequência de saltos.

Os dados enviados por um dispositivo Bluetooth são codificados para melhorar a resistência aos erros e o controlo, dificultando a escuta. O tipo de codificação efectuado depende da informação armazenada nos primeiros 6 bits do relógio situado no dispositivo principal. Assim, a escuta requer o conhecimento do endereço MAC e o conteúdo do contador baseado no relógio. Utilizando estes dados, os utilizadores podem calcular a sequência de saltos, sintonizar o rádio no canal correto e codificar as informações enviadas para um dispositivo Bluetooth, de modo a que os dados possam ser transmitidos e recebidos na sua forma original.

Ataque Man-in-the-Middle:

Neste ataque, um atacante obtém as chaves de ligação e as chaves de unidade, que são os endereços de base dos dispositivos, para começar por outros meios. Utilizando estes dados, o atacante intercepta a comunicação entre os dispositivos e começa a comunicar com ambos os dispositivos, dando a impressão de que tanto os dispositivos emissores como os receptores estão a comunicar entre si.

Os dispositivos com limitações de memória também podem ser explorados através do ataque Man-in-the-middle. Uma chave de unidade situada nos dispositivos com limitações de memória é utilizada para encriptar os dados, de modo a que o máximo de dados seja armazenado no mínimo de memória. Qualquer dispositivo Bluetooth não fiável pode estabelecer comunicação com um dispositivo com limitações de memória e obter a chave de unidade. A chave unitária é obtida por outro dispositivo quando um dispositivo com limitações de memória comunica com um dispositivo diferente. O dispositivo que obteve a chave unitária falsifica assim o endereço e utiliza-o para comunicar com o dispositivo com limitações de memória

8.1.1.1.2 Combater os ataques às comunicações baseadas em Bluetooth

Na literatura, foram apresentados muitos métodos de contra-ataque para cada um dos ataques que podem ser efectuados a um dispositivo Bluetooth.

Contra-atacar o Blue Jacking:

Alguns dos métodos de ataque dos contadores relacionados com o blue jacking são os seguintes

1. Desativar o Bluetooth:

O dispositivo Bluetooth só será ativado quando for necessário e desativado quando não for necessário, especialmente quando os dispositivos Bluetooth forem utilizados em locais com muita gente ou quando for recebida qualquer mensagem anónima.

2. **Utilizar o modo Indetetável/Oculto**:

Uma das contra-medidas mais práticas consiste em manter o dispositivo Bluetooth em modo indetetável, configurando-o corretamente depois de ter estabelecido a ligação de comunicação com o dispositivo com o qual a comunicação tem de ser efectuada. O dispositivo Bluetooth em comunicação é invisível para os outros dispositivos. Apenas o dispositivo Bluetooth em comunicação será visível para os dispositivos que tenham sido emparelhados.

Snarfing azul:

Seguem-se os métodos de contra-ataque relacionados com o blue snarfing:

1. **Atualização dos dispositivos:**

Os primeiros dispositivos Bluetooth foram lançados com o modo detetável por defeito, a fim de evitar procedimentos de segurança complexos e permitir a troca livre de cartões de visita e números de telefone. Estes dispositivos devem ser actualizados com as caraterísticas mais recentes para que os mecanismos possam ser devidamente controlados.

2. **Esconder os dispositivos:**

Quando um dispositivo Bluetooth se encontra numa localização desconhecida, geralmente designada por zona de hot-spot, e não tem conhecimento de outros dispositivos Bluetooth, é preferível alterar o modo do dispositivo para um estado não detetável.

3. **Código de emparelhamento mais longo**:

A tecnologia Bluetooth utiliza um código de emparelhamento de 16 dígitos para efetuar a comunicação entre um conjunto de dispositivos Bluetooth. No entanto, muitas das aplicações utilizam apenas 4 dos 16 dígitos para o emparelhamento, o que facilita o ataque através da aplicação de métodos de força bruta para decifrar o código de emparelhamento e a realização de actividades maliciosas pelo atacante. Assim, as aplicações devem ser obrigadas a utilizar todos os 16 dígitos para o emparelhamento, dificultando a decifração do código de emparelhamento. .

Bugs azuis:

O estabelecimento de gateways pelos operadores móveis filtrará todos os comandos iniciados pelos atacantes que se destinam a instalar o software no lado do recetor, através do qual o atacante terá acesso aos recursos. Os atacantes atacam geralmente o sistema do lado do recetor através da instalação de programas que criam vírus no sistema do recetor. O software antivírus deve ser instalado e atualizado periodicamente para que os programas de vírus possam ser detectados e eliminados e os recursos afectados sejam limpos.

Fratura de PIN:

Na comunicação Bluetooth, os PINS são trocados entre os dispositivos em comunicação com o objetivo de autenticar cada um deles. Deve ter-se o cuidado de evitar a utilização de PINS como "0000" e "1234". Todos os 64 bits atribuídos para localizar os PINS, se utilizados, dificultarão a quebra dos PINS e o conhecimento da autenticação que está incorporada nos PINS.

Ataque de negação de serviço:

Os ataques de negação de serviço podem ser combatidos utilizando os seguintes métodos:

1. ***Quando a mensagem de emparelhamento é enviada por um dispositivo*:**

O emparelhamento dos endereços é efectuado quando a autenticação de um dispositivo é feita pelo outro dispositivo e as informações de emparelhamento são armazenadas de forma codificada. Os endereços que falharam a autenticação várias vezes são os endereços mais adequados

que não são facilmente quebráveis. Os endereços inquebráveis, se atribuídos aos endereços dos dispositivos, podem evitar ataques de negação de serviço.

2. **Quando a mensagem de emparelhamento é enviada por muitos dispositivos**

Quando o ataque é efectuado, o número de emparelhamentos sem êxito é superior ao número previsto num determinado período de tempo. É possível que os dispositivos Bluetooth adivinhem o ataque de negação de serviço quando o número real de tentativas para efetuar os emparelhamentos é superior ao número previsto. Quando tal acontece, o dispositivo pode emitir um sinal de segurança para interromper a interação com o dispositivo.

3. **Quando o atacante está a alterar o endereço Bluetooth para outro endereço Bluetooth**:

Neste caso, o atacante altera o endereço do seu próprio dispositivo, que é o endereço utilizado por outro dispositivo. O dispositivo transmissor receberá informações de autenticação incorrectas do dispositivo atacante quando este enviar um pedido de emparelhamento. O dispositivo transmissor actualiza então a sua lista de autenticação falhada e tenta estabelecer uma ligação com o dispositivo recetor. Se o dispositivo recetor responder, a ligação será estabelecida e a comunicação será afetada.

Escutas:

A escuta pode ser combatida selecionando o nível de potência mais baixo nos dispositivos Bluetooth, para que a transmissão do utilizador permaneça dentro de um perímetro seguro. O contra-ataque também pode ser implementado evitando o emparelhamento com dispositivos sem fios que tenham um alcance de transmissão alargado de 100 metros, porque o sinal Bluetooth pode ser detectado dentro de um alcance de 30 pés. Pode ser criado um novo código PIN para cada sessão de emparelhamento Bluetooth com outro dispositivo para evitar o rastreio dos pares. Se ocorrer um ataque de espionagem no dispositivo Bluetooth, o código PIN que é utilizado frequentemente pode ser facilmente detectado e utilizado pelo atacante para emparelhar com o dispositivo sem fios.

Ataque Man-in-the-Middle:

Neste caso, um dispositivo Bluetooth faz o emparelhamento com outro e o dispositivo atacante apodera-se das informações de emparelhamento e falam um com o outro como se o dispositivo transmissor e o dispositivo recetor originais estivessem a comunicar um com o outro. O "man-in-the middle" envia sinais em termos de mensagens para indicar que a transmissão não foi efectuada corretamente, levando o dispositivo transmissor a pensar que algo correu mal com o tráfego relacionado com a transmissão da mensagem e a apagar todas as informações relacionadas com o dispositivo recetor.

O Jamming ocorre na camada física e pode ser evitado através da implementação de algoritmos de prevenção.

A comunicação também pode ser efectuada através de uma comunicação segura na camada de socket, de modo a impedir o empastelamento.

8.1.1.2 Proteger a comunicação iniciada por dispositivos Wi-Fi

Estão a ser utilizadas muitas versões do Wi-Fi, todas elas desenvolvidas com base na norma IEEE 802.11. O principal problema do Wi-Fi é a heterogeneidade, uma vez que existem muitas versões e lançamentos da norma. Os dispositivos sem fios podem ser ligados em LAN utilizando uma infraestrutura fixa ou através de uma rede adhoc. São utilizados sinais de rádio de alta frequência para efetuar a comunicação entre os dispositivos que estão ligados na mesma LAN sem fios.

8.1.1.2.1 Arquitetura LAN sem fios

Os dispositivos ligados numa LAN Wi-Fi funcionam com diferentes sistemas operativos e utilizam diferentes versões da norma de comunicação Wi-Fi. São utilizados diferentes componentes, incluindo o ponto de acesso, os dispositivos sem fios, os sistemas operativos, os computadores pessoais, os blocos de notas, etc., de modo a formar uma arquitetura de comunicação Wi-Fi.

O ponto de acesso funciona como um HUB que ajuda a transmitir os dados entre os dispositivos. Por vezes, o ponto de acesso liga uma rede sem fios a uma rede com fios, utilizando o protocolo Ethernet. Os pontos de acesso suportam um número reduzido de dispositivos sem fios. Por vezes, uma série de pontos de acesso liga um maior número de dispositivos sem fios na rede.

Também pode ser utilizado um dispositivo especial denominado ponte para estabelecer a ligação entre redes com e sem fios. A ponte funciona como um ponto de controlo na arquitetura LAN sem fios.

8.1.1.2.2 Ataque a dispositivos Wi-Fi

Os dispositivos Wi-Fi estão a ser atacados de várias formas, incluindo interceção de dados, negação de serviço, pontos de acesso falsos, intrusos sem fios, pontos de acesso gémeos maléficos, phishing sem fios, etc.

Interceção de dados:

Atualmente, estão a ser utilizadas antenas direcionais para captar dados enviados por Wi-Fi por espiões que se encontram a algumas centenas de metros de distância. A maioria dos produtos com certificação Wi-Fi suporta o método de encriptação de dados AES para garantir a integridade dos dados transmitidos. Além do AES, são também utilizados protocolos antigos como o TKIP (protocolo de integridade de chave temporária), que é vulnerável a ataques de verificação da integridade da mensagem, uma vez que permite a injeção de um conjunto limitado de fotogramas falsos.

Negação de serviço:

A negação de serviço é o ataque mais frequente ao sistema de comunicações sem fios, uma vez que todos os dispositivos Wi-Fi são vulneráveis devido à utilização do mesmo espetro de frequências não licenciadas. Os dispositivos Wi-Fi têm de competir pelas frequências quando estão situados numa área povoada em que estão a funcionar muitos dispositivos Wi-Fi. É possível utilizar um maior número de frequências utilizando a norma 802.11n, especialmente na banda de 5 GHz, menos concorrida. Os pontos de acesso mais recentes também têm funcionalidades para ajustar automaticamente os canais para lidar com problemas de interferência.

Mesmo com todas estas tecnologias implementadas, continuam a ocorrer ataques de negação de serviços através da transmissão de mensagens falsas enviadas com o objetivo de desligar os utilizadores, consumir recursos de AP e manter os canais ocupados. Muitas técnicas novas estão em voga para neutralizar os métodos de ataque DoS.

Pontos de acesso de rota:

A entrada de pontos de acesso não autorizados na rede tem sido uma preocupação desde há algum tempo. Os APS actuais foram concebidos com inteligência para analisar os canais e encontrar os malfeitores quando os pontos de acesso não estão muito ocupados com a comunicação. O rastreio dos intrusos que utilizam a conetividade com fios continua a ser um problema importante. Para bloquear os intrusos, é necessário classificar e identificar corretamente os pontos de acesso, sem o que é bastante arriscado reconhecer um ponto de acesso como intruso.

Os vizinhos inofensivos, os hotspots pessoais e os desonestos ligados à rede que representam um perigo real podem ser identificados através da implementação do IPS nos gestores de conteúdos Wi-Fi, que toma medidas baseadas em políticas para rastrear, bloquear e localizar estes últimos.

Intrusos sem fios:

Os clientes Wi-Fi mal-intencionados podem detetar os produtos IPS sem fios, como o Motorola Air Defense, o Air Magnet e o Air Tight, que também podem detetar se os produtos estão a funcionar no espaço aéreo de uma empresa e nas suas imediações. Os sensores WIPS (sistema de prevenção de intrusões sem fios) são necessários para uma defesa eficaz contra os ataques. Os sensores 802.11a/b/g devem ser actualizados regularmente para utilizarem a gama de frequências na banda de 5 GHz. Além disso, a colocação dos sensores WIPS deve ser revista para satisfazer as necessidades de deteção e prevenção.

APs gémeos do mal:

O nome da rede (SSID) pode ser difundido por pontos de acesso fraudulentos para estabelecer hotspots, fazendo com que os clientes W-i-Fi próximos se liguem aos hotspots. Os Evil Twins são os pontos de acesso que podem ouvir os clientes próximos, reconhecer os SSID dos dispositivos Wi-Fi que se encontram na vizinhança e publicitar esses SSID como estações de trabalho Wi-Fi válidas. Os clientes estão ligados ao DHCP (protocolo de controlo dinâmico do anfitrião) e o tráfego do cliente é encaminhado através do DNS (serviço de nomes de domínio) e dos Evil Twins, cujas aplicações incluem a Web local, o correio eletrónico, os servidores de ficheiros, etc., e executam ataques do tipo man-in-the-middle. A implementação da autenticação baseada no servidor obtida através do 802.1X e a certificação pelo servidor de aplicações são as formas atualmente utilizadas para contrariar o ataque Man-in-the-middle.

Phishing sem fios:

O atacante pode entrar no meio de uma sessão Web utilizando o Evil twin num hotspot aberto e corromper as caches WEB. Os clientes podem ser redireccionados para sítios de phishing depois de deixarem o hotspot, mesmo quando ligados a uma rede empresarial com fios.

A cache do browser deve ser limpa de vez em quando para mitigar este tipo de ameaça. Também é possível deter este tipo de ameaça encaminhando o tráfego do hotspot através de um gateway VPN de confiança.

8.1.1.2.3 Contra-medidas para vulnerabilidades Wi-Fi

Estão a ser utilizados muitos métodos de contra-ataque para proteger a comunicação sem fios através de Wi-Fi, que incluem a utilização de encriptação, a utilização de software antivírus, a desativação da difusão do identificador, a alteração do identificador predefinido no router, a alteração da palavra-passe de administrador predefinida do router, a permissão de acesso à rede sem fios apenas a computadores autorizados, a desativação da rede sem fios, etc.

Utilização de encriptação:

A encriptação implica a codificação do texto ou dos dados que são comunicados através da rede. Muitos dos dispositivos de rede sem fios, como os routers sem fios e os pontos de acesso, dispõem de mecanismos integrados para encriptar os dados antes de os transferir de um ponto para outro. Por vezes, a desencriptação intermédia também é efectuada nestes dispositivos.

Utilizar software antivírus e firewall:

Os dispositivos de uma rede sem fios necessitam das mesmas protecções que qualquer computador ligado à Internet. Instalação de software antivírus e anti-spyware, manter os dispositivos actualizados.

Desativar a difusão do identificador:

Os dispositivos sem fios enviam sinais através de difusão para os dispositivos sem fios próximos, indicando a sua presença na vizinhança. Esta difusão é designada por difusão de identificadores. Os piratas informáticos utilizam as informações de identificação transmitidas e entram em redes sem fios vulneráveis.

Alterar o identificador predefinido no router:

Cada router sem fios tem um ID padrão armazenado pelo fabricante. Os piratas informáticos conhecem os IDs predefinidos armazenados no router e acedem à rede através dos Ids identificados. O ID armazenado no router deve ser geralmente desconhecido e o mesmo ID deve ser configurado no router e no dispositivo sem fios para que possam comunicar. A palavra-passe do router deve ter pelo menos 10 caracteres, utilizando uma combinação mais difícil de caracteres, para que seja difícil decifrar as palavras-passe.

Permitir que apenas computadores autorizados acedam à rede sem fios:

O endereço MAC é atribuído a cada computador para identificar de forma exclusiva a estação de computação. Os routers sem fios têm um sistema inteligente incorporado que permite que apenas os dispositivos com um determinado endereço MAC acedam à rede. Os piratas informáticos estão a imitar os endereços MAC e continuam a atacar, apesar de controlarem a atribuição dos endereços MAC ao dispositivo sem fios.

Desativar a rede sem fios:

Uma estratégia que, por vezes, ajuda a evitar o ataque dos hackers é desligar o router sem fios quando não está a haver comunicação. O período de tempo durante o qual o router é suscetível pode ser bastante reduzido desligando o router.

8.1.2 Definição do problema

Num sistema de gestão de etiquetas inteligentes, uma etiqueta tem de estar em comunicação com o anfitrião remoto, ou seja, o dispositivo móvel. A comunicação entre o dispositivo móvel e as etiquetas inteligentes pode ser efectuada utilizando qualquer mecanismo de comunicação que inclua Bluetooth, Wi-Fi, etc. Quando a comunicação é efectuada utilizando estes modos, são emitidos sinais que estão disponíveis numa área local, o que conduz a uma enorme vulnerabilidade para ataques.

Estão disponíveis vários mecanismos de aplicação da segurança para garantir a segurança dos dispositivos. No entanto, estes mecanismos estarão activos desde o arranque do sistema e não serão desactivados mesmo na ausência de ataques às ligações de comunicação. Com a ativação contínua destes mecanismos de segurança, as tarefas sem importância ficarão com a maior parte da funcionalidade do sistema. Assim, a sobrecarga do sistema aumentará e o desempenho do sistema degradar-se-á.

Por conseguinte, é necessário desenvolver a inteligência na etiqueta para garantir a comunicação entre a etiqueta e o dispositivo móvel e as medidas de segurança só devem ser aplicadas quando o ataque à etiqueta é iniciado, de modo a que não seja necessário aplicar procedimentos complexos para garantir a segurança dos sistemas incorporados durante o funcionamento normal das etiquetas. Devem ser inventados métodos e mecanismos para detetar diferentes tipos de ataques e iniciar um mecanismo de contra-ataque adequado que possa ser executado em linha com outros módulos funcionais. Tem de ser inventada uma arquitetura de software que implemente sistemas de contra-ataque em linha.

8.2 Pesquisa bibliográfica

No passado, foram inventados muitos métodos para garantir a segurança dos sistemas incorporados autónomos, tendo em conta vários ataques e contra-ataques que incluem a temporização, a análise electromagnética, a análise da potência e a injeção de falhas. Muitos métodos de ataque e contra-ataque foram propostos e implementados no passado para proteger os sistemas autónomos [**Sastry et al., 2009-01**], [**Sastry et al., 2010-01**], [**Sastry et al., 2011-01**], [**Sastry et al., 2011-02**], [**Sastry et al., 2012-19**], [**Sastry et al., 2012-20**], [**Sastry et al., 2012-21**], [**Sastry et al., 2012-22**], [**Sastry et al., 2012-23**].

Vários autores abordaram a questão da segurança da comunicação entre o TAG e o HOST, tendo em conta os protocolos de comunicação e os dispositivos.

Um tag pode gerar uma chave aleatória que é encriptada através de uma função de hash e enviada ao leitor; o leitor que tiver a chave exacta responderá então ao TAG [**Dieter Hutter et al. 2003-01].** Depois de receber a resposta do leitor, o TAG transmite o seu próprio ID. No entanto, uma vez que o valor do ID do TAG é estático, existe ainda a possibilidade de localizar um TAG e de efetuar escutas na comunicação entre o leitor e o TAG. No entanto, este método não garante a segurança da comunicação entre o TAG e o leitor, o que torna a comunicação exposta a ataques de repetição.

A comunicação entre o TAG e o HOST pode ser protegida através de cadeias de hash **[Miyako Ohkubo, et al., 2003-01].** As cadeias de hash ajudam a efetivar a segurança futura, mesmo no caso de o TAG revelar acidentalmente os dados que está a manipular. Mas o método não foi bem sucedido devido à sobrecarga computacional envolvida no cálculo das cadeias de hash na base de dados back-end.

A segurança da comunicação pode ainda ser alcançada através da utilização de um hash unidirecional **[Dirk Henriciet al., 2004-01**]. O reforço do sigilo é conseguido através da alteração do identificador do TAG para cada instância de leitura, utilizando uma simples troca de mensagens. O atacante pode ainda ser bem sucedido ao tornar um TAG indetetável e bloquear a comunicação utilizando ataques de negação de serviço.

A clonagem de tags é outro mecanismo de ataque grave a que é necessário resistir **[Tassos Demetrio, 2005-01].** Foi apresentado um esquema que permite que a chave secreta seja partilhada entre o TAG e o leitor e que a chave secreta seja modificada após cada identificação bem sucedida dos dispositivos em comunicação. A autenticação da chave secreta é efectuada por ambos os dispositivos em comunicação. O TAG continua a poder ser localizado, uma vez que os dados comunicados entre duas identificações bem sucedidas continuam a ser estáticos. Por conseguinte, esta forma de alterar a identificação dos dispositivos de comunicação é vulnerável a um ataque de dessincronização da base de dados.

Podem ser utilizadas duas funções de hash unidireccionais **[Young Ju Hwang, 2005-01] -** para proporcionar privacidade a etiquetas RFID de baixo custo, que estão efetivamente limitadas devido a fontes de energia e capacidades computacionais reduzidas. A função hash bidirecional é designada por protocolo de autenticação de baixo custo (LCAP). No entanto, estes tipos de etiquetas de baixo custo computacional, apesar de a função de hash de duas vias ser utilizada para manter o segredo da TAG, são vulneráveis a ataques de repetição, ataques de dessincronização da base de dados e ataques de localização.

Uma chave secreta e um identificador da etiqueta podem ser partilhados por uma etiqueta e uma base de dados **[David Molnar et al., 2004-01].** Estes dois elementos são introduzidos, juntamente com os dados a comunicar, numa função pseudo-aleatória e o conteúdo convertido é enviado para o recetor. Mesmo neste caso, embora garanta proteção contra ataques de rastreio, ainda não oferece segurança futura.

O ataque **Man-in-the-middle [Xingxin (Grace) Gao et al, 2005-01]** e os ataques de rastreio hostil podem ser contrariados através da implementação de um controlo de acesso aleatório. Este esquema é simples e não requer qualquer sobrecarga computacional e é útil para os sistemas que são construídos utilizando muitas das TAGS. Mesmo utilizando este método, a segurança futura é afetada e o método é também vulnerável a ataques de repetição.

O emparelhamento dos dispositivos sem fios é a questão mais crítica para preservar a segurança da comunicação afetada entre dois dispositivos comunicantes **[Dominic Spill et al., 2006-01].** O emparelhamento é encriptado na camada de ligação para proteger a identificação dos dispositivos em comunicação. O método é, no entanto, vulnerável a escutas no processo de emparelhamento.

Todos os métodos de ataque e contra-ataque apresentados na literatura, quando implementados num TAG, implicam grandes despesas gerais e, por vezes, podem tornar-se inviáveis devido à falta de recursos adequados. A implementação de todos os métodos de ataque e contra-ataque juntamente com

A aplicação ES pode também levar à perda de tempo de resposta e de débito. São necessárias estratégias diferentes que ajudem a aplicar as medidas de segurança e que, ao mesmo tempo, não acrescentem demasiadas despesas gerais e, sobretudo, que não afectem o tempo de resposta e o débito.

[Sastry et al 2012-13] propuseram um mecanismo de segurança que implementa a inteligência para detetar as situações de ataque e introduzir no âmbito de aplicação os mecanismos de contra-ataque. Os mecanismos de contra-ataque só devem entrar em ação no momento em que um ataque é iniciado. Os mecanismos de contra-ataque não devem ser incorporados como procedimentos in-stream, uma vez que afectam o tempo de resposta e, como tal, tanto o TAG como os dispositivos móveis têm poucos recursos, os componentes da solução incorporada são basicamente dispositivos lentos e a residência permanente e a execução em linha de qualquer código prejudicam efetivamente os parâmetros de conceção dos sistemas incorporados. [**Sastry et al., 2012-14]** propuseram uma arquitetura para o desenvolvimento de software que implementa o sistema de segurança no âmbito das TAGS. [**Sastry et al., 2014-02]** apresentaram um mecanismo de execução de segurança incloud que ajuda a implementar a segurança sem comprometer o tempo de resposta ou a necessidade de utilizar demasiada infraestrutura no TAG para implementar a segurança.

8.3 Investigações e conclusões

8.3.1 Requisitos funcionais

Os seguintes requisitos funcionais devem ser cumpridos para implementar as informações necessárias para garantir a segurança da comunicação que ocorre entre o TAG e o HOST.

i) Detetar a disponibilidade de portas de comunicação no lado do dispositivo móvel e estabelecer as interfaces de comunicação necessárias através de uma configuração dinâmica

ii) Detetar a disponibilidade de portas de comunicação no lado do Tag e estabelecer as interfaces de comunicação necessárias através de uma configuração dinâmica

iii) Estabelecer as ligações de comunicação entre a etiqueta e o dispositivo móvel

iv) Iniciar a comunicação.

v) Detetar ataques à comunicação entre o TAG inteligente e o dispositivo móvel

Detetar vários tipos de ataques que podem ser utilizados para atacar a comunicação sem fios (ataque Blue Snarfing, ataque Blue Bugging, ataque Man-in-the-Middle, ataque Denial of Service, ataque Evil Twin Access Point, ataque Replay) entre o TAG e o dispositivo móvel

vi) Aplicar um mecanismo de contra-ataque quando e quando é iniciado um ataque à comunicação entre o TAG e o dispositivo móvel com base no tipo de ataque iniciado.

vii) Monitorizar e controlar a execução das funções no âmbito dos TAGS inteligentes, tendo em conta tanto as situações de funcionamento que devem incluir o funcionamento normal como o funcionamento durante os ataques.

8.3.2 Conceção do hardware

O hardware é concebido para o desenvolvimento de um sistema incorporado que implementa uma comunicação eficaz entre o TAG e o HOST. A Figura 8.1 apresenta o diagrama de configuração do hardware integrado. A figura mostra toda a interligação entre os dispositivos colocados na placa.

O ARM 7 actua como controlador principal ao qual a maioria dos dispositivos está ligada diretamente através de vários barramentos. Ao barramento AHP, que é um barramento principal, estão ligados o barramento periférico VLSI e o barramento local. Ao barramento VLSI, estão ligados o barramento GPIO e o barramento I^2 C. Todos os dispositivos estão ligados a um dos barramentos acima referidos.

A memória externa, que é a EEPROM, é ligada através do barramento I^2 C. Os módulos de comunicação, nomeadamente Bluetooth e Wi-Fi, são utilizados para estabelecer a comunicação em ambos os lados. O módulo Bluetooth é ligado através de USB (Universal Serial Bus) ao microcontrolador através do barramento VLSI. Do mesmo modo, o Wi-Fi é ligado ao microcontrolador através da UART01 e do barramento VLSI. O LCD, o teclado e a porta de reinicialização estão ligados ao microcontrolador através de GPIO e do barramento VLSI. O LCD é utilizado para visualizar as alterações ambientais que ocorrem dentro e à volta do TAG inteligente com o telemóvel.

O Intelligent Tag System utiliza o LPC22148, um microprocessador RISC de 16/32 bits que é um produto da PHILIPS Co. Ltd. Uma caraterística notável deste microprocessador é o seu núcleo de CPU, um processador RISC ARM7TDMI de 16/32 bits concebido pela Advanced RISC Machines Ltd. Por conseguinte, tem um baixo consumo de energia, um elevado débito de instruções e uma excelente resposta a interrupções em tempo real. Além disso, possui funções integradas ricas na pastilha, tais como temporizador watchdog, relógio em tempo real, etc. Tudo isto facilita a conceção do hardware e do software relacionados com o TAG inteligente.

O facto de o processador utilizar um pipeline para aumentar a velocidade do fluxo de instruções permite a realização de várias operações em simultâneo e o funcionamento contínuo dos sistemas de processamento e de memória. Assim, o dispositivo inteligente baseado no processador ARM pode lidar com tarefas muito mais complicadas que não podem ser resolvidas pela maioria dos MCU inferiores convencionais.

O microcontrolador é carregado com a aplicação ES, de modo a fornecer um mecanismo de segurança eficiente através da criação de inteligência no sistema. Com esta aplicação, o sistema será capaz de detetar o ataque à comunicação entre o anfitrião e uma etiqueta e, em seguida, dependendo do tipo de ataque, podem ser activadas contramedidas adequadas.

8.3.3 Sistemas eficientes de aplicação da segurança

8.3.3.1 Deteção, ataque e aplicação da segurança

As etiquetas inteligentes são construídas com muitas funções que acompanham as alterações ambientais que devem ser comunicadas ao anfitrião móvel e ao ambiente local de tempos a tempos. A principal questão aqui, no contexto das etiquetas, é a sua comunicação com o dispositivo móvel para efeitos de comunicação das várias alterações ambientais que ocorrem no TAG e à sua volta.

Nessas aplicações, as etiquetas são mais vulneráveis do que outros dispositivos, uma vez que podem ser lidas à distância por leitores dissimulados, já que a comunicação entre a etiqueta e o dispositivo móvel é uma comunicação ponto a ponto.

As etiquetas e os dispositivos móveis devem ter inteligência para detetar as situações de ataque e introduzir os mecanismos de contra-ataque. Os mecanismos de contra-ataque só devem entrar em ação no momento em que se inicia um ataque. Os mecanismos de contra-ataque não devem ser incorporados como procedimentos in-stream, uma vez que afectam o tempo de resposta e, como tal, tanto o TAG como os dispositivos móveis têm poucos recursos, os componentes da solução ES são basicamente dispositivos lentos e a permanência permanente e a execução em linha de qualquer código prejudicam efetivamente os parâmetros de conceção dos sistemas incorporados.

No que respeita à segurança de uma etiqueta inteligente, os principais requisitos de ambos os lados, ou seja, do lado do anfitrião e do lado do destinatário, são os módulos de comunicação Bluetooth e WI-Fi. Dado que a etiqueta tem de ser tornada inteligente para desempenhar funções como identificar a sua própria localização, alertar o mestre para um evento que ocorra na sua vizinhança, detetar adulterações, etc., as etiquetas devem comunicar com o anfitrião utilizando a interface disponível em cada extremidade para transmitir os dados do lado da etiqueta e para receber comandos do anfitrião.

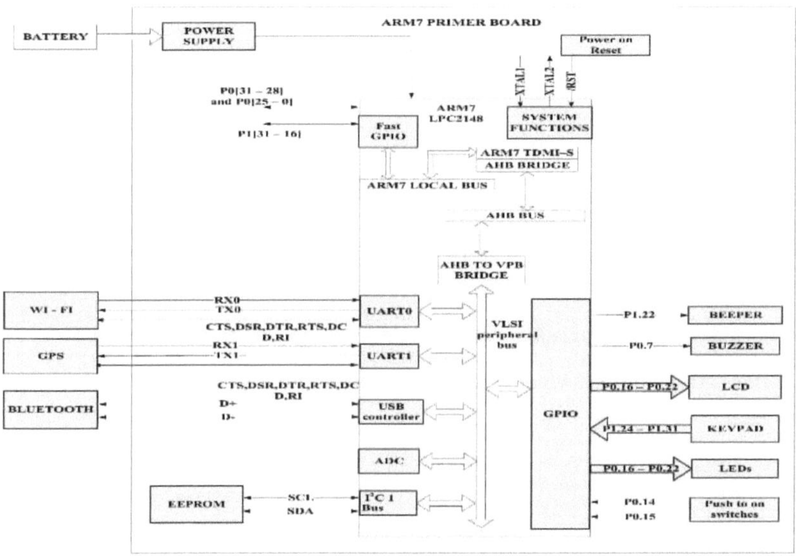

Figura 8.1 Diagrama de hardware mostrando os dispositivos de comunicação

A figura 8.2 mostra a arquitetura de comunicação para facilitar a comunicação entre os dispositivos de comunicação.

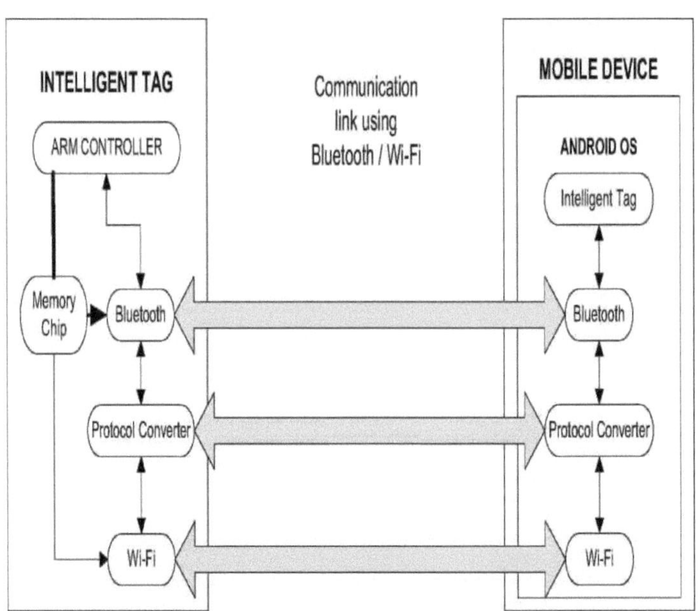

Figura 8.2 Arquitetura para garantir a segurança das etiquetas inteligentes

As interfaces de comunicação que são principalmente necessárias para estabelecer a comunicação entre uma etiqueta e um anfitrião remoto (dispositivo móvel) são os módulos Bluetooth e Wi-Fi. Como os dispositivos de ambos os lados têm de comunicar utilizando as interfaces disponíveis e activas, é necessário implementar a troca de protocolos, ou seja, de Bluetooth para Wi-Fi e de Wi-Fi para Bluetooth. Isto pode ser conseguido através da introdução de um conversor de protocolo entre as interfaces Bluetooth e Wi-Fi na arquitetura de comunicação.

O conversor de protocolo é utilizado para converter uma norma de comunicação noutra. Utilizando este conversor de protocolo, se as interfaces de comunicação disponíveis no lado da etiqueta e no lado do dispositivo móvel forem Bluetooth e Wi-Fi, respetivamente, os dados necessários para serem transmitidos ao dispositivo móvel serão convertidos do protocolo Bluetooth para o protocolo Wi-Fi.

A questão principal no que respeita ao sistema de gestão inteligente de etiquetas é fornecer inteligência suficiente para que o sistema possa detetar a presença de um eventual ataque na ligação de comunicação entre uma etiqueta e o dispositivo móvel. Este fornecimento de inteligência ao sistema pode ser conseguido através do desenvolvimento do módulo de inteligência, juntamente com o seletor de contramedidas, tanto do lado da etiqueta como do lado do dispositivo móvel. A figura 8.3 mostra o esquema de implementação do módulo de inteligência e do seletor de contramedidas em ambos os lados do sistema.

A funcionalidade do módulo de inteligência representado na figura 8.3 será tal que detecta se existe a possibilidade de efetuar um ataque à ligação de comunicação entre uma etiqueta e o dispositivo móvel. Se tal se confirmar, transmite a informação sobre o tipo de ataque ao seletor de contramedidas. Em seguida, em função das informações sobre o tipo de ataque, o seletor de contramedidas aplica o mecanismo de contra-ataque adequado à interface de comunicação disponível, de modo a proteger a ligação de comunicação entre o Tag e o dispositivo móvel. Se o módulo de inteligência detetar que não há possibilidade de ataque à ligação de comunicação, o seletor de contramedidas passa para o estado de inatividade e a comunicação é efectuada sem qualquer sobrecarga do mecanismo de contra-ataque.

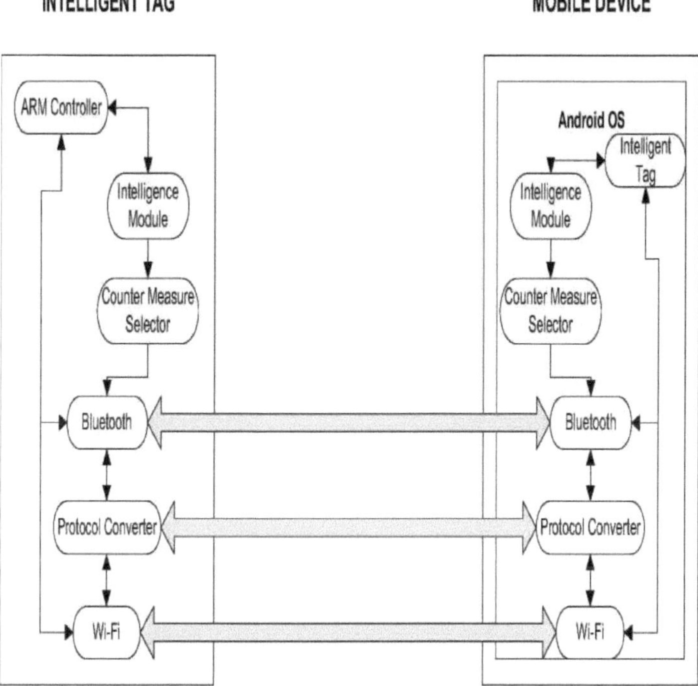

Figura 8.3 Implementação de inteligência para proteger a comunicação entre a etiqueta e o dispositivo móvel

A figura 8.4 mostra o fornecimento de inteligência ao sistema para detetar certos ataques com base em parâmetros específicos. A inteligência pode ser fornecida ao sistema utilizando o módulo de inteligência para que este possa detetar a possibilidade de qualquer tipo de ataque à ligação de comunicação e informar o seletor de contramedidas para implementar mecanismos de contra-ataque adequados. Para o efeito, o módulo de inteligência é concebido para detetar o ataque com base em determinados parâmetros.

Se o dispositivo de ambos os lados pretender enviar/receber dados através do protocolo de intercâmbio de objectos (OBEX), o módulo de inteligência detecta a frequência de acesso aos elementos de dados críticos que regem o sistema. A frequência de acesso aos dados críticos deve ser reconhecida como um ataque e a autenticação automática deve ser implementada.

No caso de ataque a um dispositivo, se o intruso tentar um aperto de mão com um número variável de frequências, o ataque será detectado e será aplicada a contra-medida de implementação de assinaturas RF. O sensor de ataque do dispositivo reconhece que está a ocorrer um ataque quando o parâmetro de frequência muda com bastante frequência ao tentar estabelecer o aperto de mão.

Quando um homem no meio tenta atacar depois do aperto de mão entre a equipa de pares, as velocidades de transmissão variam drasticamente. O homem no meio é detectado enquanto monitoriza as velocidades de transmissão e se a velocidade de transmissão variar e diferir da velocidade de transmissão estabelecida no momento do aperto de mão, é detectado um ataque e imediatamente o mecanismo de contra-ataque, como a encriptação e a desencriptação, deve ser implementado, caso em que alguns dos serviços de baixa prioridade devem ser suspensos.

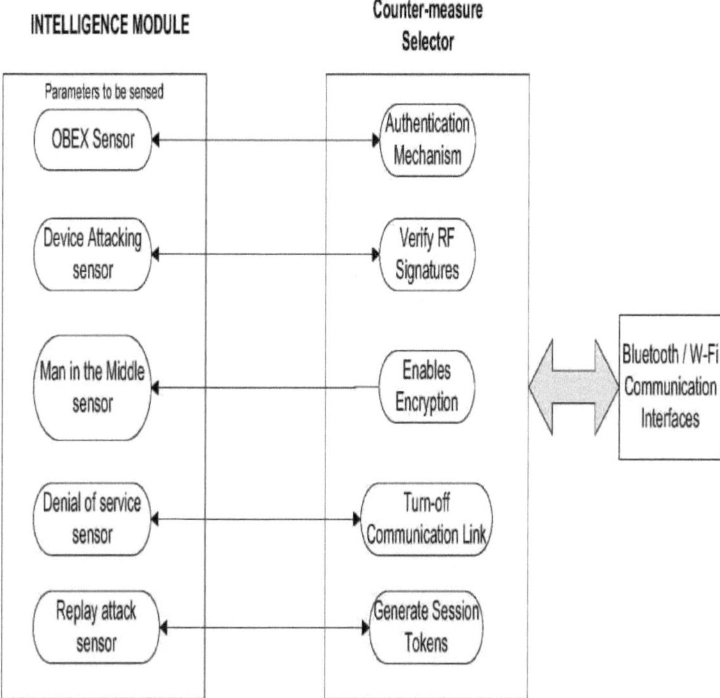

Figura 8.4 Parâmetros e contra-medidas adequadas para garantir a segurança

Quando uma ligação de comunicação é estabelecida entre dois parceiros da equipa de pares, e um dos parceiros transmite mensagens a uma velocidade muito elevada ou quando a mesma mensagem é transmitida com frequência, é possível detetar que foi iniciado um ataque e, em seguida, é aplicado um mecanismo de contra-ataque que termina a ligação de comunicação.

No caso de ataques de repetição, a deteção pode ser implementada notando a receção de respostas idênticas, mas com velocidades diferentes, caso em que serão implementados tokens de rastreio de sessão. O mecanismo de rastreio da sessão só será aplicado quando o ataque de repetição for detectado

8.3.3.2 Proteger a comunicação utilizando as nuvens

A aplicação de vários aspectos inteligentes do lado do TAG exige que este comunique com o HOST numa base contínua, trocando informações importantes. À medida que as TAG se tornam mais inteligentes, lidam com informações muito sensíveis e estas são comunicadas ao utilizador das TAG através da interface do telemóvel. É possível que os intrusos possam atacar as comunicações que têm lugar entre o TAG e o dispositivo móvel.

As TAGS devem ser protegidas contra ataques sem perda de tempo de resposta e de débito. A proteção de um sistema incorporado é um desafio, uma vez que os sistemas incorporados têm poucos recursos. A comunicação entre o TAG e o HOST é efetivamente venerável, uma vez que a comunicação se realiza através de tecnologias sem fios que incluem Bluetooth, Wi-Fi, NFC, etc.

A penetração na comunicação que se efectua entre o HOST e o TARGET depende do tipo de protocolo de comunicação utilizado. Quando é utilizado o Bluetooth, a comunicação pode ser atacada por vários meios, nomeadamente Blue Jacking, Blue sniffing, etc. Estão também em voga várias contra-medidas que tornam a comunicação segura.

A implementação de funcionalidades nas aplicações incorporadas, permanentemente residentes juntamente com o código da aplicação, irá acrescentar uma sobrecarga pesada e afetar drasticamente o tempo de resposta e o rendimento e, ao mesmo tempo, pode levar a afetar os requisitos em tempo real dos sistemas incorporados.

Uma forma de implementar a segurança sem afetar o tempo de resposta consiste em detetar que está a ocorrer um ataque e, em seguida, introduzir as funcionalidades de segurança para que os ataques possam ser combatidos eficazmente. Neste caso, o tempo de resposta e o débito sofrerão temporariamente até que o ataque esteja em curso. Quando o ataque cessa, o recurso de segurança é retirado e o funcionamento normal prossegue. Este método é, no entanto, ineficaz quando o ataque é grave e contínuo, uma vez que a presença do mesmo exige o funcionamento contínuo da infraestrutura relacionada com a segurança, o que implica uma sobrecarga pesada em termos de recursos e a necessidade de o sistema incorporado funcionar de forma degradada, se a conceção da aplicação permitir o funcionamento do sistema incorporado a níveis baixos de operação

Assim, é necessário desenvolver inteligência no TAG para garantir a segurança da comunicação entre o TAG e o dispositivo móvel, tendo em conta que os ataques são contínuos e que os mecanismos de contra-ataque devem estar em curso sem necessidade de acrescentar demasiados recursos ou de atualizar os recursos do ES que produzem um nível de desempenho superior ao necessário para a aplicação original.

Um tipo específico de ataque requer um conjunto de mecanismos de segurança relacionados. Pode haver muitos tipos de ataques e os seus correspondentes mecanismos de contra-ataque. Criar mecanismos de contra-ataque em processo para todos os tipos possíveis de ataques é complicado e exige uma enorme quantidade de recursos. Para o evitar, deve haver um processo que reconheça um ataque e reforce a segurança através de um mecanismo na nuvem.

Uma nuvem é estabelecida com toda a infraestrutura necessária para a implementação de mecanismos relacionados com a segurança. A camada de computação em nuvem fornecerá todas as interfaces necessárias para estabelecer a comunicação entre o dispositivo móvel e a plataforma de computação em nuvem. Os dispositivos móveis, antes de comunicarem uma mensagem/dados/ficheiro, etc., a outro dispositivo, devem enviá-los para a plataforma de computação em nuvem localmente acoplada através de uma interface de comunicação estabelecida por Wi-Fi.

O software de computação em nuvem invoca as funções no middleware com base no serviço de segurança solicitado pelo dispositivo móvel, de modo a que o serviço solicitado seja prestado e os dados/mensagem/ficheiro protegidos, etc., sejam enviados de volta para o dispositivo móvel. O dispositivo móvel interno transmite o mesmo para o dispositivo móvel recetor através da utilização da rede de comunicação normal. O dispositivo móvel recetor, por sua vez, inverte as operações efectuadas pelo dispositivo móvel transmissor, de modo a que os dados/mensagens/ficheiros, etc., não estejam protegidos e sejam depois utilizados para o processamento normal. A arquitetura que implementa a segurança na nuvem é apresentada na **Figura 8.5.**

Pode ver-se na **figura 8.5** que todos os fornecedores de serviços se registam individualmente no software de computação em nuvem, o que permite uma exclusividade na prestação de serviços aos utilizadores. Foram explicados os caminhos que são traçados para efetuar diferentes tipos de comunicação entre dispositivos móveis e as vulnerabilidades existentes em diferentes locais, bem como a forma como as vulnerabilidades são atacadas e contra-atacadas [**Sastry et al., 2011-3**]. Foram propostos diferentes tipos de mecanismos de contra-ataque com base na vulnerabilidade do ataque. A vulnerabilidade foi estabelecida quando uma mensagem é transmitida ou um e-mail é comunicado, ou uma transferência de ficheiros é afetada ou uma transação relacionada com o comércio móvel é efectuada. Foi também apresentado o processo a seguir para afetar a segurança com base na localização da vulnerabilidade.

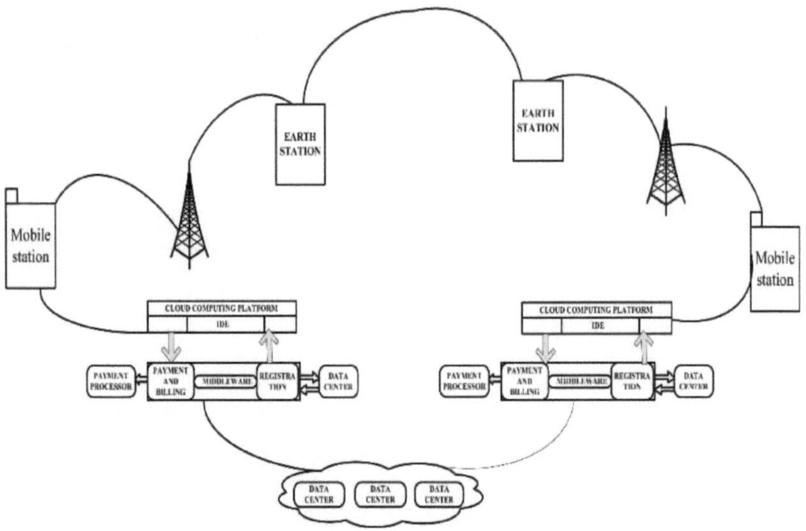

Figura 8.5 Arquitetura geral para a aplicação da segurança móvel

Na mesma linha de efetuar uma comunicação segura como a mostrada na figura, a comunicação é efectuada entre um telemóvel e uma etiqueta, utilizando a arquitetura mostrada na **Figura 8.6.** É utilizada uma infraestrutura de nuvem para efetuar a comunicação entre um Tag e um dispositivo móvel. As mensagens/dados comunicados entre o dispositivo móvel e a etiqueta são protegidos através da nuvem. A nuvem suporta todos os serviços necessários para garantir a segurança das mensagens que circulam entre o dispositivo móvel e a etiqueta. Assim, o TAG e os dispositivos móveis são libertados das despesas gerais necessárias para garantir a segurança, que é transferida para a nuvem. A nuvem deve ter **uma interface Wi-Fi** através da qual o telemóvel e a etiqueta podem comunicar com a nuvem.

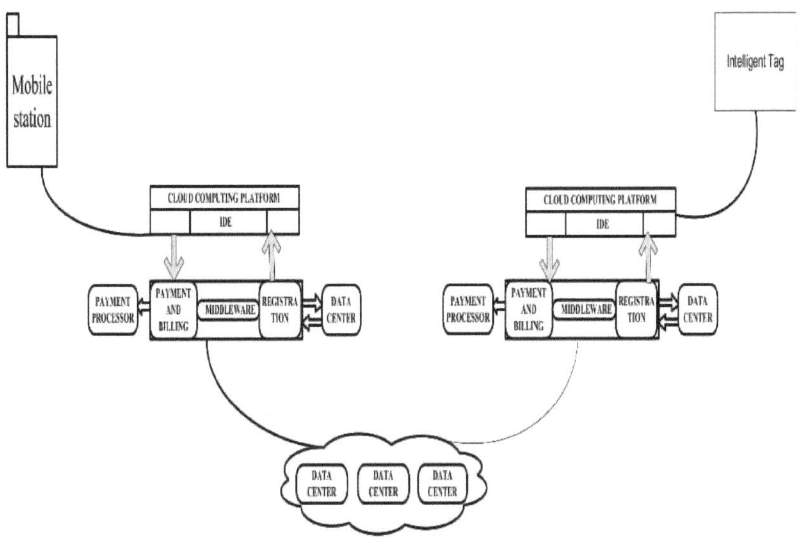

Figura 8.6 Efetuar uma comunicação segura através das nuvens

No que respeita à segurança de uma etiqueta inteligente, os principais requisitos de ambos os lados, ou seja, do lado do anfitrião e do lado do alvo, são os módulos de comunicação Wi-Fi. Dado que a etiqueta tem de ser inteligente para desempenhar funções como identificar a sua própria localização, alertar o mestre para um evento que ocorra na sua vizinhança, detetar uma adulteração, etc., as etiquetas devem comunicar com o anfitrião utilizando a interface Wi-Fi em ambas as extremidades para transmitir os dados do lado da etiqueta e para receber comandos do anfitrião. **A Figura 8.7** explica a arquitetura de comunicação para facilitar a comunicação entre os dispositivos comunicantes.

As interfaces de comunicação que são principalmente necessárias para estabelecer a comunicação entre uma etiqueta e um anfitrião remoto são módulos Wi-Fi. Como os dispositivos de ambos os lados têm de comunicar utilizando as interfaces disponíveis e activas, é necessário implementar a troca do protocolo, ou seja, de uma versão de Wi-Fi para a outra. Isto pode ser conseguido através de um conversor de protocolo. A conversão de uma versão de Wi-Fi para a outra é efectuada antes de as comunicações serem efectuadas através da utilização do sistema de comunicação Wi-Fi.

A questão principal no que respeita ao sistema de gestão inteligente de etiquetas é fornecer inteligência suficiente para que o sistema possa detetar a presença de um eventual ataque na ligação de comunicação entre uma etiqueta e o dispositivo móvel.

Este fornecimento de inteligência ao sistema pode ser conseguido através do desenvolvimento do módulo de inteligência juntamente com o seletor de contramedidas, tanto do lado da etiqueta como do lado do dispositivo móvel.

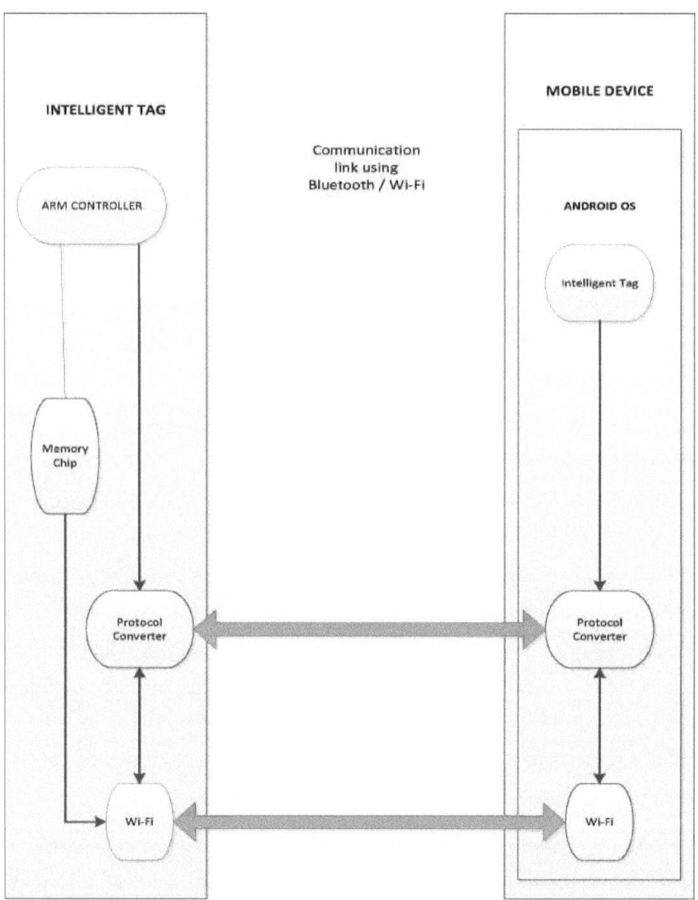

Figura 8.7 Arquitetura de comunicação do sistema de gestão inteligente de etiquetas

A funcionalidade do módulo de inteligência representado na **figura 8.8** será tal que detecta se existe a possibilidade de efetuar um ataque à ligação de comunicação entre um Tag e o dispositivo móvel. Se o ataque for confirmado, passa a informação sobre o tipo de ataque ao seletor de contramedidas. O seletor de contramedidas aplicará o mecanismo de contra-ataque adequado e pertinente ao ataque detectado. Se o módulo de inteligência detetar que não há possibilidade de ataque à ligação de comunicação, o seletor de contramedidas passa para o estado de inatividade e o estabelecimento da comunicação é efectuado sem qualquer sobrecarga do mecanismo de contra-ataque. A nuvem não é utilizada neste caso. A comunicação direta entre o dispositivo móvel e a etiqueta é efectuada utilizando o Bluetooth e o dispositivo móvel, consoante o que for selecionado de cada lado.

A inteligência pode ser fornecida ao sistema utilizando o módulo de inteligência para que este possa detetar a possibilidade de qualquer tipo de ataque à ligação de comunicação e informar o seletor de contramedidas para implementar mecanismos de contra-ataque adequados. Para o efeito, o módulo de inteligência foi concebido para detetar o ataque com base em determinados parâmetros.

Se o dispositivo de ambos os lados quiser enviar/receber dados, o módulo de inteligência detecta a frequência de acesso aos elementos de dados críticos que regem o sistema. A frequência de acesso aos dados críticos deve ser reconhecida como um ataque e, automaticamente, deve ser implementado o requisito de autenticação.

No caso de ataque a um dispositivo, se o intruso tentar um aperto de mão com um número variável de frequências, o ataque será detectado e será aplicada a contra-medida de implementação de assinaturas RF. O sensor de ataque do dispositivo reconhece que está a ocorrer um ataque quando o parâmetro de frequência muda com bastante frequência ao tentar estabelecer o aperto de mão.

Quando um intermediário tenta atacar após o aperto de mão entre a equipa de pares, as velocidades de transmissão variam drasticamente. O intermediário é detectado durante a monitorização das velocidades de transmissão e, se a velocidade de transmissão variar e diferir da velocidade de transmissão estabelecida no momento do aperto de mão, é detectado um ataque e é imediatamente aplicado o mecanismo de contra-ataque, como a cifragem e a decifragem, caso em que alguns dos serviços de baixa prioridade são suspensos. São instalados vários tipos de sensores no lado da etiqueta inteligente e um mecanismo de contra-ataque adequado é iniciado pelo mecanismo de contador seletor integrado na etiqueta inteligente. O mapeamento do tipo de ataque para um mecanismo de contra-ataque adequado é apresentado na **figura 8.9**.

Quando uma ligação de comunicação é estabelecida entre dois parceiros da equipa de pares e um deles transmite mensagens a uma velocidade muito elevada ou quando a mesma mensagem é transmitida com frequência, é detectado que foi iniciado um ataque e, em seguida, é aplicado um mecanismo de contra-ataque que termina a ligação de comunicação. No caso de ataques de repetição, a deteção pode ser implementada notando a receção de respostas idênticas, mas com velocidades diferentes, caso em que serão implementados tokens de rastreio de sessão. O mecanismo de seguimento da sessão só será aplicado quando for detectado o ataque de repetição.

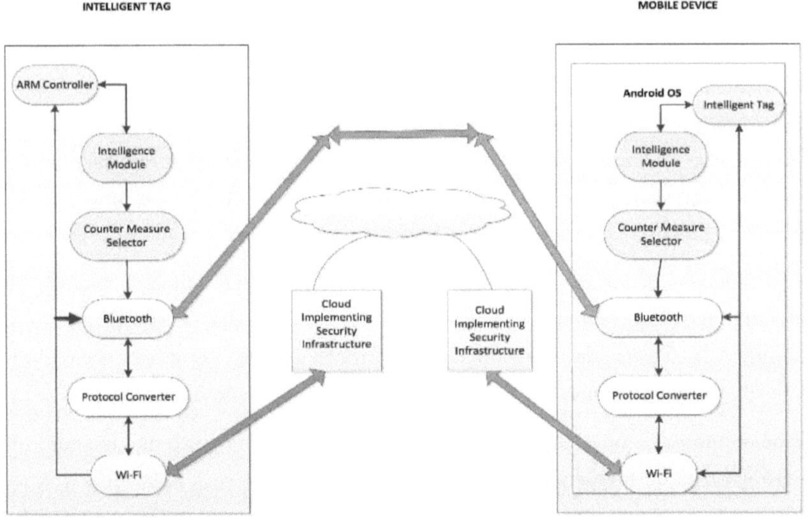

Figura 8.8 Efetuar uma comunicação segura entre a etiqueta e o dispositivo móvel

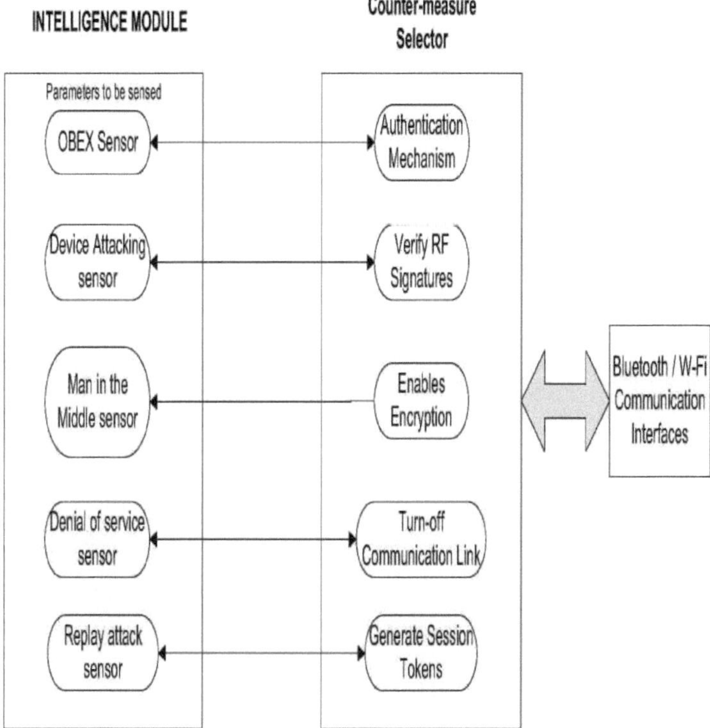

Figura 8.9Parâmetros e contra-medidas adequadas para garantir a segurança

8.3.4 Arquitetura de software para a implementação do sistema de controlo de segurança

A arquitetura de software para a aplicação do mecanismo de segurança através da integração da inteligência na etiqueta é apresentada na **figura 8.10**, utilizando uma arquitetura de três níveis. No **nível I** residem todos os módulos relacionados com a aplicação da etiqueta inteligente. A execução global da tarefa é implementada na lógica de controlo principal, que reside na camada II. A tarefa principal foi concebida para incorporar todas as funções em tempo real utilizando o sistema operativo µCos. Os componentes de software através dos quais a comunicação é efectuada, quer por Wi-Fi quer por Bluetooth, são representados como módulo de comunicação situado na Tier-II. Pode ser invocado através do módulo de controlo.

Os módulos de comunicação relacionados com o HOST móvel remoto estão situados no nível III. Os módulos de comunicação que se encontram nas camadas II e III devem ser ligados ao módulo de inteligência e ao módulo de seleção de contramedidas, bem como ao módulo de aplicação de contramedidas, para que o sistema possa detetar a possibilidade de ataque e escolher as contramedidas adequadas. Os módulos de inteligência e de seleção de contra-medidas também se encontram na Tier-II.

O sistema de gestão inteligente de etiquetas é constituído por diferentes módulos de hardware interligados entre si. Para cada módulo de hardware diretamente ligado ao microprocessador, é criado um componente de software na aplicação ES, que é modelado como uma classe. Cada componente de software relacionado com um dispositivo de hardware é reconhecido como uma única classe. A arquitetura do software pode ser definida utilizando as funções desempenhadas por cada classe e estabelecendo as relações entre as diferentes classes. O componente-chave que requer que a aplicação seja executada no lado do Tag é apresentado como a classe ARM7. A classe ARM7 é

associado a uma classe de gestão das comunicações. A gestão das comunicações procura portas de comunicação prontamente disponíveis para comunicação, escrevendo um mecanismo de sondagem através de um código S/W escrito no lado do controlador. Para garantir a segurança da transmissão de dados sem fios em ambos os lados, é implementado um mecanismo de segurança eficaz através do desenvolvimento de uma aplicação tanto do lado do anfitrião como do lado da etiqueta, através da classe de deteção de ataques.

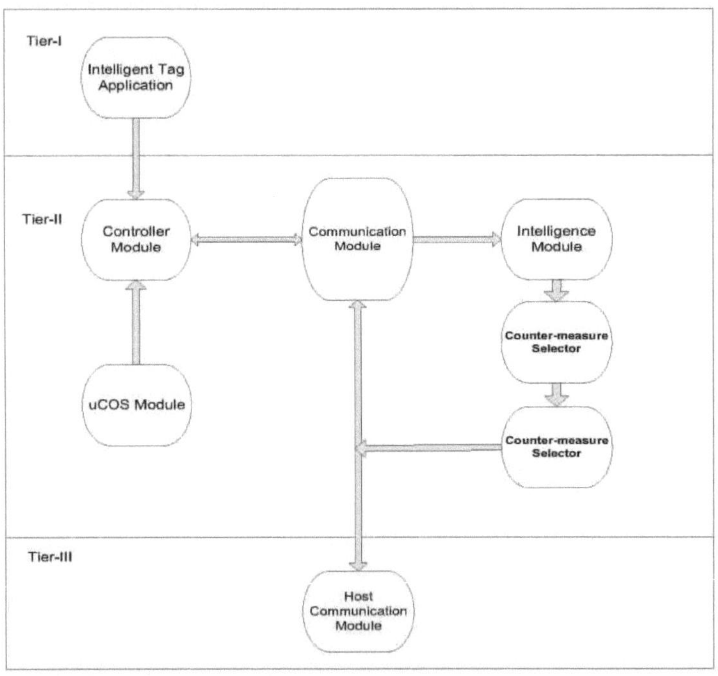

Figura 8.10 Arquitetura de software para criar inteligência para proteger o sistema de gestão inteligente de etiquetas

A classe detetor invoca a classe selecionadora de contra-ataque sempre que se nota um ataque de determinados tipos. A classe de contra-ataque implementa o método de contra-ataque selecionado pela classe de seleção. Se for selecionado um mecanismo de contra-ataque, o mesmo é invocado e depois reiniciado. Os dispositivos de comunicação estão ligados ao barramento IO periférico, que é responsável pela interface com módulos externos como o Bluetooth e o Wi-Fi. A classe de gestão da comunicação IO periférica mantém informações sobre as portas activas disponíveis ligadas, ou seja, o modo de comunicação para estabelecer a comunicação. A classe LCD está ligada à classe ARM7 para apresentar o output ao utilizador. O diagrama de classes que garante a segurança do sistema de gestão inteligente de etiquetas é apresentado na **figura 8.11.**

8.3.5 Experimentação e resultados

Foi instalado um componente de software no lado do TAG para simular a ocorrência de um determinado tipo de ataque, de modo a que o software desenvolvido utilizando a arquitetura proposta seja experimentado em profundidade. A comunicação é efectuada através de diferentes combinações de protocolos de comunicação. O tipo de ataque que é afetado é apresentado no LCD do lado do TAG e no sistema de visualização do lado do telemóvel. As mensagens que indicam o ataque são enviadas do lado do TAG para o lado móvel. As mensagens são igualmente visualizadas no LCD do lado da etiqueta e no sistema de visualização do lado móvel.

Os resultados apresentados no lado do TAG e no lado móvel são tabulados e mostrados na **Tabela 8.1**. Pode ver-se na tabela que, em diferentes condições de ataque, o mecanismo de contra-ataque imposto, os dados enviados do lado do TAG e os dados recebidos no lado móvel. Pode ver-se no quadro que o tempo de resposta obtido continua a estar dentro dos limites, apesar de ter de ser executada uma maior quantidade de código devido à aplicação do método de contra-ataque.

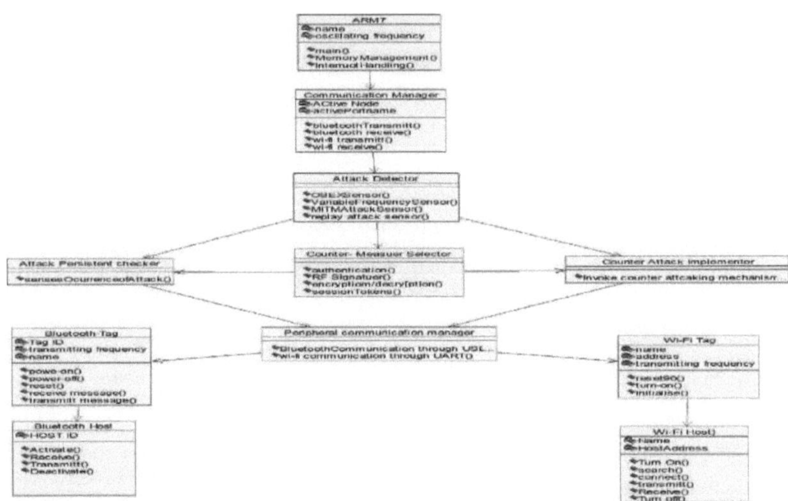

Figura 8.11 Diagrama de classes que garante a segurança do sistema de gestão de etiquetas inteligentes

O método proposto de mecanismo de segurança é implementado através de Embedded-C sob o kit de ferramentas de desenvolvimento KEIL integrado. O Tag procura os dispositivos disponíveis na sua vizinhança. Com o mecanismo de segurança desenvolvido, se não houver sinais de ataque na ligação de comunicação entre uma etiqueta e o dispositivo móvel, o sistema efectuará a comunicação sem qualquer sobrecarga de ativação dos mecanismos de contramedida. Se o sistema detetar qualquer ataque, o mecanismo de contra-ataque adequado é ativado e protege a ligação de comunicação entre eles. Isto pode ser demonstrado através dos resultados experimentais apresentados na **Tabela 8.1.**

8.4 Conclusões

Os dispositivos utilizados nos sistemas TAG inteligentes são limitados em termos de recursos. A comunicação ponto a ponto entre o TAG e o dispositivo móvel é bastante vulnerável. Acrescentar toda a infraestrutura necessária para garantir a segurança da comunicação entre o TAG e o dispositivo móvel exige muitos recursos e a disponibilização desse tipo de recursos é impraticável. A adição de qualquer carga de software para implementar as medidas permanentes de contra-ataque afecta drasticamente o tempo de resposta e o rendimento das transacções entre o dispositivo móvel e o TAG.

Na tese foi apresentado um modelo que permite detetar qualquer tipo de ataque e afetar momentaneamente a medida de contra-ataque. O modelo tem em conta a degradação graciosa quando as medidas de segurança entram em ação quando os ataques são iniciados.

Foi apresentado outro modelo que implementa a segurança em nuvem e em linha, que utiliza uma nuvem numa plataforma baseada num PC. A nuvem implementa toda a infraestrutura de segurança solicitada e a etiqueta comunica simplesmente com a nuvem para afetar a segurança. Foi construído um modelo experimental e foram efectuadas experiências. Os resultados experimentais mostram que a utilização da segurança em nuvem e em linha não afecta os tempos de resposta nem a taxa de transferência, ao mesmo tempo que não exige qualquer infraestrutura estranha, quer do lado da etiqueta quer do lado móvel.

A arquitetura de software apresentada na tese destina-se a criar inteligência no sistema incorporado para garantir a segurança da comunicação entre o HOST e um TAG. Esta arquitetura é adequada para implementar inteligência nos sistemas incorporados, tendo a segurança como principal preocupação. O software necessário para o sistema foi concebido utilizando a arquitetura apresentada nesta tese e o mesmo foi implementado no sistema incorporado concebido separadamente.

8.5 Âmbito futuro

A comunicação entre o TAG e o telemóvel apresentada na tese pode ser alargada tendo em conta questões como o handoff, o desvanecimento, o ruído e vários tipos de perturbações, etc., que entram em jogo quando a comunicação é efectuada entre o TAG e o dispositivo móvel utilizando diferentes dispositivos de comunicação sem fios.

Os modelos discutidos nesta tese devem ser alargados ao tipo de topologia de rede em malha, em que vários telemóveis actuarão como mestre para várias das TAGS. Quando existe um único mestre, o conceito de prioritização tem de ser adotado e implementado. A arquitetura do protocolo MMPAP utilizada deve também ser alargada para implementar as sessões.

Tabela 8.1 Resultado experimental dos métodos de contra-ataque

S.N.	Ataque iniciado	Contra-ataque iniciado	Porta selecionada no lado da etiqueta	Mensagem enviada do lado da etiqueta	Transmissão	Porta selecionada no lado móvel	Mensagem recebida no lado móvel	Receção

			Wi-Fi	Bluetooth		Data	Hora da transmissão	Wi-Fi	Bluetooth		Data	Tempo	Resposta em segundos
1	-	-			PODERES	10/0 6	10.00			PODERES	10/0 6	10.01	0.01
2	Ataque de Snarfing Azul	Autenticação através de PINs ou palavras-passe		√	BSAT	10/0 6	10.05	√		BSAT	10/0 6	10.07	0.02
3	Azul Ataque de bugging	Assinaturas RF	√		BBAT	10/0 6	10.10	√		BBAT	10/0 6	10.12	0.02
4	Ataque do homem do meio	Encriptação / desencriptação com mecanismo de tempo limite		√	MMAT	10/0 6	10.20	√		MMAT	10/0 6	10.22	0.02
5	Ataque de negação de serviço	Sistema de deteção de intrusão	√		DSAT	10/0 6	10.25	√		DSAT	10/0 6	10.27	0.02
6	Ataque ao ponto de acesso dos gémeos maus	Evitar a difusão de SSID		√	ACAT	10/0 6	10.30		√	ACAT	10/0 6	10.32	0.02
7	Ataque de repetição	Atribuição de tokens de sessão		√	RAAT	10/0 6	10.35	√		RAAT	10/0 6	10.37	0.02

CAPÍTULO 9 (ADICIONAR MÓDULOS A UM DISPOSITIVO MÓVEL)

9.1 Visão geral

Como a tecnologia está a evoluir rapidamente de dia para dia, os telemóveis estão a ser utilizados para localizar os bens valiosos com a ajuda de etiquetas. Os TAGS estão a ser utilizados não só para localizar, mas também para controlar e monitorizar o movimento dos objectos a que os TAGS estão ligados. As aplicações baseadas em ES devem ser construídas no lado das TAGS e dos telemóveis (HOST) para implementar o sistema de marcação. O software a residir no telemóvel deve ser co-residente com os módulos de aplicação que são nativos dos sistemas telefónicos. Os novos módulos devem ser acrescentados e configurados dinamicamente, o que implica que as tarefas são acrescentadas e suprimidas dinamicamente sem afetar os tempos de resposta que foram utilizados para o desenvolvimento do dispositivo móvel.

Para acrescentar novos módulos no lado móvel, são necessárias estruturas de arquitetura extensíveis que ajudem a acrescentar módulos adicionais aos módulos existentes e a configurá-los de modo a afetar o funcionamento geral das aplicações sem comprometer os parâmetros de conceção originais. O sistema operativo em tempo real desempenha um papel importante quando são acrescentados mais componentes à aplicação. Cada sistema operativo em tempo real é diferente e, por conseguinte, os quadros de arquitetura devem ser reconhecidos em relação a um sistema operativo em tempo real específico.

1.1.1 A necessidade de sistemas operativos adequados para o desenvolvimento de aplicações móveis

O desenvolvimento e a execução de aplicações para os dispositivos móveis requerem o apoio de sistemas operativos que permitam adicionar, eliminar e configurar dinamicamente os módulos da aplicação, com a possibilidade de otimizar a resposta e o espaço de memória. Três dos sistemas operativos Android, iOS e Symbian são os sistemas operativos mais utilizados para executar aplicações nos dispositivos móveis, uma vez que suportam a gestão dinâmica.

1.1.1.1 Sistema operativo Android

O Android é uma pilha de software para dispositivos móveis que inclui um sistema operativo, middleware e aplicações-chave. O Android SDK fornece as ferramentas e as API necessárias para começar a desenvolver aplicações na plataforma Android utilizando as linguagens de programação C, C++, 8051 Assembler e Java. A caraterística de abertura da plataforma Android pode promover a inovação da tecnologia, incluindo a própria plataforma Android. Além disso, não só ajuda a reduzir os custos de desenvolvimento, como também é conveniente personalizar os produtos com base nos dados fornecidos pelos operadores. Por conseguinte, a plataforma Android é o sistema operativo mais procurado e os dispositivos móveis que utilizam o sistema operativo Android são os dispositivos mais viáveis para acrescentar novos módulos de aplicação.

São necessárias plataformas para o desenvolvimento de aplicações que possam ser adicionadas aos telemóveis de forma dinâmica. São necessárias ferramentas de desenvolvimento integrado (IDE) que forneçam o suporte funcional para o desenvolvimento e a manutenção do software incorporado que funciona com o sistema operativo Android. O IDE deve fornecer a biblioteca, os compiladores, os construtores, os executores e os testadores, tudo sob o mesmo teto, e também fornecer apoio ao sistema operativo Android. O IDE deve fornecer os compiladores cruzados necessários para compilar o código para ARM7 e outros microcontroladores que estão a ser utilizados em muitos dos telemóveis até à data. Os IDE devem fornecer o suporte necessário para transferir o código para o dispositivo móvel e um dos componentes da aplicação transferido para o dispositivo móvel deve ser capaz de localizar e configurar dinamicamente o código para funcionar em conjunto com outros módulos originalmente desenvolvidos para o dispositivo móvel.

O Eclipse é uma das ferramentas de desenvolvimento integradas que podem ser utilizadas para o desenvolvimento de software incorporado utilizando as linguagens C, C++ e JAVA. O Eclipse suporta emuladores para diferentes tipos de microcontroladores. O código isento de erros desenvolvido no Eclipse pode depois ser testado utilizando o kit de desenvolvimento Android. O kit de desenvolvimento Android é utilizado como um emulador para executar as aplicações no sistema operativo Android. A ferramenta de desenvolvimento androide (ADT) é adicionada como plug-in ao software eclipse, através do qual o software ES é escrito em linguagem C++.

1.1.1.2 Sistema operativo Symbian

O Symbian OS é outra plataforma aberta que é frequentemente utilizada para o desenvolvimento de aplicações móveis. A plataforma é especialmente adequada para o desenvolvimento de comunicações sem fios, com destaque para as redes 2G, 2,5G e 3G. O Symbian OS é adequado para sistemas incorporados devido à sua pequena dimensão, à sua conceção orientada para objectos, à sua modularidade e ao suporte necessário para a escalabilidade. O Symbian OS é baseado em componentes e totalmente orientado para objectos. O middleware para comunicação, gestão de dados e gráficos reside no topo de um núcleo multitarefa com uma estrutura GUI de baixo nível para vários motores de aplicação. Este sistema operativo proporciona um ambiente de aplicação aberto, no qual as aplicações e os serviços podem ser construídos em diferentes linguagens de programação, utilizando uma vasta gama de formatos de conteúdos. O software ES pode ser desenvolvido em C++ e o mesmo pode ser testado através de um simulador de telemóvel ligado ao Symbian.

1.1.1.3 Sistema operativo iOS

O sistema operativo iOS foi desenvolvido pela APPLE Inc. e é utilizado para executar aplicações apenas em telemóveis desenvolvidos pela APPLE. Existem inúmeras tecnologias em que o Android funciona, enquanto o iOS funciona apenas com as tecnologias da APPLE. Todas as aplicações executadas no iOS são um executável e um conjunto de ficheiros de recursos. As aplicações iOS devem utilizar uma série de dispositivos e, ao mesmo tempo, comportar-se como se tivessem sido desenvolvidas para um dispositivo específico.

Todas as aplicações requerem uma certa quantidade de personalização para garantir o funcionamento das mesmas, conforme necessário, tendo em conta até a interface de utilizador suportada pelo iOS. As personalizações podem ir desde o fornecimento de um ícone para uma aplicação até à tomada de decisões ao nível da arquitetura sobre a forma como a aplicação apresenta e utiliza a informação. É necessário planear bastante o desenvolvimento de uma aplicação que funcione com o iOS.

Cada aplicação tem de descrever em pormenor a forma como os dispositivos vão ser utilizados. Os detalhes são utilizados pelo agendador do iOS para dar prioridade à execução das aplicações. Quando a aplicação é compilada, é criado um ficheiro de listagem que contém todos os detalhes de configuração das aplicações. Os ficheiros de configuração de todas as aplicações são utilizados pelo iOS para carregar as aplicações na memória, agendá-las, dar-lhes prioridade, criar tempos de atraso, etc. O programador não tem qualquer influência na atribuição dos recursos e no agendamento das aplicações.

Mesmo a interface que deve ser utilizada para comunicar com outras aplicações tem de ser definida e é o iOS que facilitará a interface necessária para comunicar com as aplicações.

O iOS, enquanto tal, não dispõe de uma interface que ajude a definir os requisitos de tempo real rígido ou de tempo real flexível. O produto, enquanto tal, não suporta a configurabilidade dinâmica definida pelo utilizador das

aplicações adicionais.

Todas as aplicações têm de utilizar os comportamentos fornecidos pelo iOS. A implementação multitarefa do iOS oferece uma boa duração da bateria sem sacrificar a capacidade de resposta e a experiência de utilizador que os utilizadores esperam, mas a implementação exige que as aplicações adoptem comportamentos fornecidos pelo sistema. Qualquer uma das necessidades do utilizador deve ser indicada pelas aplicações e é o iOS que gere a execução das mesmas.

1.1.2 Questões relacionadas com a adição de aplicações a um dispositivo móvel

Há muitas questões complexas envolvidas na adição de componentes suplementares a aplicações já existentes residentes no telemóvel. Seguem-se algumas das questões que têm de ser abordadas quando se pretende adicionar mais módulos a um dispositivo móvel

1. Para adicionar novas aplicações a um dispositivo móvel que coexista com as aplicações nativas existentes numa determinada plataforma, é necessário apoio à migração e à configuração dinâmica.

2. A plataforma deve ser capaz de adicionar novas aplicações de forma dinâmica e associar os novos programas de aplicação às aplicações existentes

3. Os componentes da aplicação recém-adicionados devem estar em comunicação com os componentes da aplicação nativa através de algum tipo de partilha de recursos

4. Os novos componentes adicionados devem coexistir com os componentes da aplicação nativa através de um ambiente partilhado, compatibilidade binária, ligações com o RTOS, comunicação entre tarefas, proteção da memória, etc.

5. As questões específicas incluem a partilha de portas de comunicação e os respectivos buffers

6. As questões relacionadas com o armazenamento do código nos dispositivos de memória primária, a criação e eliminação das tarefas, o tratamento das áreas de controlo, etc.

Estas são algumas das questões complexas que têm de ser resolvidas quando se adicionam componentes de aplicações suplementares a aplicações existentes no telemóvel.

1.1.3 Definição do problema

O problema é fazer com que as aplicações adicionais coexistam com muitas das aplicações já em execução num telemóvel, preservando ao mesmo tempo a configuração ambiental original. Para adicionar novas aplicações ao telemóvel inteligente com as aplicações nativas existentes, é necessária uma plataforma específica, migração e suporte de configuração dinâmica. A plataforma deve ser capaz de adicionar novas aplicações de forma dinâmica e de associar os novos programas de aplicação às aplicações existentes.

Os componentes da aplicação recentemente adicionados devem comunicar com os componentes da aplicação nativa através de algum tipo de partilha de recursos, tornando os componentes da aplicação recentemente desenvolvidos coexistentes com as aplicações nativas já residentes no telemóvel e também eficazes no estabelecimento da comunicação entre pares com sistemas integrados remotos, como etiquetas inteligentes.

O problema consiste em identificar os métodos e mecanismos através dos quais podem ser adicionados mais componentes aos existentes sem afetar a configuração original e a configuração do ambiente feita no telemóvel

9.2 Pesquisa bibliográfica

[Claudio Maiaet al., 2010-01] forneceram uma base para a discussão sobre a adequação do sistema operativo Android para ser utilizado em ambientes de tempo real aberto. Ao analisar a plataforma de software, com foco principal na máquina virtual e seus ambientes de sistema operacional subjacentes, eles puderam apontar várias limitações e forneceram uma dica sobre diferentes perspectivas de direções para tornar o Android adequado para esses ambientes. O Android forneceu uma arquitetura para a construção de sistemas incorporados em tempo real, mas a comunidade de tempo real deve abordar as suas limitações num esforço conjunto em todas as camadas da plataforma.

[Vanessa Romero Segovia et al., 2009-01] introduziram uma estrutura de gestão de recursos que se destina principalmente a aplicações multicore. Propuseram a implementação da gestão de recursos utilizando o agendamento baseado em reservas em combinação com otimização e feedback. Também demonstraram a utilização de um algoritmo, aplicando a estrutura para implementar uma aplicação baseada em media. Esta abordagem ajuda a conceber a abordagem de partilha de recursos quando um certo número de dispositivos está ligado ao sistema e a partilha desses recursos por várias tarefas é previamente conhecida. Mas não foi sugerida nenhuma abordagem que ajude a partilha de recursos quando é adicionado dinamicamente um maior número de dispositivos ou tarefas.

[Amit Kushwaha et al., 2011-01] propuseram o desenvolvimento de uma aplicação para localizar objectos utilizando serviços GPS e WEB e fazendo-os funcionar num telemóvel com a plataforma Android. Os autores não abordaram a questão da adição de componentes desenvolvidos às aplicações já existentes na plataforma Android.

[Dario Deponti et al., 2009-01] centraram-se principalmente no desenvolvimento e implementação de jogos específicos relacionados com os cuidados de saúde e propuseram uma aplicação móvel para a reabilitação do pulso. Propuseram principalmente um protótipo de uma nova geração de terapias de jogos ubíquos, mas não abordaram quaisquer questões relacionadas com a adição de aplicações às aplicações existentes na plataforma Android.

[Deepali Kayande et al., 2011-01] propuseram um algoritmo eficaz que tem por objetivo fornecer o agendamento de processos, a gestão da memória e a gestão de processos para a utilização de recursos, incluindo a resolução de conflitos. O algoritmo de agendamento é baseado em preempção e foi implementado para uma aplicação SMS como uma aplicação complementar no sistema operativo Android, mas não abordou quaisquer questões de coexistência de aplicações com aplicações já existentes.

[Nicholas D. Lane et al., 2010-01] desenvolveram uma aplicação de monitorização da saúde para um dispositivo Android. Explicaram o desenho arquitetónico e a sua implementação, mas não abordaram quaisquer questões relacionadas com a ligação da aplicação complementar desenvolvida a aplicações já existentes no telemóvel.

[Teng-Wen Chang et al., 2010-01] desenvolveram uma aplicação para o sistema de gestão de veículos na plataforma android e portaram a aplicação para um telemóvel. A portabilidade da aplicação desenvolvida para um telemóvel é efectuada utilizando as funções incorporadas nas plataformas de desenvolvimento. O processo de migração, como tal, não considera nenhuma das questões que devem ser abordadas relacionadas com a coexistência dos componentes adicionais com os componentes da aplicação existente no telemóvel.

[Frank Maker et al., 2008-01] salientou as principais diferenças entre um sistema operativo Linux normal e o Android. Concentraram-se nos desafios a enfrentar para lidar com dispositivos móveis incorporados que funcionem para além do kernel LINUX e definiram uma estrutura separada para o sistema operativo Android. No entanto, não trataram de nenhuma das questões que devem ser abordadas quando é necessário adicionar mais componentes depois de definir, carregar e ligar um conjunto de aplicações e fazê-las funcionar em modo de produção.

A questão da adição de mais componentes aos componentes de aplicações existentes que são construídos utilizando o sistema operativo Android requer a resolução de várias questões que incluem a sobrecarga de memória, a partilha eficiente de recursos, a atribuição dinâmica de memória e o armazenamento para os módulos adicionais, o controlo da criticidade, a gestão do tempo de resposta, a gestão do rendimento, a configuração dinâmica e a ligação, o agendamento, a comunicação entre tarefas, a gestão de eventos, a gestão do tempo, a gestão da energia, etc.

A maior parte da cobertura na literatura está relacionada com o desenvolvimento de várias aplicações e a sua colocação num telemóvel juntamente com outros componentes de aplicações nativas utilizando uma arquitetura Android padrão. A questão principal da ligação dinâmica e do controlo da criticalidade não foi abordada. No entanto, a arquitetura normalizada do Android não aborda nenhuma das questões acima mencionadas e exige a sua modificação para resolver os problemas decorrentes da adição dinâmica de novos componentes que devem coexistir com os componentes das aplicações nativas.

[Sastry et al., 2012-15] propuseram um quadro para acrescentar módulos adicionais às aplicações existentes nos sistemas operativos Android. Também propuseram uma arquitetura de software **[Sastry et al., 2012-16]** que ajuda a acrescentar módulos adicionais às aplicações existentes sem afetar o tempo de resposta dos módulos existentes que estão em funcionamento.

9.3 Investigações e conclusões

9.3.1 Requisitos funcionais

A especificação dos requisitos funcionais descreve o tipo de processamento que deve ser efectuado à medida que se adiciona um maior número de componentes de aplicação e os faz coexistir com as aplicações já existentes que residem no telemóvel e funcionam com o sistema operativo Android.

Seguem-se as funções que devem ser implementadas pelo software desenvolvido no lado móvel para a implementação de aplicações adicionais.

1) Ter uma interface que receba os componentes adicionais e localize os novos componentes em locais específicos de acordo com os pools de memória retornados pelo gestor de memória do RTOS.

2) Analisar cada um dos componentes Add-on do ponto de vista do tratamento de

eventos

3) Analisar cada um dos componentes adicionais do ponto de vista da partilha de recursos

4) Analisar cada um dos componentes adicionais do ponto de vista dos requisitos em tempo real, estabelecendo especialmente as ligações com o processamento baseado em interrupções.

5) Analisar cada uma das componentes Add-on do ponto de vista da comunicação entre tarefas

6) Analisar cada um dos componentes Add-on do ponto de vista do tempo de resposta e do rendimento

7) Analisar cada um dos componentes adicionais do ponto de vista da criticidade

8) Analisar os requisitos de programação dos componentes nativos e complementares, tendo em conta o débito e o tempo de resposta, e determinar os parâmetros necessários para criar as tarefas.

9) Calcular os parâmetros ambientais

10) Definir o ambiente utilizando os parâmetros ambientais através de chamadas de função adequadas ao RTOS

11) Realizar a ligação dinâmica e a incorporação dos componentes adicionais através do reinício integrado do sistema operativo em tempo real.

9.3.2 Conceção do hardware

Os telemóveis têm incorporado um microcontrolador, dispositivos de comunicação Bluetooth e Wi-Fi, uma EEPROM externa e uma interface de utilizador baseada em USB. A interface dos dispositivos de hardware com o telemóvel é apresentada sob a forma de um diagrama de classes na Figura 9.1.

Cada um dos dispositivos móveis está equipado com uma interface USB que pode ser utilizada para ligar a um PC no qual o software incorporado é desenvolvido utilizando o IDE Eclipse e o código pode ser transferido para o dispositivo móvel utilizando a interface USB.

9.3.3 Conceção de software

Os componentes de software que foram identificados para residir no dispositivo móvel foram mostrados na Figura 9.2, em que um diagrama de classes mostra os objectos que residem no lado do telemóvel. As classes foram fornecidas para estabelecer a comunicação entre o dispositivo móvel e o PC. São fornecidas três classes para realizar a análise do código, a ligação dinâmica e a definição do ambiente necessárias para que os módulos adicionais sejam co-residentes com os módulos nativos.

O ligador dinâmico adquire o conhecimento dos módulos nativos através da interação com o sistema operativo androide e traça a sequência em que as sequências de tarefas são executadas e calcula o tempo necessário para completar cada sequência de tarefas.

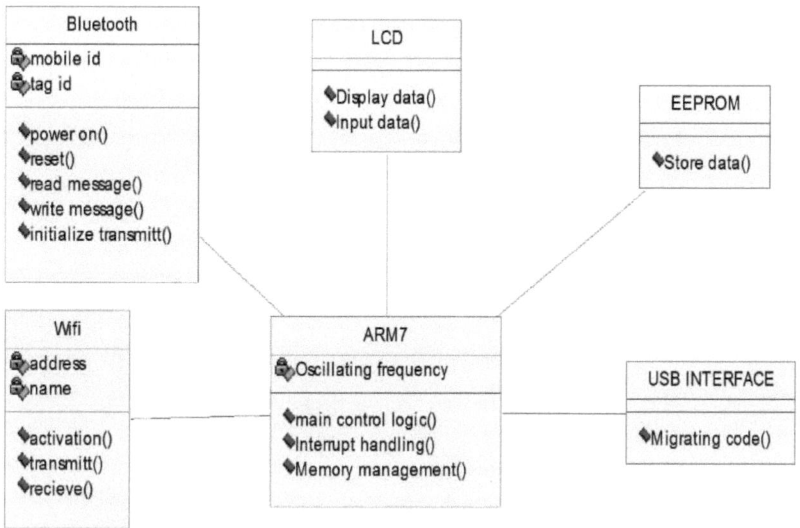

Figura 9.1 Dispositivos de hardware de interface com os dispositivos móveis

O ligador dinâmico também interage com o sistema operativo Android para recolher os pormenores relacionados com o tipo de dispositivos de memória incluídos na conceção do hardware do telemóvel e desenvolver um registo da ocupação da memória no dispositivo móvel. Com as informações relativas à programação e à ocupação da memória em mãos, o ligador poderá colocar dinamicamente os novos módulos nas posições de memória disponíveis e também programar os novos módulos como uma sequência de execução separada, sendo a programação efectuada de forma a que as sequências nativas nunca sejam afectadas. Uma tarefa separada encarregar-se-á de criar um ambiente adequado, interagindo com o sistema operativo androide, de modo a que as programações das tarefas sejam efectuadas de forma a não afetar os tempos de resposta originalmente concebidos.

9.3.4 Estrutura arquitetónica para acrescentar novos módulos aos dispositivos móveis

Foram apresentados na literatura muitos quadros arquitectónicos que descrevem a coexistência de módulos recentemente adicionados com os módulos que estão nativamente incluídos num dispositivo móvel e os quadros não abordaram as complicações internas, especialmente não abordaram a questão das estruturas de controlo, a partilha dos recursos, a configurabilidade dinâmica, etc.

[Teng-WenChang et al., 2010] desenvolveram uma aplicação para o sistema de gestão de veículos na plataforma Android e migraram a aplicação para um telemóvel. A migração da aplicação desenvolvida para um telemóvel é efectuada utilizando as funções incorporadas nas plataformas de desenvolvimento.

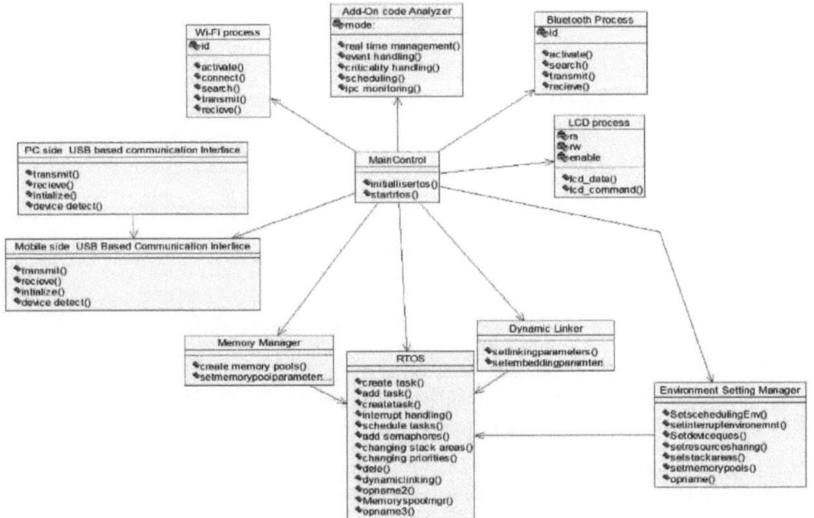

Figura 9.2 Diagrama de modelação de objectos de software para a aplicação suplementar

O processo de migração, enquanto tal, não tem em conta nenhuma das questões que devem ser abordadas para que os componentes adicionais coexistam com os componentes da aplicação existente no telemóvel.

[Frank Maker et al., 2008] destacaram as principais diferenças entre um sistema operativo Linux normal e o Android. Concentraram-se nos desafios a enfrentar para lidar com dispositivos móveis incorporados que funcionem para além do kernel LINUX e definiram uma estrutura separada para o sistema operativo Android. No entanto, não trataram de nenhuma das questões que devem ser abordadas quando é necessário adicionar mais componentes após a definição, o carregamento e a ligação de um conjunto de aplicações e a sua execução em modo de produção.

A questão da adição de mais componentes aos componentes de aplicações existentes que são construídos utilizando o sistema operativo Android requer a resolução de várias questões que incluem a sobrecarga de memória, a partilha eficiente de recursos, a atribuição dinâmica de memória e o armazenamento para os módulos adicionais, o controlo da criticidade, a gestão do tempo de resposta, a gestão do rendimento, a configuração dinâmica e a ligação, o agendamento, a comunicação entre tarefas, a gestão de eventos, a gestão do tempo, a gestão da energia, etc.

A maior parte da cobertura na literatura está relacionada com o desenvolvimento de várias aplicações e a sua colocação num telemóvel juntamente com outros componentes de aplicações nativas utilizando uma arquitetura Android padrão. A questão principal da ligação dinâmica e do controlo da criticalidade não foi abordada. No entanto, a arquitetura normalizada do Android não aborda nenhuma das questões acima mencionadas e exige a sua modificação para resolver os problemas decorrentes da adição dinâmica de novos componentes que devem coexistir com os componentes das aplicações nativas.

A etiqueta inteligente é um sistema incorporado dotado de sensores e lógica para detetar as alterações que ocorrem no ambiente circundante e informar as alterações a um dispositivo móvel remoto através de uma interface de comunicação. O dispositivo móvel deve ter os componentes de aplicação que processam os pedidos recebidos das etiquetas inteligentes. Os componentes da aplicação relacionados com as etiquetas inteligentes devem coexistir com outros componentes que se encontrem nativamente no telemóvel. A figura 9.3 mostra uma panorâmica da aplicação da etiqueta inteligente. A etiqueta inteligente tem a capacidade de comunicar com o dispositivo móvel com base na existência de dispositivos de interface relacionados com as comunicações em funcionamento.

A aplicação TAG inteligente é construída com recurso a módulos inteligentes que incluem a deteção da sua própria localização, a deteção de adulterações, o alerta de falta de alimentação eléctrica, a identificação com o anfitrião remoto através de vários protocolos de comunicação disponíveis, como Bluetooth, WI-FI, GPS, o alerta das imediações e do dispositivo móvel sempre que ocorrem determinadas alterações nas imediações do TAG inteligente, etc.

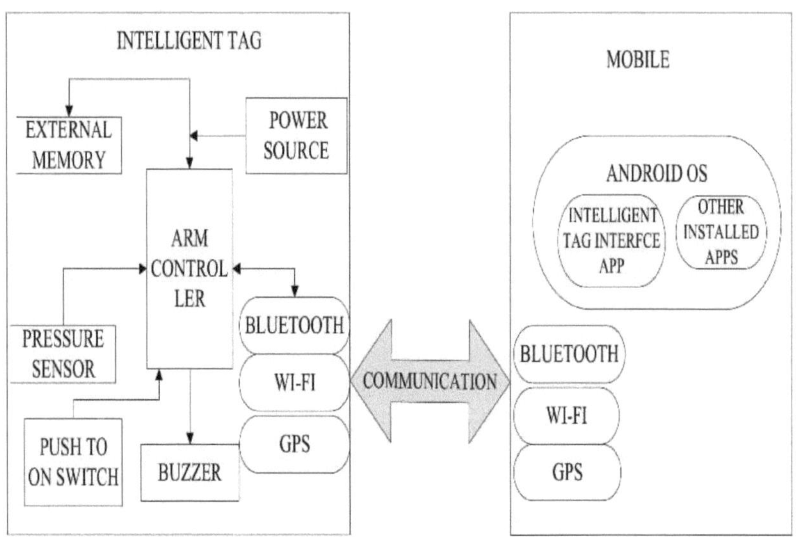

Figura 9.3 Coexistência da aplicação relacionada com o TAG com a aplicação relacionada com o telemóvel

As aplicações do lado móvel são desenvolvidas para funcionar com o sistema operativo Android e, no TAG inteligente, os componentes da aplicação são concebidos para funcionar com o sistema operativo µCos. Uma das questões mais importantes na implementação de uma aplicação deste tipo é adicionar aplicações dinamicamente ao dispositivo móvel e fazê-las coexistir com os componentes da aplicação nativa. Tem de haver um quadro que se enquadre numa arquitetura que tenha em conta todas as questões, incluindo a programação, a partilha de recursos, a gestão da energia, a proteção da memória, o tratamento da criticidade, a gestão de eventos, etc. Os componentes do quadro são necessários para proteger a configuração original e o ambiente em que os componentes da aplicação nativa são desenvolvidos e instalados.

A maior parte das aplicações que são instaladas nos dispositivos móveis são construídas sob o sistema operativo Android. O Android utiliza uma arquitetura para suportar a execução de várias aplicações. **A figura 9.4** mostra a arquitetura android utilizada para construir as aplicações no dispositivo móvel.

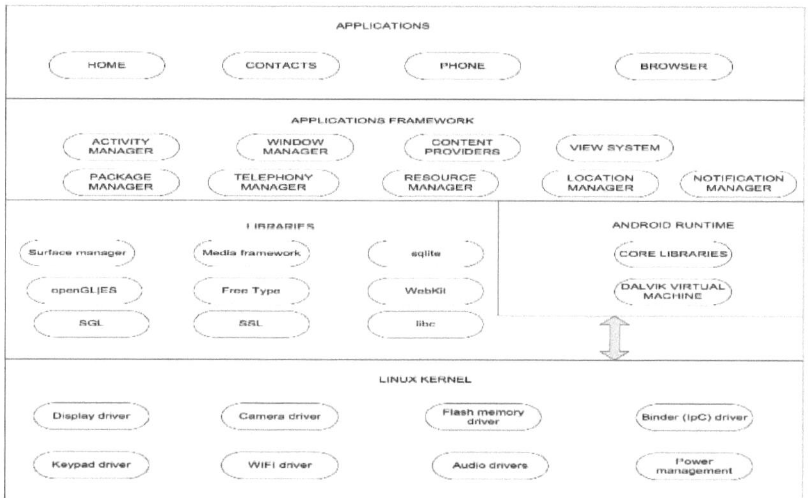

Figura 9.4 Arquitetura do Android

O Android é uma pilha de software para dispositivos móveis que inclui um sistema operativo, middleware e aplicações-chave. Os vários componentes do Android são concebidos como uma pilha, com as aplicações a formarem a camada superior da pilha, enquanto o kernel Linux forma a camada inferior. Basicamente, é composto por cinco camadas: aplicações, estrutura de aplicações, bibliotecas, tempo de execução do Android e kernel Linux.

O Android é fornecido com um conjunto de aplicações principais que são constituídas por uma camada de aplicações que inclui um cliente de correio eletrónico, um programa de SMS, um calendário, mapas, um navegador, contactos e outras funcionalidades. Todas as aplicações são escritas utilizando a linguagem de programação Java. Assim, é nesta camada que podemos adicionar novas aplicações.

Na segunda camada, foi fornecida uma estrutura de aplicação desenvolvida pelo Android. Os programadores do quadro de aplicações têm pleno acesso ao mesmo quadro através das API fornecidas pelo Android. As aplicações podem incluir algumas das suas funcionalidades na estrutura, para que a mesma funcionalidade requerida por outras aplicações possa ser reutilizada. Este mesmo mecanismo permite que os componentes sejam substituídos pelo utilizador. Por exemplo, se alguém tiver uma pequena aplicação de tomada de notas no telemóvel e quiser procurar um determinado local cujo endereço tenha sido anotado, pode considerar utilizar a aplicação de mapas diretamente da aplicação de tomada de notas, em vez de mudar de aplicação.

Na terceira camada, o Android fornece uma biblioteca de sistema normalizada através da qual é possível aceder a vários recursos ligados ao telemóvel. Nesta camada, é também fornecido o ambiente de tempo de execução. O ambiente de execução ajuda a executar os componentes de forma dinâmica, estabelecendo uma interface através da biblioteca do sistema ou diretamente com o kernel do sistema operativo Linux, que é fornecido nas camadas mais inferiores. O kernel Linux é a camada mais inferior e é também uma camada de abstração de hardware que permite a interação das camadas superiores com o hardware através de controladores de dispositivos.

Nesta arquitetura, os componentes da aplicação são ligados estaticamente e, quando adicionados dinamicamente, a configuração original do ambiente concebido para os componentes nativos é afetada e não há forma de a arquitetura Android resolver questões como a gestão da energia, a programação, a gestão dos recursos, etc. Em especial, a comunicação com o componente nativo por componentes adicionais não é possível. A arquitetura torna-se lenta quando são acrescentadas mais e mais aplicações. Com esta arquitetura, os requisitos em tempo real são gravemente afectados, uma vez que não se procede à reposição do ambiente. A arquitetura pode mesmo conduzir a falhas devido ao não tratamento de questões críticas quando se adiciona um maior número de componentes à aplicação.

A Figura 9.5 mostra a arquitetura proposta que permite a adição dinâmica de componentes e, ao mesmo tempo, resolve questões como a programação, de modo a que os componentes adicionais coexistam com os componentes nativos, preservando a configuração original e a configuração do ambiente.

A **figura 9.5** representa os quadros arquitecturais para a implementação das aplicações complementares. A arquitetura considera um modo normal e um modo adicional. Enquanto o modo padrão é o modo de funcionamento normal, o modo adicional é ativado à medida que se adiciona um maior número de componentes. Sempre que um novo componente é adicionado aos componentes existentes na camada de aplicação, o componente é analisado por vários elementos de software que residem na estrutura de aplicação alargada que coexiste com as aplicações originalmente recomendadas pelo Android. A análise conduz geralmente a várias configurações ambientais que incluem a criação de tarefas, a adição de semáforos, a alteração das dimensões das áreas de pilha, a adição de várias reservas de memória, a adição de novas tarefas para conseguir a partilha de recursos, a alteração das prioridades, a alteração dos tempos de atraso das tarefas, etc.

A estrutura Add on é executada num ambiente de tempo de execução que permite a ligação e a incorporação dinâmicas. Todas as questões relacionadas com a gestão do tempo de resposta e do débito são tratadas através da definição da estratégia de programação e desbloqueamento. O ambiente de tempo de execução tem uma interface direta com o sistema operativo para qualquer configuração necessária ao nível do dispositivo. O quadro incluiu uma arquitetura independente no âmbito da arquitetura original recomendada para o Android, a fim de ter em conta todas as alterações ambientais que devem ser efectuadas sempre que se adiciona um novo componente.

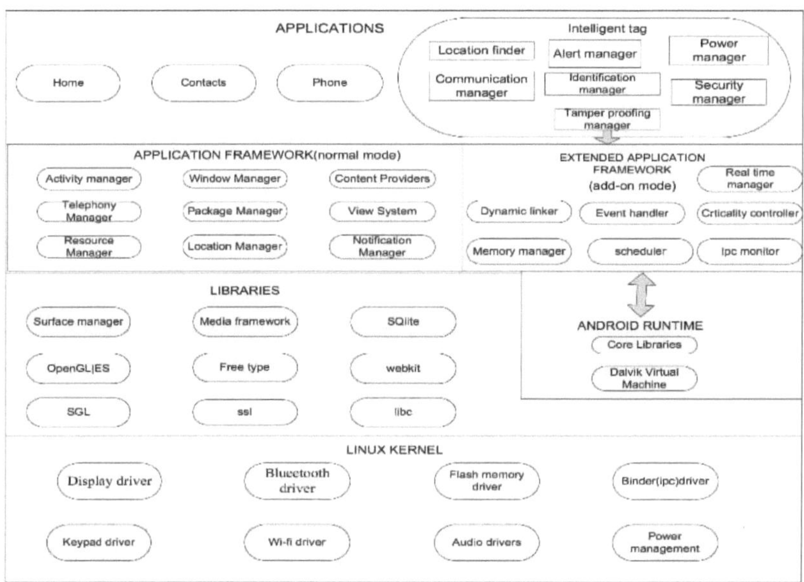

Figura 9.5 Estrutura de arquitetura para aplicações adicionais

9.3.5 Arquitetura de software para a implementação do sistema Mobile Enhancement

Para adicionar aplicações ao telefone inteligente com as aplicações nativas existentes, é necessária uma plataforma específica, migração e suporte de configuração dinâmica. Essa plataforma deve ser capaz de adicionar novas aplicações de forma dinâmica e de associar os novos programas de aplicação às aplicações existentes. Os componentes da aplicação recentemente adicionados devem comunicar com os componentes da aplicação nativa através de algum tipo de partilha de recursos, tornando os componentes da aplicação recentemente desenvolvidos coexistentes com as aplicações nativas já residentes no telemóvel e também eficazes no estabelecimento da comunicação entre pares com sistemas integrados remotos, como etiquetas inteligentes.

A literatura sugere muitos quadros arquitecturais e um quadro normalizado proposto na secção 9.3.3 revelou-se muito eficiente. A arquitetura de complemento da arquitetura normalizada do Android permite a integração perfeita dos módulos de complemento com os componentes nativos. Verifica-se que o quadro é eficiente no tratamento de todas as questões complexas decorrentes da adição de mais componentes a componentes já existentes, preservando a segurança da configuração ambiental original.

A arquitetura de software é necessária para a implementação da aplicação, de modo a que a arquitetura possa ser utilizada para o desenvolvimento do software e, em seguida, para a transferência do software para o alvo (dispositivo móvel). Foi proposta uma arquitetura de software, que é utilizada para implementar os componentes adicionais num telemóvel que funciona com o sistema operativo Android para efetuar a comunicação entre pares com anfitriões remotos, tais como etiquetas inteligentes. O software foi desenvolvido utilizando a arquitetura de software e o mesmo é migrado para o sistema móvel.

Um computador pessoal é ligado ao dispositivo móvel através de uma interface USB. Os componentes adicionais são desenvolvidos no PC utilizando o ambiente de desenvolvimento Android. O diagrama de classes que descreve a interação dos objectos é apresentado na **Figura 9.6**.

No ambiente de desenvolvimento, foi criada uma classe separada para transmitir o módulo adicional ao dispositivo móvel através da interface USB. Uma classe de controlo principal situada no lado do dispositivo móvel inicia uma classe de comunicação que recebe o módulo adicional e o torna residente na memória através de uma classe de gestão da memória. A classe de controlo principal invoca uma classe "Add-on Analyzer" que analisa o módulo adicional de diferentes perspectivas e, com base nos resultados da análise, a classe de controlo principal invoca uma classe responsável pela classe de configuração do ambiente.

A ligação dinâmica do módulo adicional é iniciada através do ligador dinâmico e, em seguida, o RTOS é reiniciado para que a aplicação ES seja executada tendo em conta o novo ambiente definido pelo gestor de configuração do ambiente. A classe de memória, a classe dos ligadores dinâmicos e a classe de definição do ambiente comunicam diretamente com o RTOS para efetuar as alterações necessárias à definição do novo ambiente da aplicação.

A arquitetura de software para acrescentar módulos adicionais a módulos de software já existentes na parte móvel é implementada utilizando uma arquitetura de 3 níveis, como mostra a figura 9.7.

Na camada I, residem todos os módulos relacionados com a comunicação com a aplicação de etiquetas inteligentes. A execução global da tarefa a implementar reside na **Tier-II**. Toda a estrutura que facilita a adição dos componentes ao dispositivo móvel é colocada na Tier-II. Uma classe separada situada na Tier-II permite a comunicação com um PC remoto. A interface de comunicação fornecida pelo PC permite transferir o componente adicional para o dispositivo móvel. O software de comunicação residente no PC foi colocado na Categoria III.

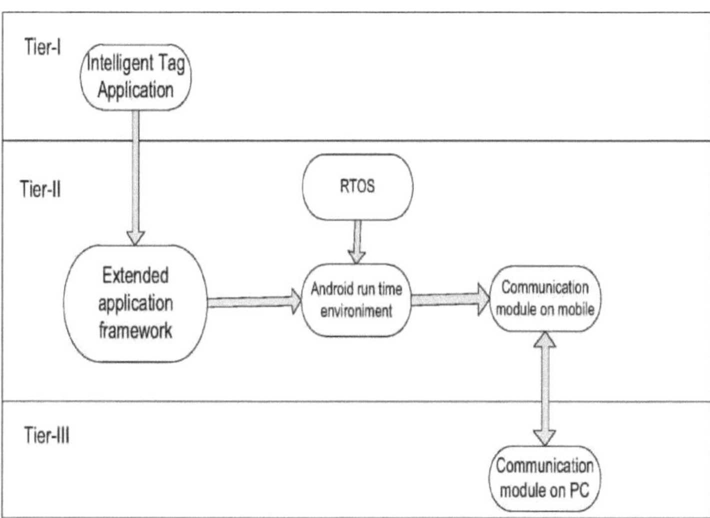

Figura 9.6 Arquitetura hierárquica do sistema de gestão inteligente de etiquetas

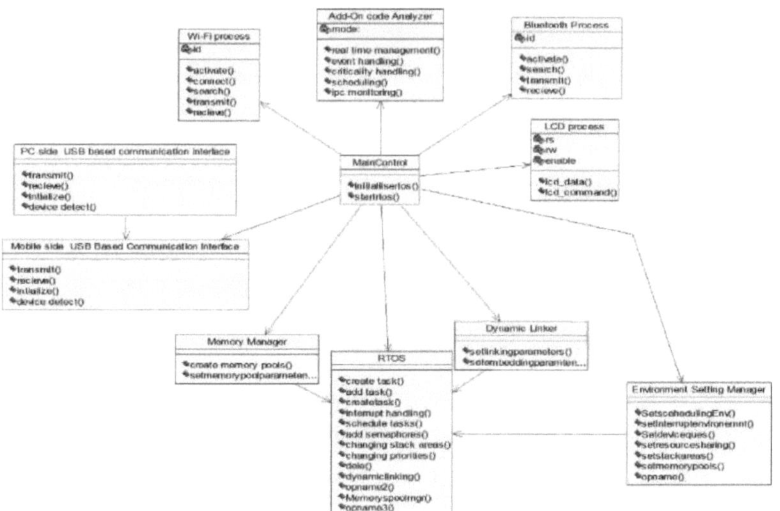

Figura 9.7 Diagrama de classes para a aplicação adicional

9.3.6 Experimentação e resultados

No lado do dispositivo móvel, é adicionado um componente de software que invoca várias funções do RTOS para obter os valores de vários parâmetros que, em geral, desempenham um papel vital no desempenho global de um sistema incorporado. O componente de software obtém os dados antes e depois da adição de um componente e qualquer alteração no valor paramétrico após a adição do componente é comparada com os parâmetros de projeto com os quais o projeto original foi realizado.

O quadro 9.1 mostra os valores paramétricos antes e depois da adição de um componente de comunicação móvel aos componentes relacionados com a aplicação móvel existente. A classe de software adicionada com o objetivo de captar os valores paramétricos ambientais também os apresenta no seu dispositivo de visualização e os valores paramétricos são tabelados como se mostra no quadro 9.1. Pode ver-se na tabela que todos os valores paramétricos após a adição do componente estão dentro da gama especificada dos parâmetros de projeto

A experiência é repetida com vários dos componentes adicionados à aplicação móvel e, de cada vez que é adicionado um novo componente, verifica-se que os parâmetros críticos da aplicação estão sempre dentro do intervalo permitido.

Tabela 9.1 Valores paramétricos de um ambiente em tempo real antes e depois da adição de um componente

Parâmetro ambiental	Valor antes de adicionar o componente	Valor após a adição dos componentes	Justificação em caso de aumento / diminuição do valor do componente	Permitido Valor de projeto/intervalo
Número de áreas de pilha	8	9	Devido à adição de uma tarefa	20 Áreas de empilhamento
Tamanho total da área da pilha	8000KB	9000KB	Devido à adição de uma Tarefa	10.000KB
Número de filas de espera de dispositivos	3	3		3
Tempo médio de resposta	10 milhões de segundos	10,01 milhões de euros Segs	Devido à edição de uma nova tarefa	10 - 12 milissegundos
Produtividade média	6 Tarefas/Segundo	5.9 Tarefas/sec	Devido à edição de uma tarefa	5Taks/sec - 7Tasks/sec
Tamanho dos vectores de interrupção	1000K	1000K		1000K
Número de rotinas de interrupção	3	3		3
Número de tarefas	8	9	Devido à edição de um componente	20
Número de semáforos atribuídos	3	3		5

para controlo de acesso				
Tempo de atraso máximo	9 milhões de segundos	9.10 Milhões de segundos	Devido ao aumento do número de tarefas	900Milli Segs a 1200 Milli Segs
Número de conjuntos de memória	8	9	Devido ao aumento do número de tarefas	20
Tamanho total da memória EEPROM	32KB	32KB		32KB
Tamanho total da memória flash	64KB	64KB		64KB
Número de elementos de código dependentes do hardware	3	3		3

9.4 Conclusões

Os telemóveis inteligentes estão a tornar-se rapidamente uma plataforma de computação dominante para o desenvolvimento de várias aplicações. Nesta tese, foi apresentada uma estrutura arquitetónica para a implementação de aplicações complementares que permitem a comunicação em modo de pares com sistemas inteligentes incorporados remotos e a sua coexistência com a aplicação nativa no telemóvel.

Foi apresentada uma estrutura arquitetónica para a implementação de componentes adicionais juntamente com os componentes das aplicações móveis existentes. Foram realizadas experiências para verificar o efeito da adição de componentes ao telemóvel. Verificou-se que a estrutura de software ajudou a gerir os parâmetros ambientais em tempo real dentro dos limites das restrições de conceção.

Foi também apresentada uma arquitetura de software que permite o desenvolvimento de componentes residentes no lado móvel e a sua configuração dinâmica sem necessidade de baixar qualquer módulo da aplicação nativa no telemóvel

9.5 Âmbito futuro

A arquitetura utilizada para adicionar novos módulos pode ser alargada para encontrar os dispositivos activos que estão em funcionamento e também várias versões de protocolo que podem ser utilizadas para acionar os dispositivos de comunicação. Os pares de protocolos de dispositivos podem ser gerados e armazenados num repositório. O melhor par de protocolos de dispositivos pode ser avaliado com base nos parâmetros de comunicação e do dispositivo. O dispositivo de comunicação e a versão de protocolo que apresenta os melhores resultados podem ser selecionados para estabelecer a comunicação com o dispositivo TAG remoto.

CAPÍTULO 10 (INTEGRAÇÃO DE SISTEMAS INCORPORADOS HETEROGÉNEOS)

10.1 Visão geral

Atualmente, no mundo sem fios, as etiquetas de monitorização em tempo real desempenham um papel importante no seguimento de bens e pessoas de elevado valor, em quaisquer condições ambientais. Uma etiqueta inteligente deve ter a capacidade de comunicar com o telemóvel e fornecer informações sobre o objeto etiquetado. A etiqueta pode ser fixada a um objeto que deve ser protegido. A etiqueta deve fornecer a zona de segurança para os bens valiosos.

Estão disponíveis no mercado diferentes tipos de etiquetas, incluindo a etiqueta Bluetooth, a etiqueta Wi-Fi e a etiqueta RFID. A etiqueta Nio e a etiqueta Cobra são compatíveis com as normas Bluetooth. As etiquetas Wi-Fi são utilizadas para o seguimento de pessoas e de objectos no interior e no exterior em tempo real, utilizando o sistema de localização em tempo real (RTLS). O objetivo da conceção de uma etiqueta é garantir a segurança de objectos valiosos, encontrar objectos em caso de extravio, aplicações industriais, aplicações militares, aplicações médicas, incluindo a monitorização de doentes e o seguimento de pessoas em tempo real.

A etiqueta é uma entidade única que consiste em muitos componentes. Cada etiqueta tem um conjunto específico de caraterísticas. A etiqueta deve ser compatível com vários sistemas de comunicação, uma vez que tem de funcionar em diferentes redes normalizadas, como Bluetooth, Wi-Fi, NFC e Wi-Max. A etiqueta pode fornecer informações sobre alertas de aviso de bateria fraca, a etiqueta à prova de adulteração contém sensores de movimento inteligentes integrados para deteção de movimento e muitas outras caraterísticas. As etiquetas têm de ser robustas e podem ser utilizadas em ambientes difíceis. O tempo de vida da etiqueta depende da bateria e esta requer mais energia, uma vez que suporta muitas funções, pelo que deve ter um sistema de gestão de energia eficiente.

Existem diferentes tecnologias para cada caraterística das etiquetas e estas são integradas numa única entidade. Para implementar uma determinada inteligência, existe um conjunto de tecnologias e questões relacionadas, como a integração de hardware e software, a gestão da memória, a gestão da energia, a integração de dispositivos, a interface de módulos e questões de software, como a integração de códigos e a seleção de RTOS para a aplicação.

Linguagens como o C e o C++ são utilizadas para o desenvolvimento de sistemas incorporados. A linguagem de descrição de hardware Verilog (VHDL) é

geralmente utilizada para a modelação de hardware incorporado. No entanto, a modelação do hardware nesta tese foi feita utilizando UML (Unified Modelling Language), que é uma linguagem de modelação orientada para objectos. Vários sistemas incorporados podem ser desenvolvidos individualmente utilizando uma única linguagem ou utilizando várias linguagens heterogéneas como C, C++, EJAVA e assembler ou uma combinação das mesmas.

10.1.1 Linguagens de software utilizadas para o desenvolvimento de sistemas incorporados

Língua C

Muitos fornecedores suportam compiladores C baseados nas normas ISO/ANSI e numa variação das mesmas. A linguagem C pode ser utilizada para descrever o ambiente de destino ou para descrever um algoritmo que pode ser transferido de uma aplicação para outra. Foi desenvolvida uma grande quantidade de bibliotecas C que podem ser utilizadas para diferentes funcionalidades. A biblioteca C tem sido fundamental para o desenvolvimento de grandes aplicações ou de pequenas aplicações incorporadas. Muitos dos problemas de portabilidade podem ser resolvidos utilizando a linguagem C. **Linguagem C++**

A linguagem C foi alargada com conceitos orientados para os objectos e foi introduzida a nova linguagem C++. Foram introduzidos espaços de nomes para evitar colisões de nomes quando o código é desenvolvido por vários programadores. Também é possível tratar diferentes tipos de excepções utilizando C++. As caraterísticas orientadas para os objectos, que incluem o encapsulamento, a herança e o polimorfismo, ajudaram a reutilizar fortemente o código. A biblioteca de classes suportada pelo C++ é tão extensa que se torna simples implementar qualquer aplicação complexa.

Os compiladores de C++ têm a capacidade de implementar, durante o processo de compilação, algumas das implementações polimórficas. Em C++, a orientação para objectos centra-se em novos tipos de dados através da definição de "classes" e da extensão dos tipos de dados "struct" e "union".

Java

Outra linguagem utilizada regularmente para o desenvolvimento de sistemas incorporados é JAVA, que possui todas as caraterísticas de orientação para objectos. Java suporta um excelente comportamento em tempo de execução para tornar qualquer aplicação independente da plataforma. A maioria dos dispositivos incorporados exige um comportamento dinâmico, pelo que tem sido a linguagem mais adequada para programar os dispositivos incluídos num sistema incorporado.

O JAVA tem todas as caraterísticas necessárias para desenvolver programas bem estruturados que conduzem a um código mínimo. Os conceitos orientados para objectos suportados em JAVA conduziram à reutilização de software. JAVA tornou-se familiar para muitos dos programadores que praticaram C e C++, uma vez que o suporte de linguagem fornecido em JAVA é muito semelhante à forma como C e C++ são suportados. Foram fornecidas inúmeras bibliotecas com JAVA, o que permite desenvolver facilmente aplicações complexas e extensas. A biblioteca necessária para suportar a programação simultânea foi fornecida juntamente com JAVA.

Com o apoio da concorrência, tornou-se possível efetuar a análise, a otimização e a transformação de programas. A programação de threads foi suportada no JAVA para suportar a programação simultânea e, ao mesmo tempo, conseguir a sincronização entre as threads. Também são suportados mecanismos para resolver conflitos, se existirem, durante o acesso a diferentes recursos por muitas das threads em simultâneo.

Todos os programas desenvolvidos com JAVA utilizam uma API independente da plataforma e, por conseguinte, podem ser transferidos de uma plataforma para outra sem necessidade de efetuar quaisquer alterações ao código. A máquina virtual Java (JVM) tem sido a base para suportar uma plataforma dinâmica com mecanismos de segurança incorporados. A JVM é construída com interfaces que permitem a integração das aplicações com sistemas operativos em tempo real.

Linguagem de montagem

Cada fabricante concebe um conjunto de códigos de operação e o hardware relacionado com o processador é concebido para implementar as instruções através dos códigos de operação. Cada processador é diferente e o número de códigos de operação implementados num processador também será diferente. Os códigos de operação dividem-se em duas categorias, que incluem a computação com conjunto de instruções reduzido (RISC) e a computação com conjunto de instruções complexo (CISC). Os opcodes são codificados utilizando um ou dois bytes, que se transformam em microinstruções que podem ser executadas pelo microprocessador.

Os códigos de operação executam operações básicas que se destinam a mover os dados entre a CPU e a memória, a efetuar operações aritméticas e lógicas e os códigos de operação são também utilizados para construir operações complexas, como as funções.

As instruções da linguagem de montagem podem ser montadas em opcodes devido à existência de uma correspondência de um para um entre elas. A linguagem de montagem utiliza um conjunto de instruções que se assemelham a opcodes que suportam a codificação e descodificação um para um. O software incorporado que necessita de uma execução mais rápida é normalmente desenvolvido utilizando a linguagem de montagem.

Linguagens de hardware

São necessárias linguagens específicas para descrever e modelizar o hardware. A VHDL é uma das linguagens mais utilizadas. As linguagens de modelação do hardware ajudam a modelar a semântica de eventos discretos. O hardware é modelado utilizando estruturas hierárquicas constituídas por elementos de hardware, blocos e processos concorrentes. A linguagem Verilog fornece mais estruturas primitivas que permitem até simular o hardware. As linguagens de modelação do hardware suportam primitivas de transístores e portas lógicas que podem ser definidas através da utilização de tabelas de verdade. O processamento simultâneo também pode ser representado utilizando a HDL.

Linguagens de fluxo de dados

As linguagens de fluxo de dados descrevem sistemas concebidos através de um conjunto de processos que funcionam em simultâneo e comunicam através de filas de espera. As linguagens de fluxo de dados podem ser utilizadas para representar muitos dos processos relacionados com o processamento de sinais, cujos algoritmos são complexos, uma vez que utilizam aritmética pesada derivada da teoria dos sistemas lineares para efetuar várias operações destinadas a descodificar, comprimir e filtrar fluxos de dados relacionados com som ou vídeo. A semântica do fluxo de dados pode ser utilizada para representar os diagramas de blocos e os fluxos de trabalho.

10.1.2 Métodos de integração de código

A integração do código incorporado desenvolvido para diferentes sistemas incorporados pode ser conseguida através de duas abordagens diferentes que incluem a abordagem baseada na linguagem e a abordagem composicional

10.1.2.1 Integração do código através de uma abordagem baseada na linguagem

Um sistema incorporado complexo pode ser decomposto em muitos dos seus subsistemas. A decomposição em si pode ser efectuada com base na linguagem utilizada. Os subsistemas são concebidos e optimizados individualmente, utilizando diferentes linguagens e abstracções. Os subsistemas comunicam através de um protocolo de comunicação comum. O protocolo de base pode ser utilizado para a simulação e para a síntese. Esta abordagem de simulação e síntese permite utilizar ferramentas para o desenvolvimento de cada um dos subsistemas. Muitas ferramentas são concebidas para utilizar uma arquitetura cliente-servidor baseada numa linguagem para efetuar a comunicação, geralmente através de um protocolo de chamada de procedimento remoto. A figura 10.1 mostra a abordagem baseada na linguagem

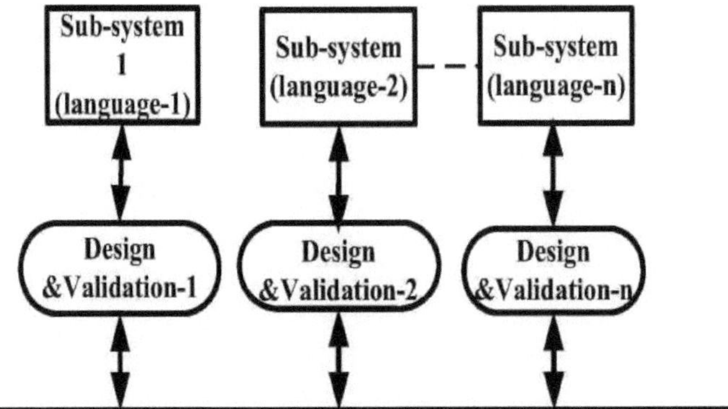

Figura 10.1 Abordagem baseada na língua

Os protocolos de base são implementados através de bibliotecas de sistema que fornecem primitivos de comunicação. Os processos assim identificados são mapeados para componentes de hardware ou software, enquanto o protocolo de comunicação é mapeado para primitivas de comunicação do sistema alvo, como transacções de barramento ou funções do sistema operativo. Podem ser utilizadas linguagens orientadas para objectos, como C++ ou Java, para o desenvolvimento de processos de software. A abordagem baseada na linguagem é uma abordagem sistemática e muito flexível para integrar os subsistemas concebidos e desenvolvidos individualmente.

10.1.2.2 Integração de código através de uma abordagem de composição

A abordagem composicional integra a semântica das linguagens dos subsistemas e obtém uma representação linguística comum que é utilizada para a análise e otimização globais.

A abordagem composicional é apresentada na figura 10.2

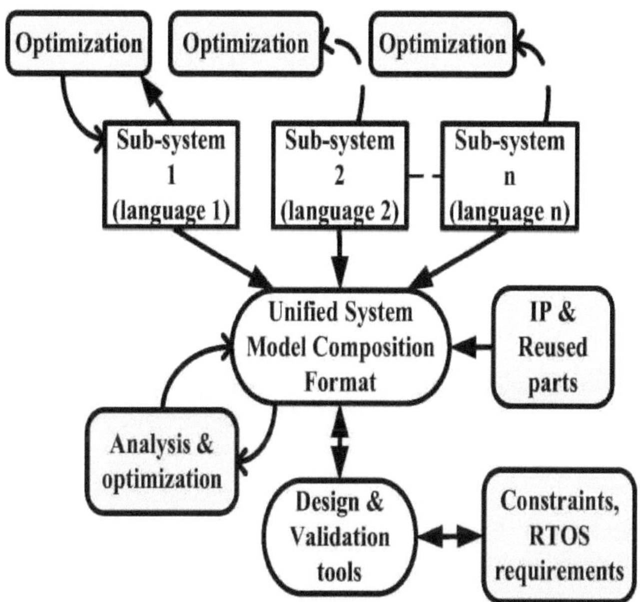

Figura 10.2 Abordagem composicional

As abordagens de composição permitem uma integração profunda dos subsistemas, combinando a semântica das linguagens de especificação num formato de composição unificado. Na abordagem composicional, os subsistemas especificados de forma diferente são traduzidos para um formato de composição e fundidos para formar uma representação homogénea do sistema completo. Em seguida, a análise e a otimização do sistema apoiadas por ferramentas são realizadas com base nesta representação homogénea.

A questão fundamental para um formato de composição é a sua eficiência no que diz respeito aos métodos de análise e otimização, ou seja, embora seja facilmente possível fornecer um formalismo que permita a representação de diferentes modelos de computação numa única linguagem, a composição destes modelos decide a usabilidade do formato de composição.

Várias descrições de entrada são mapeadas para um modelo comum de computação e acoplam, de forma coerente, vários modelos numa hierarquia. As descrições também captam a conceção de tarefas que se destinam a análise e otimização. As abordagens baseadas na composição paralela formam o formato de composição, combinando modelos de computação ou elementos de modelos de computação num único nível hierárquico.

O Cálculo de Coordenação de Processos (PCC) é um exemplo de uma abordagem de composição paralela. O PCC pode ser visto como uma linguagem de coordenação de redes de processos que permite linguagens de acolhimento arbitrárias no âmbito do comportamento especificado pela linguagem de coordenação.

As abordagens de composição hierárquica baseiam-se num formato de composição que combina diferentes modelos de computação em vários níveis de hierarquia. Diferem nos modelos e também na forma como os modelos superiores influenciam o comportamento dos modelos de nível inferior.

1.1.3 3 Workbench para integração de código incorporado

O modelo SPI é um banco de trabalho que permite a validação fiável das propriedades não funcionais do sistema, sendo ao mesmo tempo suficientemente flexível para permitir a representação de várias linguagens de especificação e de componentes do sistema com computação suportada por código antigo ou componentes parcialmente especificados. Isto reflecte a utilização pretendida do modelo SPI como representação de conceção interna para o banco de trabalho SPI, que se baseia numa verdadeira especificação multilinguagem e na Cosimulação para validação funcional. A SPI não é uma linguagem de especificação nova. A SPI capta informações relevantes para a análise e otimização de todo o sistema a partir de uma especificação de sistema multilingue, abstraindo a funcionalidade exacta. Esta abstração pode ser motivada pelo facto de, do ponto de vista da partilha de recursos, as propriedades de interesse não serem a função exacta de um processo, mas o tempo que o processo requer um determinado recurso para o seu cálculo, o tempo necessário para a comunicação e a memória necessária para armazenar os valores comunicados.

O princípio básico do modelo SPI é assumir a incerteza de todas as propriedades, de modo que o comportamento padrão produz tempos de execução de processo ilimitados ou produção e consumo de dados. Esta incerteza pode ser limitada utilizando as construções do modelo SPI. Este princípio permite a especificação explícita de informações, mesmo que apenas estejam disponíveis informações parciais.

Um intervalo de propriedades do sistema (SPI) é um modelo de rede de processos não executável que se destina à exploração de projectos e à síntese de sistemas. Muitos buffers e registos utilizados para efetuar a comunicação As propriedades do sistema são anotadas como intervalos na implementação do SPI. A comunicação, a temporização e as restrições são incluídas como propriedades.

1.1.4 4 Questões relacionadas com a integração de etiquetas inteligentes

A integração de vários módulos individuais num único sistema incorporado é uma questão importante na conceção de grandes aplicações incorporadas. Existem várias tecnologias de integração para cada questão de integração, tendo cada tecnologia individual os seus próprios prós e contras, pelo que é importante investigar a tecnologia de integração adequada para desenvolver uma etiqueta inteligente.

A decomposição modular é uma das principais estratégias adoptadas quando é necessário desenvolver uma aplicação incorporada complexa ou de grande dimensão. A decomposição modular de aplicações incorporadas de grande dimensão implica o desenvolvimento de cada um dos modelos numa aplicação incorporada individual. Cada módulo, enquanto tal, lida com uma ou mais tecnologias específicas.

Torna-se assim necessária a integração de todas as aplicações baseadas em módulos incorporados desenvolvidas individualmente. As questões de integração incluem a integração da memória, a integração e a interface dos módulos, a interface dos dispositivos, a integração e o isolamento do hardware, a integração da arquitetura, a segmentação das aplicações, que inclui a compartimentação do hardware e do software, a gestão da energia, a integração do código, quando são utilizadas várias linguagens para desenvolver uma aplicação incorporada, a integração e a migração do RTOS, a integração da programação das tarefas, a integração do tratamento das interrupções e a otimização do desempenho. A integração de todos os sistemas incorporados individuais num sistema incorporado principal é um processo complexo, uma vez que tem de lidar com muitas questões de integração.

Por conseguinte, a investigação da integração de vários sistemas incorporados numa única aplicação incorporada de grande dimensão constitui um desafio, pelo que é necessário investigar e apresentar soluções adequadas. Não existem muitas soluções que abordem completamente a integração dos módulos individuais num grande sistema incorporado, pelo que se torna necessário investigar uma solução de integração abrangente.

1.1.5 5 Definição do problema

Quando se pretende desenvolver um sistema principal através da integração de vários sistemas incorporados, tendo em conta tanto o hardware como o software, há que ter em conta diferentes questões, nomeadamente as diferentes tecnologias de desenvolvimento, o desempenho, o rendimento, as diferentes linguagens de desenvolvimento e os diferentes RTOS que utilizam os diferentes sistemas incorporados.

A integração do hardware e a integração do código são as duas considerações mais importantes que devem ser abordadas para começar, seguidas da otimização do código. Ambas as questões são complicadas. A integração do hardware deve ter em conta os diferentes microcontroladores, os diferentes tipos de dispositivos que fazem interface com os microcontroladores, etc. A integração do software inclui o código desenvolvido em diferentes linguagens, a utilização de diferentes sistemas operativos, etc.

10.2 Pesquisa bibliográfica

[Rolf Ernst, et al., 2000-01] utilizaram várias linguagens que são muito convenientes para a conceção, o desenvolvimento de aplicações e a otimização, mas a abordagem afecta a produtividade da conceção. A maior parte dos sistemas embebidos complexos são desenvolvidos utilizando várias linguagens e torna-se necessário combinar partes do sistema que são descritas em diferentes linguagens. Foram propostas duas abordagens para combinar diferentes linguagens: a abordagem baseada na linguagem liga modelos desenvolvidos em diferentes linguagens utilizando um protocolo de comunicação e a abordagem composicional combina diferentes semânticas dos modelos numa representação interna unificada.

Foram propostas linguagens de especificação e modelos intermédios **[A. A. Jerraya et al., 2001-01]** que são úteis para a conceção ao nível do sistema. Dois ou mais esquemas que consideram a especificação homogénea apresentada numa única linguagem podem ser utilizados para o desenvolvimento da especificação ao nível do sistema, considerando tanto o hardware como o software. Outro modelo que utiliza linguagens de modelação heterogéneas adequadas ao hardware e ao software pode ser utilizado.

Existem muitas linguagens de especificação que são bastante adequadas para um determinado domínio. Algumas destas linguagens estão mais adaptadas à especificação de especificações baseadas no estado (SDL ou diagrama de estados). Outras linguagens de especificação disponíveis na literatura são adequadas para modelizar o fluxo de dados e a computação contínua. Existem outras linguagens que são adequadas para descrever os algoritmos em C e C++.

São necessárias novas técnicas de validação para lidar com especificações multilingues. A verificação e a co-verificação são necessárias em vez da simulação e da co-simulação. A especificação de sistemas baseia-se em quatro conceitos básicos, nomeadamente concorrência, hierarquia, comunicação e sincronização.

Atualmente, não existe nenhuma linguagem de especificação universal única que suporte todos os tipos de aplicações incorporadas. Cada aplicação exige uma linguagem de especificação específica. Na maioria das vezes, é necessária mais do que uma linguagem quando se trata de desenvolver sistemas incorporados, tendo em conta a velocidade, o débito, etc.

É necessária uma combinação de várias linguagens de especificação para realizar a conceção de diferentes partes do sistema heterogéneo. A questão principal é a capacidade de efetuar a validação, a co-simulação e a interface multilinguagem. A co-simulação multilingue visa a execução de vários modelos desenvolvidos em diferentes linguagens.

As linguagens específicas de domínio foram apresentadas no passado para a conceção de diferentes partes dos sistemas embebidos **[Thomas Kuhn, et al., 2009-01]**. As linguagens específicas de domínio são especializadas, ou seja, feitas para um domínio e uma linguagem não é suficiente para especificar todas as partes de um sistema. Tornou-se necessário inventar modelos que combinem a utilização de muitas linguagens específicas de domínio num único modelo holístico. A abordagem de modelização CompoSE teve em conta as questões da interface das linguagens específicas do domínio e da otimização do código integrado.

A complexidade da conceção das funções e dos componentes dos sistemas incorporados está a aumentar, o que conduz a um aumento da heterogeneidade dos sistemas incorporados [**Dr. Ing. et al., 2003-01**]. Num único sistema integrado, estão a ser construídas funções relacionadas com diferentes domínios de aplicação. A integração e otimização adequadas são as questões que devem ser abordadas quando as aplicações são especificadas de forma diferente.

As actuais abordagens de conceção multilingue podem ser classificadas em abordagens de co-simulação e de composição. As abordagens de co-simulação proporcionam uma integração flexível e sistemática para sistemas especificados de forma heterogénea. As abordagens de composição permitem uma integração mais profunda das diferentes partes do sistema, criando um formalismo coerente para a representação do sistema completo a um nível de abstração mais elevado. Foi proposta uma nova abordagem para a conceção de sistemas incorporados complexos e heterogeneamente especificados. Esta abordagem combina as vantagens das abordagens de co-simulação e de composição.

O SPI (System property intervals) é um banco de trabalho desenvolvido numa estrutura aberta que se destina a analisar e sintetizar os sistemas embebidos a partir de especificações heterogéneas [**Dirk Ziegenbein, et al., 2002-01**]. Existem dois métodos para modelar sistemas heterogéneos. Os métodos incluem a utilização de uma única super linguagem ou a utilização de várias linguagens adequadas a diferentes partes do sistema. O SPI Workbench facilita a análise, otimização e síntese de sistemas incorporados especificados de forma heterogénea.

O modelo SPI foi também modificado com vista à co-síntese para ter em conta intervalos de propriedades do sistema **[R. Ernst, et al., 199901]**. As funções reactivas e transformativas descritas em diferentes linguagens e semânticas estão a ser incluídas nos sistemas incorporados. Muitas das funcionalidades e componentes do sistema estão a ser reutilizadas tendo em conta a conceção anterior e o código legado. Ficou provado que uma única linguagem não será suficiente para substituir um conjunto heterogéneo de linguagens. Um processo de co-design deve colmatar as diferenças semânticas existentes entre a verificação e a síntese de hardware/software e deve poder funcionar com informações limitadas sobre as propriedades do sistema.

Os sistemas incorporados autónomos devem ser ligados a muitos outros sistemas **[Guilherme Bertoni et al., 2006-01]** através de redes TCP/IP e de serviços Web. Este tipo de integração de sistemas incorporados encontra-se num estado muito incipiente.

Com o aumento da importância dos sistemas incorporados, tem-se verificado uma mudança do teste de sistemas para o teste de software **[Abel Marrero P'erez, et al., 2009-01]**. A integração de sistemas incorporados é testada através de testes ao nível do sistema. A integração de casos de teste a vários níveis do ponto de vista da funcionalidade do sistema também foi apresentada. Uma única especificação de caso de teste é reutilizada durante o processo de teste, minimizando assim o esforço de implementação do teste.

[www.ni.com/labview/whatis/hardware-integration, 2009-01] O software NI Lab VIEW pode ser utilizado eficazmente para ligar dispositivos de medição e controlo. O Lab VIEW integra sem problemas milhares de dispositivos de hardware diferentes e poupa tempo de desenvolvimento. O Lab View fornece uma estrutura de programação consistente em todo o hardware. A utilização de demasiadas ferramentas com incompatibilidades conduz a uma perda de tempo e a um risco acrescido. É necessário identificar os controladores de todo o hardware e descobrir como instalá-los e colocá-los sob a alçada do software. Pode poupar-se tempo utilizando o Lab View, eliminando alguns dos passos relacionados com a condução do hardware através do software.

Os instrumentos de simulação podem ser utilizados para ativar vários tipos de circuitos [www.mathworks.in/products/Simulink, 2009-01], **e** medir o comportamento do circuito. O software Multisim pode ser utilizado para efetuar as simulações e examinar os resultados das mesmas. Utilizando o Multisim, os instrumentos são tratados como instrumentos do mundo real. O software NI Multisim suporta muitos componentes, circuitos e uma variedade de instrumentos de simulação que podem ser incluídos num esquema, tal como funcionam os instrumentos reais na bancada. Os instrumentos de simulação são totalmente interactivos e é possível alterar as suas definições enquanto a simulação está em curso e os resultados da simulação podem ser vistos instantaneamente. O Multisim, enquanto tal, não tem qualquer funcionalidade para simular a integração de placas de sistemas incorporados.

O editor hierárquico de páginas esquemáticas (*Sistema de Informação de Componentes de* Captura (CIS)) do ORCAD **[www.cadence.com/products/orcad, 2009-01]** ajuda a interligar intuitivamente a funcionalidade necessária para acelerar as tarefas de projeto e facilitar a criação de circuitos. O ORCAD suporta projectos multi-folhas e hierárquicos, facilita a passagem de projectos hierárquicos e assegura que todas as ligações são mantidas com precisão ao longo do projeto. As interfaces contínuas fornecidas no ORCAD estabelecem caminhos de dados robustos que são necessários para o projeto físico de PCB e para a simulação de A/D para simulação de circuitos analógicos/digitais.

O ORCAD fornece integração bidirecional com o OrCAD PCB Editor e permite a sincronização, a criação/colocação cruzada entre o esquema e a placa, alterações de layout anotadas, trocas de portas/pinos e alterações nos nomes ou valores dos componentes.

A maioria das soluções propostas na literatura não tem em conta as plataformas de hardware heterogéneas, especialmente os microcontroladores, as linguagens utilizadas para o desenvolvimento de software incorporado e os sistemas operativos em tempo real utilizados para o desenvolvimento de aplicações em tempo real. É necessário desenvolver um processo/método que permita integrar o hardware sem depender de uma linguagem de modelação como VHDL, ARCAD ou qualquer outra. O software também deve ser integrado tendo em conta tanto a homogeneidade como a utilização de linguagens heterogéneas.

[Sastry et al., 2012-17] apresentaram um método que ajuda a integrar hardware sem problemas. O método foi utilizado para integrar diferentes placas incorporadas que são desenvolvidas utilizando tecnologias ARM. No entanto, o método pode ser utilizado para integrar hardware incorporado desenvolvido através de diferentes tecnologias heterogéneas.

[Sastry et al., 2012-18] apresentaram outro método para integrar o software ES de sistemas incorporados individuais que são desenvolvidos utilizando as mesmas linguagens. O método proposto utiliza o SPI workbench como plataforma de base para a integração. [**Sastry et al., 2014-01]** apresentaram um método para integrar o software ES desenvolvido para diferentes sistemas incorporados que utilizam linguagens diferentes. O método permite uma integração sem descontinuidades.

10.3 Investigações e conclusões

10.3.1 Requisitos funcionais

A especificação dos requisitos funcionais descreve o tipo de processamento a efetuar em relação à integração do HW e do SW. Seguem-se as funções que devem ser suportadas pelo processo que integra o hardware e o software.

1. Desenvolver um repositório dos dispositivos HW

2. Atualizar o repositório com buffers de integração

3. Reconhecer a disponibilidade de um dispositivo para exclusão do mesmo da integração

4. Reconhecer a disponibilidade de caminhos lógicos para a integração de um dispositivo e escolher o caminho menos resistivo e integrar o dispositivo

5. Selecione o caminho lógico ao qual o dispositivo é adicionado e actualize o dispositivo de menor latência com um modelo mais elevado e actualize o repositório se a latência global do caminho selecionado não estiver dentro dos limites.

6. Integrar o código desenvolvido numa única língua utilizando o banco de trabalho SPI

7. Integrar o código desenvolvido utilizando as linguagens heterogéneas

8. Integrar o HW e o SW

10.3.2 Integração de hardware

A gestão de projectos incorporados de grande escala é complexa devido à necessidade de lidar com demasiados eventos, dispositivos de hardware, funções sobrepostas, otimização do desempenho, conceção para o tempo de resposta, rendimento, necessidade de utilizar demasiados métodos de integração de hardware e de condução dos dispositivos, demasiadas despesas gerais de processamento devido à necessidade de partilha de recursos, necessidade de demasiada configuração do ambiente para a realização dos testes do sistema incorporado, conceção do mecanismo inter-tarefas, complexidade na obtenção da sincronização, etc.

Os sistemas de grande escala são complexos e a complexidade só pode ser tratada através da modularização. A modularidade de um sistema pode ser caracterizada como uma partição funcional em módulos discretos, escaláveis e reutilizáveis, constituídos por elementos funcionais isolados e autónomos. A utilização rigorosa de interfaces modulares bem definidas, incluindo descrições orientadas para objectos da funcionalidade dos módulos, ajudará a conseguir a integração. Para além da redução de custos e da flexibilidade de conceção, a modularidade oferece outras vantagens, como a possibilidade de acrescentar novas soluções através da simples ligação de um novo módulo e a exclusão.

A modularização é o processo de dividir as funções totais num conjunto de grupos de funções de natureza semelhante, ao ponto de realizar um módulo que lida com um máximo de dez eventos. Cada conjunto de funções pode ser implementado através de uma placa incorporada individual. Cada projetista pode utilizar uma tecnologia, uma plataforma, um sistema operativo em tempo real, uma arquitetura, um tipo de interface de hardware, um processamento de sinais, a aquisição de dados através de dispositivos de deteção, o processo de atuação, etc. diferentes.

A modularização conduz geralmente à heterogeneidade do ponto de vista da arquitetura, da tecnologia, do ambiente em tempo real, etc. Ao criar um sistema modular, em vez de criar uma aplicação monolítica (em que o componente mais pequeno é o todo), vários módulos mais pequenos são construídos (e normalmente compilados) separadamente para que, quando compostos, construam o programa de aplicação executável.

Um compilador just in time pode efetuar parte desta construção "on-the-fly" em tempo de execução. Isto torna os sistemas modulares concebidos, se construídos corretamente, muito mais reutilizáveis do que uma conceção monolítica tradicional, uma vez que todos estes módulos podem depois ser reutilizados (sem alterações) noutros projectos. Isto também facilita a "decomposição" de projectos em vários projectos mais pequenos.

A integração das placas incorporadas que são desenvolvidas individualmente é um desafio, especialmente devido à necessidade de lidar com a heterogeneidade com que as placas incorporadas individuais são desenvolvidas. A integração das placas individuais é necessária para desenvolver uma solução global de ponto único que responda a todos os requisitos do sistema de grande escala como um todo.

A questão da integração deve abordar a integração do hardware, do software e de ambos. A integração de várias placas ES inclui questões como a utilização de larguras de banda totais, a ligação de dispositivos ao sistema controlador principal que necessite de menor latência, a otimização da utilização do barramento, a gestão eficiente de dispositivos, a utilização máxima das capacidades disponíveis, a utilização eficaz do PIN do controlador, pinos multiplexados, resposta a interrupções, sincronização com taxas de transmissão e frequências de cristal, juntamente com a utilização eficaz da energia, etc.

Cada placa incorporada é composta por um conjunto de dispositivos de hardware e alguns dispositivos de hardware têm capacidade para ligar outros dispositivos. A interconexão de um conjunto de dispositivos numa placa ES deve respeitar um determinado intervalo de tempo de resposta esperado. Um dispositivo, quando integrado numa placa ES, deve necessariamente manter o tempo de resposta dentro dos limites aceitáveis. A integração de um dispositivo num circuito pode, por vezes, exigir o condicionamento do sinal. **Cada diagrama de hardware pode ser representado como um diagrama de classes. Uma classe no diagrama de classes pode representar um dispositivo de hardware no diagrama de hardware. A interconexão entre os dispositivos de hardware pode ser representada como uma classe de associação num diagrama de classes**. O processo de interação pode ser eficazmente alcançado convertendo as placas ES em repositório de dados e utilizando o repositório, as decisões relativas à integração de dispositivos de hardware numa placa ES existente podem ser afectadas.

O algoritmo seguinte pode ser utilizado para integrar um conjunto de placas ES. Os limites máximos até aos quais a integração pode ser alcançada podem também ser definidos e verificados durante o processo de integração.

Algoritmo de integração de hardware

Passo -1

Considerar o primeiro quadro do ES relacionado com o TAG de gestão da localização e preencher os repositórios de dados. O diagrama de hardware do ES é desenhado utilizando o ARCAD e os dispositivos, a conetividade entre os dispositivos e as portas que são utilizadas para ligar os dispositivos são capturados e é criada uma base de dados de dados.

Considerar todos os dispositivos, incluindo os vários tipos de BUS utilizados na placa ES, e também reconhecer as portas utilizadas para ligar os dispositivos. Todos os repositórios da base de dados são preenchidos durante a conceção da placa integrada através do pacote de software ARCAD. A primeira placa de circuitos integrados relacionada com o TAG de gestão da localização é apresentada na figura 10.3.

São realizadas as seguintes sub-etapas de execução

1. Criar um repositório dos portos utilizados na primeira placa ES, considerando cada um deles como entrada, saída e ambos, como mostra a **Tabela 10.1**

2. Criar um repositório dos dispositivos utilizados no quadro ES e do tipo de portas que são suportadas pelos dispositivos. Os repositórios relacionados com os dispositivos utilizados no primeiro quadro ES são apresentados no **quadro 10.2**.

As portas referidas na **Tabela 10**.1 são referenciadas de forma cruzada na **Tabela 10.2.** Os portos existentes nos dispositivos e que não estão a ser utilizados também são apresentados no **quadro 10.2.**

3. A conetividade entre os dispositivos é rastreada tendo em conta as portas de ambos os lados e a conetividade é capturada no repositório, como mostra a **Tabela 10.3**

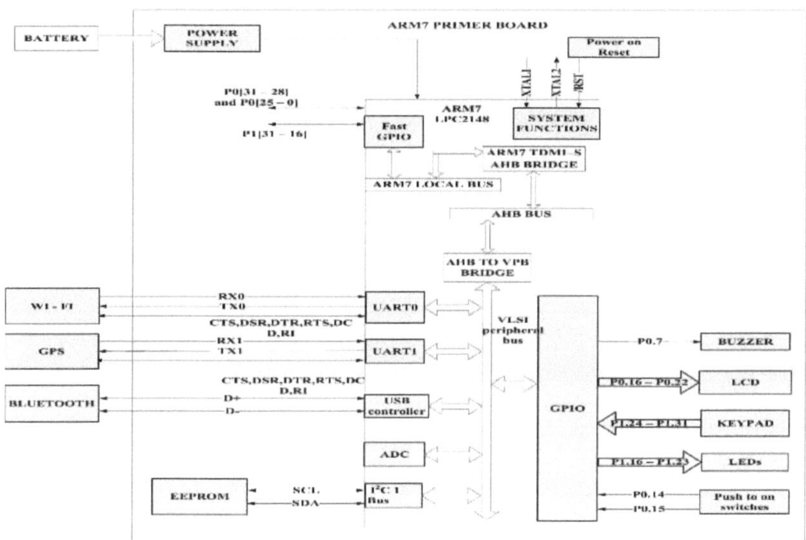

Figura 10.3 Diagrama de interconexão de hardware do sistema de gestão de locais

Tabela 10.1 Repositório de portas para gestão de localizações, sistemas de alerta e de proteção contra a manipulação

Número de série do porto	Código do porto	Entrada/saída
1.	WI-FI	INPT
2.	WI-FI	OUTP
3.	BLUETOOTH	INPT
4.	BLUETOOTH	OUTP
5.	BARRAMENTO PERIFÉRICO VLSI	INOP
6.	GPS	OUTP
7.	EEPROM	OUTP

8.	LCD	OUTP
9.	LED	OUTP
10.	TECLADO	INPT
11.	BUZZER	OUTP
12.	INTERRUPTOR DE PRESSÃO PARA LIGAR	INPT
13.	UART	INPT
14.	UART	OUTP
15.	USB	INPT
16.	USB	OUTP
17.	10BIT-ADC	INPT
18.	10BIT-ADC	OUTP
19.	I2C	INPT
20.	BATERIA	INPT
21.	GPIO	INOP
22.	GPIO RÁPIDO	INOP
23.	BUS LOCAL ARM7	INOP
24.	BUS AHB	INOP
25.	LIGAR REINICIAR	INPT
26.	FONTE DE ALIMENTAÇÃO	INPT
27.	PONTE AHB	INOP
28.	PONTE AHB PARA VPB	INOP
29.	FUNÇÕES DO SISTEMA	INOP
30.	BEEPER	INPT
31.	SENSOR DE PRESSÃO	INPT
32.	ADC	INPT

Tabela 10.2 Repositório de dispositivos para identificação de localização, proteção contra adulteração e sistema de gestão de alertas

Número de série do dispositivo	Código do dispositivo	Tipo de dispositivo	Tipo de porto	Código do porto	PINOS utilizados	Analógico / Digital	Usado/Vacant	Latência da porta
1.	UARTO	DON B	INPT	WI-FI	PO[O:1]	DIGITAL	USADO	0.100
			OUTP	VLSIP	PO[O:1]	DIGITAL	USADO	
2.	UARTI	DON B	INPT	GPS	P0[8:9]	DIGITAL	USADO	0.100
			OUTP	VLSIP	P0[8:9]	DIGTAL	USADO	
3.	USB	DON B	INPT	PÉS DE LIXO H	IC [10,11]	DIGITAL	USADO	0.080
			OUTP	VLSIP	IC [10,11]	DIGITAL	USADO	
4.	GPS	BUS	OUTP	UARTI	P0[8:9]	DIGITAL	USADO	0.050
5.	BLUETOOTH	DOF B	OUTP	USB	IC [10,11]	DIGITAL	USADO	0.020
6.	WI-FI	DOF B	OUTP	UARTO	P0[0rl]	DIGITAL	USADO	0.010
7.	EEPROM	DOF B	OUTP	I2C1	PO[11:14]	DIGITAL	USADO	0.020
8.	LCD	DOF B	OUTP	GPIO	P0[16r.22]	DIGITAL	USADO	0.020
9.	LED	DOF B	OUTP	GPIO	PI [16:.23]	DIGITAL	USADO	0.020
10.	TECLADO	DOF B	OUTP	GPIO	PI[24r31]	DIGITAL	USADO	0.020
11.	BUZZER	DOF B	OUTP	GPIO	PO.7	DIGITAL	USADO	0.020
12.	INTERRUPTOR DE PRESSÃO PARA LIGAR	DOF B	INPT	GPIO	P0[14rl5]	DIGITAL	USADO	0.020
13.	BUZZER	DOF B	OUPT	GPIO	PI.22	DIGITAL	USADO	0.020
14.	IOBIT-ADCO	DON B	INOP	ADC	PO.5	ANALÓGICO	VAGAS	0.010
15.	IOBIT-ADCI	DON B	INOP	ADC	PO.6	ANALÓGICO	VAGAS	0.010
16.	12 CO	DON B	INOP	VLSI PERIPHERA LBUS	P0[2:3]	DIGITAL	USADO	0.010
17.	I2C1	DON B	INOP	VLSI PERIPHERA LBUS	PO[11:14]	DIGITAL	USADO	0.010
18.	BARRAMENTO PERIFÉRICO VLSI	BUS	INOP	PONTE AHB PARA VPB		DIGITAL	USADO	0.002
19.	GPIO RÁPIDO	BUS	INOP	BUS LOCAL ARM7	P0[28:31], P0[0:25], PI[16:31]	DIGITAL	USADO	0.002
20.	BUS LOCAL ARM7	BUS	INOP	PONTE AHB		DIGITAL	USADO	0.004

21.	LIGAR REINICIAR	DONB	INPT	LIGAR REINICIAR	IC[50,51]	DIGITAL	USADO	0.010
22.	FONTE DE ALIMENTAÇÃO	DONB	INPT	FONTE DE ALIMENTAÇÃO	IC[57]	DIGITAL	USADO	0.010
23.	PONTE AHB	BUS	INOP	PONTE AHB PARA VPB		DIGITAL	USADO	0.004
24.	GPIO	BUS	INOP	BARRAMENTO PERIFÉRICO VLSI	P0[12:13] P0[23:31]	DIGITAL	VAGAS	0.003
25.	GPIO	BUS	INOP	BARRAMENTO PERIFÉRICO VLSI	P1[O: 15]	DIGITAL	VAGAS	
26.	GPIO	BUS	INOP	LED	PI[16:.23]	DIGITAL	USADO	
27.	GPIO	BUS	INOP	LCD	P0[16:.22]	DIGITAL	USADO	
28.	GPIO	BUS	INOP	BUZZER	P0.7	DIGITAL	USADO	
29.	GPIO	BUS	INOP	BEEPER	P1.22	DIGITAL	USADO	
30.	GPIO	BUS	INOP	TECLADO	PI[24:31]	DIGITAL	USADO	
31.	GPIO	BUS	INOP	INTERRUPTOR DE PRESSÃO PARA LIGAR	P0[14:15]	DIGITAL	USADO	0.004
32.	PONTE AHB PARA VPB	BUS	INOP	**AUTOCARRO** VLSI **PERIPHERA**		DIGITAL	USADO	0.004
33.	BATERIA	DOFB	INPT	BATERIA	IC[49,51]	DIGITAL	USADO	0.001
34.	CONTROLADOR	BUS	INOPI	PORT-I	PO.4	DIGITAL	USADO	
35.			INOP2	PORT-2	PI.1	DIGITAL	USADO	
36.			INOP3	PORT-3	P1.2	DIGITAL	USADO	
37.			INOP4	PORT-3	P1.3	DIGITAL	USADO	
38.			INOP5	PORT-3	PI.4	DIGITAL	USADO	
39.			INOP6	PORT-3	P1.5	DIGITAL	USADO	
40.			INOP7	PORT-3	P1.6	DIGITAL	USADO	
41.			INOP8	PORT-3	P1.7	DIGITAL	USADO	
42.			INOP9	PORT-3	PI.6	DIGITAL	USADO	

Número de série do dispositivo	Código do dispositivo	Tipo de dispositivo	Tipo de porto	Código do porto	PINOS GPIO	Analógico/Digital	Usado/vago	Latência da porta
43.	ADC	DON B	INPT	ADCINPT		DIGITAL	VAGAS	
44.	BEEPER	DOF B	INPT	BIP		DIGITAL	USADO	0.010
45.	PSENSOR	DOF B	OUTP	PSENSE		DIGITAL	USADO	0.010

Quadro 10.3 Repositório de conetividade de dispositivos para o sistema de gestão de localização, alerta e inviolabilidade

Do dispositivo			Para o dispositivo		
Código do dispositivo	Código do porto	Tipo de porto	Código do dispositivo	Código do porto	Tipo de porto
Wi-Fi	Wi-Fi	OUTP	UARTO	Wi-Fi	INPT
GPS	GPS	OUTP	UARTI	GPS	INPT
BLUETOOTH	BLUETOOTH	OUTP	USB	BLUETOOTH	INPT
EEPROM	EEPROM	OUTP	I2C	I2C	INPT
LCD	LCD	OUTP	GPIO	LCD	INPT
LED	LED	OUTP	GPIO	LED	INPT
TECLADO	CHAVES	OUTP	GPIO	TECLADO	INPT
BUZZER	BUZZER	OUTP	GPIO	BUZEER	INPT
INTERRUPTOR DE PRESSÃO PARA LIGAR	INTERRUPTOR DE PRESSÃO PARA LIGAR	INPT	GPIO	INTERRUPTOR DE PRESSÃO PARA LIGAR	OUTP
UART	UART	INOP	GPIO	UART	INOP
USB	USB	INOP	GPIO	USB	INOP
IOBIT-ADC	ADC	INOP	GPIO	ADC	INOP
I2C	I2C	INOP	BARRAMENTO PERIFÉRICO VLSI	I2C	INOP
BARRAMENTO PERIFÉRICO VLSI	BARRAMENTO PERIFÉRICO VLSI	INOP	UARTO	BARRAMENTO PERIFÉRICO VLSI	INOP
BARRAMENTO PERIFÉRICO VLSI	BARRAMENTO PERIFÉRICO VLSI	INOP	UARTI	BARRAMENTO PERIFÉRICO VLSI	INOP
BARRAMENTO PERIFÉRICO VLSI	BARRAMENTO PERIFÉRICO VLSI	INOP	USB	BARRAMENTO PERIFÉRICO VLSI	INOP

Do dispositivo			Para o dispositivo		
Código do dispositivo	Código do porto	Código do dispositivo	Código do porto	Código do dispositivo	Código do porto
BARRAMENTO PERIFÉRICO VLSI	BARRAMENTO PERIFÉRICO VLSI	INOP	ADC	BARRAMENTO PERIFÉRICO VLSI	INOP
BARRAMENTO PERIFÉRICO VLSI	BARRAMENTO PERIFÉRICO VLSI	INOP	GPIO	BARRAMENTO PERIFÉRICO VLSI	INOP
BARRAMENTO PERIFÉRICO VLSI	BARRAMENTO PERIFÉRICO VLSI	INOP	I2C	BARRAMENTO PERIFÉRICO VLSI	INOP
GPIO	GPIO	INOP	LCD	GPIO	OUTP
GPIO	GPIO	INOP	BUZZER	GPIO	OUTP
GPIO	GPIO	INOP	TECLADO	GPIO	INPT
GPIO	GPIO	INOP	INTERRUPTOR DE PRESSÃO PARA LIGAR	GPIO	INPT
GPIO RÁPIDO	GPIO RÁPIDO	INOP	BUS LOCAL ARM7	GPIO RÁPIDO	INOP
BATERIA	BATERIA	INPT	FONTE DE ALIMENTAÇÃO	BATERIA	OUTP
GPIO	GPIO	INOP	LED	GPIO	OUTP
BUS LOCAL ARM7	BUS ARM7LOCAL	INOP	BUS AHB	BUS LOCAL ARM7	INOP
BUS AHB	BUS AHB	INOP	PONTE AHB PARA VPB	BUS AHB	INOP
LIGAR REINICIAR	LIGAR REINICIAR	INPT	SISTEMA FUNÇÕES	LIGAR REINICIAR	OUTP
FONTE DE ALIMENTAÇÃO	FONTE DE ALIMENTAÇÃO	INPT	GPIO	FONTE DE ALIMENTAÇÃO	INOP
PONTE AHB	PONTE AHB	INOP	BUS AHB	PONTE AHB	INOP
FUNÇÕES DO SISTEMA	SISTEMA FUNÇÕES	INOP	GPIO	SISTEMA FUNÇÕES	INOP
PONTE AHB PARA VPB	PONTE AHB PARA VPB	INOP	BARRAMENTO PERIFÉRICO VLSI	PONTE AHB PARA VPB	INOP
BEEPER	BIP	OUTP	CONTROLADOR	PORTI	OUTP
SENSOR DE PRESSÃO	PSENSE	INPT	ADC	ADCINPTI	INPT

Etapa 2

Para cada placa ES subsequente, repetir o passo 2. O segundo quadro ES selecionado é apresentado na **figura 10.4**, que está relacionado com o sistema de alerta

1. Considerar um dispositivo existente na placa ES seguinte e verificar se existe na tabela 3.2 que armazena o repositório de dispositivos. Se o dispositivo já existir no repositório, considerar o dispositivo seguinte e continuar com o passo 1.

2. Se o dispositivo considerado não existir, então

a. Adicione as portas que existiam nos dispositivos à **Tabela de** portas **10.1**. As entradas mostradas em vermelho são as portas adicionadas devido à adição de um novo dispositivo.

b. Adicione o dispositivo na **Tabela 10.2 do** dispositivo juntamente com as portas que existiam com o dispositivo. Os dispositivos adicionados devido à nova placa na

Tabela 10.2 são mostrados a vermelho

c. Procurar o dispositivo de tipo BUS que tenha algumas portas disponíveis, ordenado pelo menor tempo de latência. Se não existir tal dispositivo, então o sistema atingiu o máximo de integração e, por conseguinte, não pode ser efectuada qualquer outra integração.

d. Selecionar o dispositivo e a porta com menor latência. Se não for possível selecionar nenhum dispositivo, não pode ser feita mais nenhuma integração e o processo deve ser interrompido.

i. Fazer corresponder a configuração do PIN do dispositivo selecionado com a configuração do PIN da porta selecionada. Se a configuração do PIN corresponder, estabelecer a conetividade entre o novo dispositivo e o dispositivo selecionado e atualizar o **quadro 10.3**.

ii. Se a configuração do PIN não corresponder, repita o passo-d

e. Desenhe o hardware integrado utilizando a Tabela 10.3 actualizada. O diagrama desenhado é apresentado na **Figura 10.5**

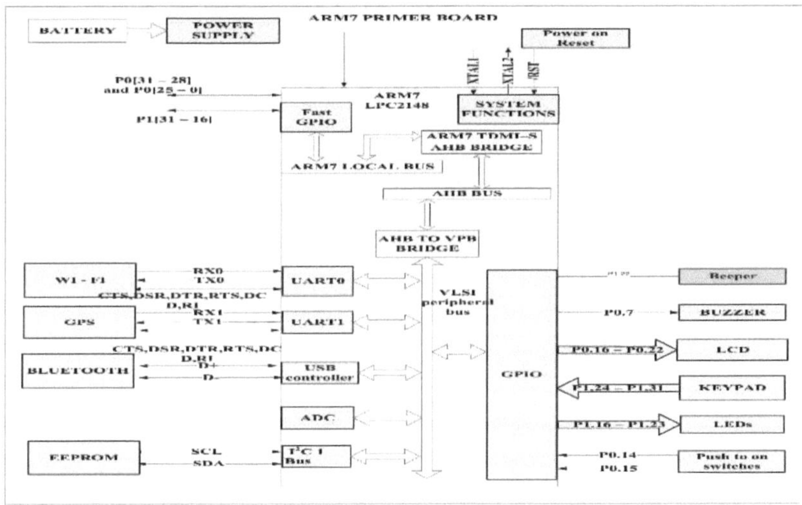

Figura 10.4 Conectividade de dispositivos para o sistema de alerta

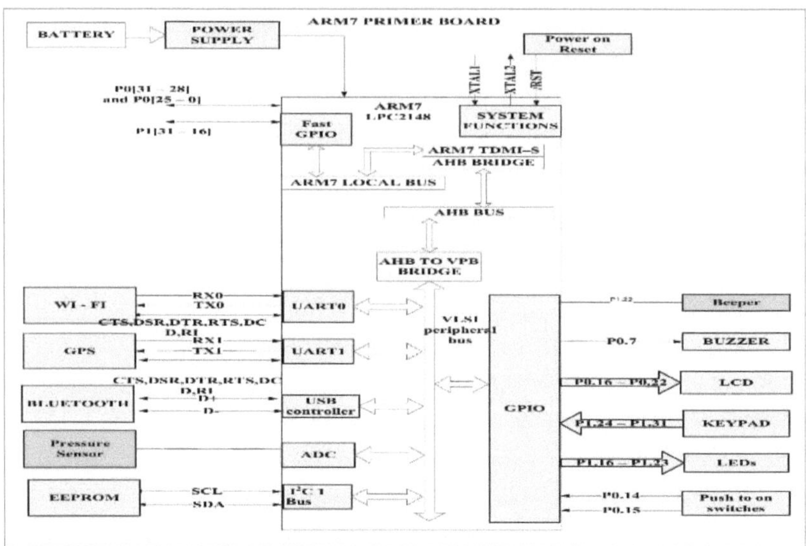

Figura 10.5 Diagrama de interconexão do hardware após a integração da gestão de localizações, alerta e proteção contra adulteração Disposição do hardware

10.3.4 Integração de software através do workbench SPI

O SPI é um banco de trabalho que ajuda a integrar os elementos de código ES que foram desenvolvidos usando diferentes linguagens. O SPI segue uma política geral de integração: o código é integrado primeiro e o código integrado é depois optimizado.

A etiqueta inteligente global desenvolvida através de diferentes sistemas incorporados para implementar e testar caraterísticas como a inviolabilidade, a identificação, a aplicação da segurança e a comunicação, etc., é um conjunto de elementos de código que são desenvolvidos utilizando diferentes linguagens de programação, nomeadamente C, C++, Java e Assembler.

Os módulos de código são implementados no SPI, que integra efetivamente os elementos de código heterogéneos numa única linguagem de código-fonte. O código é optimizado através da resolução das dependências do dispositivo. O código optimizado é novamente sintetizado para ser convertido em código heterogéneo individual para implementação do mesmo nos sistemas incorporados individuais.

O âmbito do SPI é limitado, uma vez que a parte de síntese deve ser eliminada, pois o principal objetivo é produzir um sistema de etiqueta inteligente único que suporte toda a funcionalidade. A estrutura proposta para o fluxo do sistema é apresentada na **Figura 10.6.**

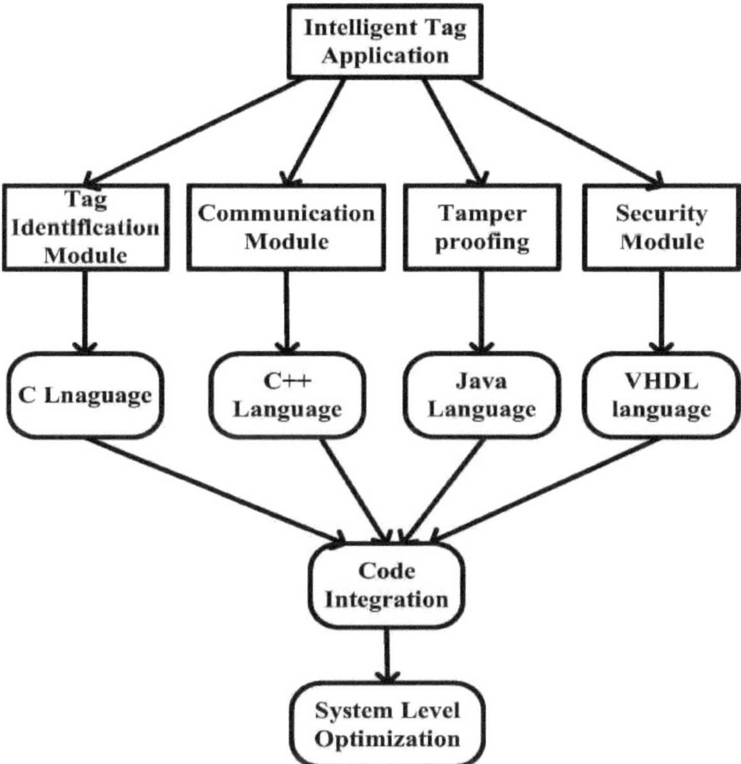

Figura 10.6 Abordagem de integração do SPI

SPI Workbench para integração de códigos em várias linguagens

O modelo SPI destina-se a permitir a análise de todo o sistema de propriedades não funcionais, a fim de permitir a implementação fiável e optimizada de sistemas incorporados especificados de forma heterogénea. Os elementos do modelo SPI são caracterizados por um conjunto de parâmetros em vez da sua funcionalidade. Os parâmetros captam as propriedades não funcionais do elemento, como o tempo, o consumo de energia e a ativação. O fluxo de projeto do banco de trabalho SPI é apresentado na Figura 10.7.

O fluxo de conceção preconizado pela SPI foi modificado para refletir as restrições impostas pelo sistema de etiquetas inteligentes. Assim, a questão da síntese adicional foi abandonada de todo o fluxo de conceção adaptado pela SPI. O fluxo de conceção revisto é apresentado na figura **10.8**. Pode ver-se na figura 10.8 que a parte de síntese foi eliminada, uma vez que o objetivo principal é produzir apenas uma única aplicação homogénea que execute todo o sistema.

Os elementos do código-fonte desenvolvidos em várias linguagens (C, C++, Java e VHDL) são convertidos numa única linguagem homogénea. A criação do modelo SPI pode ser dividida em duas etapas: a transformação dos subsistemas e a tradução das informações de acoplamento e das restrições. Para cada subsistema considerado como bloco funcional da especificação, é criada separadamente uma representação SPI. O banco de trabalho SPI modificado, adequado para a integração dos códigos ES desenvolvidos para o TAG inteligente, é apresentado na **Figura 10.8**

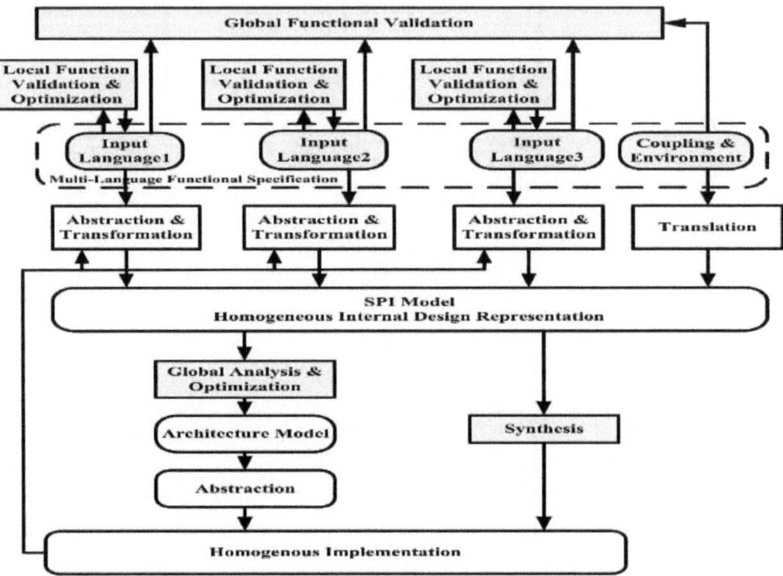

Figura 10.7 Fluxo de projeto definido pela SPI para integrar os códigos embebidos desenvolvidos em diferentes linguagens

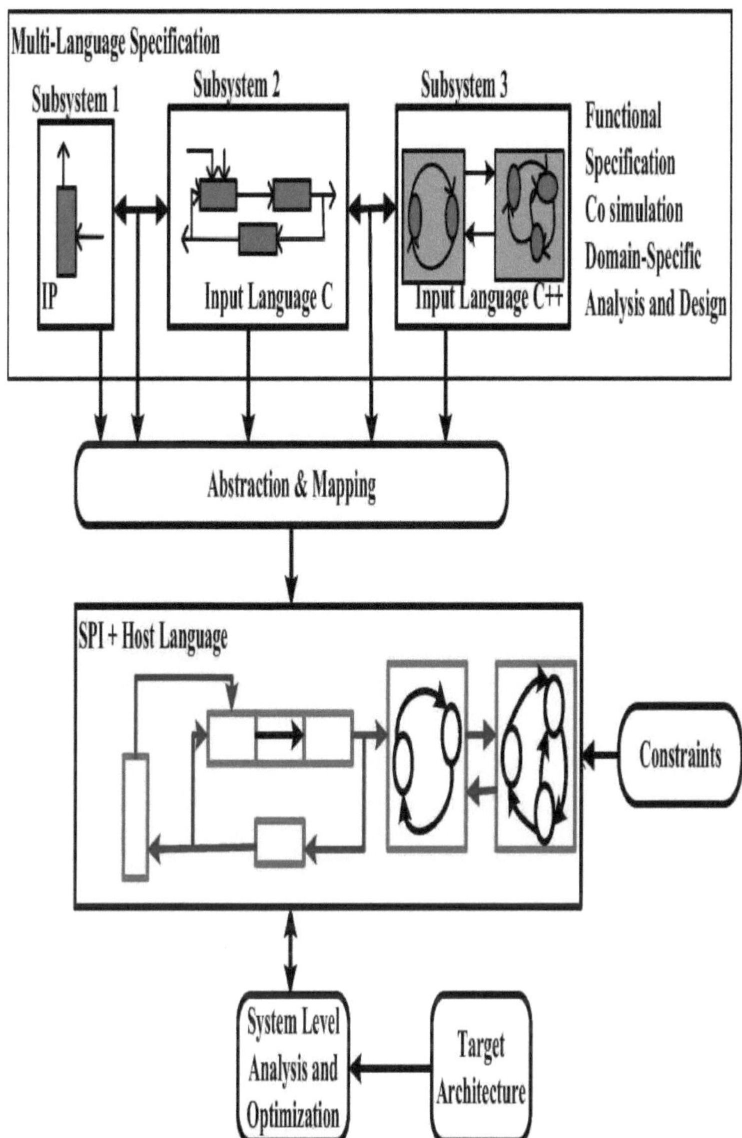

Figura 10.8 Workbench SPI modificado para integração de código

Em geral, a transformação do bloco funcional envolve as seguintes etapas:

- Os elementos da descrição dos subsistemas, designados por linguagem de entrada, são mapeados para os elementos SPI correspondentes. Trata-se normalmente de uma abordagem baseada em modelos, em que é fornecido um modelo parametrizado constituído por elementos SPI para cada elemento ou grupo de elementos da linguagem de entrada. Este mapeamento está sujeito à contribuição do projetista no que respeita à granularidade dos elementos SPI gerados.

. Os parâmetros dos elementos SPI criados são extraídos dos elementos linguísticos de entrada correspondentes. O parâmetro de tamanho do token de um determinado canal SPI, por exemplo, é determinado pela análise dos tipos de dados que são comunicados através desse canal.

. Como as linguagens de especificação permitem muitas vezes, a modelação do sistema e do ambiente do sistema.

Além disso, os outros elementos da especificação do sistema têm de ser transformados no modelo SPI. A tradução da informação relativa ao acoplamento dos blocos funcionais, normalmente fornecida num ficheiro de coordenação da co-simulação, produz elementos SPI que colam as representações SPI dos blocos funcionais.

Experimentação

O software dos sistemas incorporados individuais é submetido ao banco de trabalho SPI e é gerado o software integrado, que é compilado e migrado para o hardware integrado. Segue-se o código que foi gerado a partir do banco de trabalho da API.

/*CODE INTEGRATION*/

```
#include <LPC214X.H>
#include <string.h>
#include "label.h"
#include "lcd.c"
#include "gps.c"
#include "comm.c"
#include "tamper.c"
#include "alert.c"
#include "power.c"
int main()
{
        Serial_Init();
        ExtInt_Init1();
        ExtInt_Init2();
        INTWAKE = 0X0002;
        LCD_init4();
        DelayMs(100);
        LCD_cmd4(0x80);
        LCD_puts1(msg,16);
        DelayMs1(1000);
        DelayMs1(1000);
        DelayMs1(1000);
        PINSEL0     |=    0x0080;      //Configure P0.7 GPIO
        IO0DIR      |=    0x000080;
        IOCLR0       |= 0x0080;
        LCD_cmd4(0x80);
        LCD_puts1(pmsg1,16);
        PCON = 0X01;
```

```
        while(1)
          {
               bluetooth_comm();
               get_gps_data();
        }
}
/* LCD CODE*/
void LCD_init4(void)
{
        PINSEL1    =     0;
        //Configure P0.16 - P0.31 as GPIO
        IO0DIR     =     0x00FF0000;
        //Configure Pins P0.16 - P0.22 as Output Pins
        LCD_cmd4(0x33);
        LCD_cmd4(0x22);
        LCD_cmd4(0x22);
        LCD_cmd4(0x22);
        LCD_cmd4(0x28);
        LCD_cmd4(0x06);
        LCD_cmd4(0x0c);
        LCD_cmd4(0x01);
}
void LCD_cmd4(unsigned long int cmd)
{
        DATA   = ((cmd<<15) & 0x00780000);
        IOCLR0  = ((DATA^0xFFFFFFFF)& 0x00780000) | RS | RW;
        IOSET0  = DATA | EN;
        IOCLR0 |= EN;
        DATA   = ((cmd<<19) & 0x00780000);
```

```
        IOCLR0  = ((DATA^0xFFFFFFFF)& 0x00780000)  | RS | RW;
        IOSET0  = DATA | EN;
        IOCLR0 |= EN;
        DelayMs(3);
}
void LCD_dat4(unsigned char byte)
{
        DATA    = ((byte<<15) & 0x00780000);
        IOCLR0  = ((DATA^0xFFFFFFFF)& 0x00780000) | RW;
        IOSET0  = DATA | RS | EN;
        IOCLR0 |= EN;
        DATA    = ((byte<<19) & 0x00780000);
        IOCLR0  = ((DATA^0xFFFFFFFF)& 0x00780000) | RW;
        IOSET0  = DATA | RS | EN;
        IOCLR0 |= EN;
        DelayMs(3);
}
void LCD_puts1(unsigned char *string, unsigned char n)
{
        while((*string) && ((n--)>0))
        LCD_dat4(*string++);
}
void DelayMs(unsigned int Ms)
{
        int delay_cnst;
        while(Ms>0)
        {
                Ms--;
                for(delay_cnst = 0;delay_cnst <220;delay_cnst++);
```

```
        }
}
void DelayMs1(unsigned int count)
 {
   unsigned int i,j;
   for(i=0;i<count;i++)
        {
                for(j=0;j<1000;j++);
        }
}
```

/*GPS MODULE*/

```
void gets_USART1(unsigned char *string)
//  Receive a batch of characters via USART1, without interrupt
{
//  The String Must Ended with "Carriage return" ie "Enter key"
        unsigned char i=0,J=0;
        do
        {
                *(string+i)= Receive1();
                 J = *(string+i);
                 i++;
        } while((J!='\n') && (J!='\r'));
        i++;
        *(string+i) = '\0';
}
void Get_GPS_USART1(unsigned char *GPS_Str)
{
        gets_USART1 (GPS_Str);
        while(!(strstr(GPS_Str,"GPRMC"))) gets_USART1(GPS_Str);
```

```
        ptr = strstr(GPS_Str,"GPRMC")+19;
        ptr1 =ptr;
}
void get_gps_data()
{       unsigned char ch2=0,bi=0;
        if(gps_flag=='$')
        {
                gps_flag = '#';
                alert_flg = 'g';
                alert_mod (alert_flg);
                Get_GPS_USART1 (Str_GPS);
                LCD_cmd4 (0x80);
                LCD_puts1(LAT,4);
                LCD_puts1(ptr,11);
                ptr = ptr+13;
                LCD_cmd4(0xC0);
                LCD_puts1(LG,4);
                LCD_puts1(ptr,11);
                bi=0;
                while(bi<4)
                {
                        ch2=LAT[bi];
                        putchar1(ch2);
                        bi++;
                }
                bi=0;
                while(bi<11)
                {
                   ch2=*(ptr1+bi);
```

```
            putchar1(ch2);
            bi++;
          }
          ptr1 = ptr1+13;
          putchar1('\n');
          bi=0;
          while(bi<4)
          {
                ch2=LG[bi];
                putchar1(ch2);
                bi++;
          }
          bi=0;
          while(bi<11)
          {
            ch2=*(ptr1+bi);
            putchar1(ch2);
            bi++;
          }
     }
}
```

/*COMMUNICATION MODULE*/

```
void Serial_Init(void)
{
     PINSEL0 |=0X00050005;
//Enable Txd0 and Rxd0 & Txd1 and Rxd1
     U0LCR =0x00000083;//8-bit data, no parity, 1-stop bit
     U0DLL=0x00000061;          // for Baud rate=9600,DLL=82
     U0LCR=0x00000003;          //DLAB = 0;
```

```
        U1LCR =0x00000083;              //8-bit data, no parity, 1-stop
bit
        U1DLL=0x00000061;               // for Baud rate=9600,DLL=82
        U1LCR=0x00000003;               //DLAB = 0;
}
unsigned int Receive1(void)
/* Read character from Serial Port   */
{
  while (!(U1LSR & 0x01));
  return (U1RBR);
}
unsigned int Receive(void)
/* Read character from Serial Port   */
{
  while (!(U0LSR & 0x01));
  return (U0RBR);
}
/*char Receive(void)
// Read character from Serial Port
{
        unsigned char ch1;
        if(!(U0LSR & 0x01))
                ch1 = U0RBR;
        else
                ch1 = '\n';
        return (ch1);
}*/
int putchar1 (int ch)
/* Write character to Serial Port   */
```

```
{
  if (ch == '\n') {
    while (!(U0LSR & 0x20));
    U0THR = CR;               /* output CR */
  }
  while (!(U0LSR & 0x20));
  return (U0THR = ch);
}
void bluetooth_comm(void)
{
        unsigned char Chr = 0,temp;
        unsigned int dflg=0,a = 0;
        LCD_cmd4(0x80);       //selecting 1st line in LCD: prints data
on LCD when it is received from Bluetooth//
        Chr = Receive();
        temp=Chr;
        while(Chr!='.')
        {
                msg2[a]=Chr;
                LCD_dat4(msg2[a]);
                a=a+1;
                Chr = Receive();
        }
        msg2[a] = '\0';
        if(Chr=='.')
        {
                a=0;
                Chr = msg3[a];
                while(Chr != '\0')
```

```
            {
            putchar1 (Chr);
            a++;
            Chr = msg3[a];
            }
        }
        if(temp=='*')
            gps_flag = '$';
        else
            gps_flag = '#';
        LCD_dat4(gps_flag);
}
```

/*TAMPER DETECTION*/

```
void ExtInt_Init1(void)
{
        EXTMODE  |= 2;  //Edge sensitive mode on EINT1
        EXTPOLAR = 0;    //Falling Edge Sensitive
        PINSEL0  |= 0x20000000;
            //Enable EINT1 on P0.14
        VICVectCntl0 = 0x20 | 15;
//Use VIC0 for EINT1 ; 15 is index of EINT1
        VICVectAddr0 = (unsigned long) ExtInt_Serve1;
//Set Interrupt Vec Addr in VIC0
        VICIntEnable |= 1<<15;
        //Enable EINT1
}
void ExtInt_Serve1(void)__irq
{
        EXTINT |= 2;
```

```
        VICVectAddr = 1;
        alert_flg = 't';
        alert_mod(alert_flg);
}
```

/*ALERTING SYSTEM*/

```
#include <LPC214X.H>
#define RS 0x10000
#define RW 0x20000
#define EN 0x40000
#define CR     0x0D

unsigned char msg[] = {"INTELLIGENT TAG "};//msg
unsigned char msg1[]= {"    LCD Demo!   "};//msg1
unsigned char msg2[32];
unsigned char msg3[]= {" data received "};
unsigned char gmsg[]= {" Location found "};
unsigned char tmsg[]= {" Tamper detected"};
unsigned char pmsg[]= {"  Low Battery  "};
void Serial_Init(void);
unsigned int Receive(void);
void LCD_init4(void);
void LCD_cmd4(unsigned long int);
void LCD_dat4(unsigned char);
void LCD_puts(unsigned char *);
void DelayMs(unsigned int);
void DelayMs1(unsigned int );
int putchar (int );
unsigned long int DATA;
unsigned char Chr,i=0;
```

```
void main()
{
        DelayMs(10);
        Serial_Init();
        LCD_init4();
        DelayMs(100);
        LCD_cmd4(0x80);
        LCD_puts(msg);
        while(1)
    {   unsigned int i=0;
                Chr=Receive();
                if(Chr==0x31)
                {
                        Chr = 0;
                        i=0;
                        while(i<3)
                        {
                        IOSET0        |= 0x0080;
                        DelayMs1(1000);
                        DelayMs1(1000);
                        DelayMs1(1000);
                        IOCLR0        |= 0x0080;
                        DelayMs1(1000);
                        DelayMs1(1000);
                        DelayMs1(1000);
                        i++;
                        }
                        i=0;
                        LCD_cmd4(0x80);
```

```
		DelayMs(100);
		LCD_puts(gmsg);
		while(i<16)
		{
			Chr = gmsg[i];
			 putchar (Chr);
			i++;
		}
	}
	else if(Chr==0x32)
	{
		i=0;	Chr = 0;
		while(i<5)
		{
		IOSET0		|= 0x0080;
		DelayMs1(1000);
		DelayMs1(1000);
		DelayMs1(1000);
		DelayMs1(1000);
		DelayMs1(1000);
		DelayMs1(1000);
		IOCLR0		|= 0x0080;
		DelayMs1(1000);
		DelayMs1(1000);
		DelayMs1(1000);
		i++;
		}
		i=0;
		LCD_cmd4(0x80);
```

```
        DelayMs(100);
        LCD_puts(tmsg);
        while(i<16)
        {
                Chr = tmsg[i];
                 putchar (Chr);
                i++;
        }
}
else if(Chr==0x33)
{
        i=0;   Chr = 0;
        while(i<10)
        {
        IOSET0          |= 0x0080;
        DelayMs1(1000);
        DelayMs1(1000);
        DelayMs1(1000);
        DelayMs1(1000);
        DelayMs1(1000);
        DelayMs1(1000);
        DelayMs1(1000);
        DelayMs1(1000);
        DelayMs1(1000);
        IOCLR0          |= 0x0080;
        DelayMs1(1000);
        DelayMs1(1000);
        DelayMs1(1000);
        DelayMs1(1000);
```

```
                DelayMs1(1000);
                i++;
                }
                i=0;
                LCD_cmd4(0x80);
                DelayMs(100);
                LCD_puts(pmsg);
                while(i<16)
                {
                        Chr = pmsg[i];
                        putchar (Chr);
                        i++;
                }
            }
        }
}
void Serial_Init(void)
{
        PINSEL0 |= 0X00000005;        //Enable Txd0 and Rxd0
        U0LCR =0x00000083;    //8-bit data, no parity, 1-stop bit
        U0DLL=0x00000061;     // for Baud rate=9600,DLL=82
        U0LCR=0x00000003;     //DLAB = 0;
}
unsigned int Receive(void) /* Read character from Serial Port   */
{
  while (!(U0LSR & 0x01));
  return (U0RBR);
}
```

```
void LCD_init4(void)
{
        IO0DIR      =     0xFFFFFFFF;
        LCD_cmd4(0x33);
        LCD_cmd4(0x22);
        LCD_cmd4(0x22);
        LCD_cmd4(0x22);
        LCD_cmd4(0x28);
        LCD_cmd4(0x06);
        LCD_cmd4(0x0c);
        LCD_cmd4(0x01);
}
void LCD_cmd4(unsigned long int cmd)
{
        DATA    = ((cmd<<15) & 0x00780000);
        IOCLR0  = ((DATA^0xFFFFFFFF)& 0x00780000) | RS | RW;
        IOSET0  = DATA | EN;
        IOCLR0  |= EN;
        DATA    = ((cmd<<19) & 0x00780000);
        IOCLR0  = ((DATA^0xFFFFFFFF)& 0x00780000)  | RS | RW;
        IOSET0  = DATA | EN;
        IOCLR0  |= EN;
        DelayMs(3);
}
void LCD_dat4(unsigned char byte)
{
        DATA    = ((byte<<15) & 0x00780000);
        IOCLR0  = ((DATA^0xFFFFFFFF)& 0x00780000) | RW;
        IOSET0  = DATA | RS | EN;
```

```
        IOCLR0 |= EN;
        DATA   = ((byte<<19) & 0x00780000);
        IOCLR0 = ((DATA^0xFFFFFFFF)& 0x00780000) | RW;
        IOSET0 = DATA | RS | EN;
        IOCLR0 |= EN;
        DelayMs(3);
}
void LCD_puts(unsigned char *string)
{
        while(*string)
        LCD_dat4(*string++);
}
void DelayMs1(unsigned int count)
 {
    unsigned int i,j;
    for(i=0;i<count;i++)
        {
                for(j=0;j<1000;j++);
        }
}
void DelayMs(unsigned int Ms)
{
        int delay_cnst;
        while(Ms>0)
        {
                Ms--;
                for(delay_cnst = 0;delay_cnst <220;delay_cnst++);
        }
}
```

```
int putchar (int ch)        /* Write character to Serial Port   */
{
  if (ch == 'x') {
    while (!(U0LSR & 0x20));
    U0THR = CR;             /* output CR */
  }
  while (!(U0LSR & 0x20));
  return (U0THR = ch);
}
```

/*POWER MANAGEMNT*/

```
void ExtInt_Init2(void)
{
        EXTMODE  |= 4;  //Edge sensitive mode on EINT1
        EXTPOLAR = 0;   //Falling Edge Sensitive
        PINSEL0  |= 0x80000000; //Enable EINT1 on P0.14
        VICVectCntl1 = 0x20 | 16;
//Use VIC0 for EINT1 ; 15 is index of EINT1
        VICVectAddr1 = (unsigned long) ExtInt_Serve2;
//Set Interrupt Vec Addr in VIC0
        VICIntEnable |= 1<<16;
        //Enable EINT1
}
void ExtInt_Serve2(void)__irq
{
        EXTINT |= 4;
        VICVectAddr = 0;
        LCD_cmd4(0x80);
        LCD_puts1(pmsg2,16);
}
```

10.3.5 Integração de software - uma nova abordagem

A estrutura SPI tem padrões de conceção que podem ser utilizados quando diferentes dispositivos são utilizados para diferentes fins. A SPI não segue os princípios de orientação por objectos para integrar o código desenvolvido em diferentes linguagens. A integração do código tendo em conta a diferença de implementação é a melhor abordagem a utilizar.

O procedimento seguinte, quando seguido, integrará o software ES desenvolvido em C, C++, EJAVA, em ARM, na linguagem C++ para ser executado no sistema operativo de tempo real µcos.

Conversão de código em C++ a partir de EJAVA

O procedimento seguinte permite converter um código EJAVA num código C++

1. Todas as variáveis estáticas definidas em várias classes definidas em Java serão copiadas como variáveis estáticas globais de acordo com a sintaxe C++

2. O método principal incluído na classe com o mesmo nome que o nome do ficheiro em que a classe está contida será removido e o código será incluído como função principal não membro do C++

3. A classe que estende a classe thread deve ser convertida numa TASK e a prioridade definida para a thread deve ser incluída na chamada funcional relacionada com a criação de tarefas no sistema operativo de tempo real dos µcos.

4. Todas as classes definidas em JAVA são copiadas para o código C++ com a sintaxe de herança correta utilizada em JAVA (Public, Packaged, Protected) convertida em C++ (Public, Packaged, Protected)

5. As tarefas são criadas em C++ através da chamada da função µcos (Task Create) a partir da função principal. As tarefas criadas são semelhantes às tarefas criadas no código JAVA através da chamada de uma função µcos (Task Create). A inclusão das classes nas tarefas em código C++ é efectuada com base nos parâmetros passados para a função taskcreate ().

6. O tamanho da pilha para cada uma das tarefas é calculado calculando o tamanho dos parâmetros passados para as funções que estão contidas em cada uma das classes e o tamanho da pilha é utilizado como parâmetro passado como argumento para a função taskcreate ().

7. Eliminar as classes comuns especialmente relacionadas com dispositivos que incluem LCD, campainha, dispositivos de comunicação Wi-Fi e Bluetooth e substituir a sequência de chamadas de funções definida em JAVA pelas sequências de chamadas funcionais definidas em C++

Conversão de código em C++ a partir de C

O procedimento seguinte permite converter um código EJAVA num código C++

1. Todas as variáveis estáticas definidas em várias funções são definidas como

variáveis estáticas globais de acordo com a sintaxe C++, caso não tenham sido definidas anteriormente

2. O código contido no método principal do programa C é incluído no método principal do programa C++. As instruções de inicialização relacionadas com o RTOS são ignoradas e as instruções relacionadas com a criação de tarefas são copiadas após as instruções de criação de tarefas contidas no programa C++

3. Incluir a declaração extern "c" {function-prototype} relativamente a todas as funções contidas no programa C

4. Incluir a declaração do espaço de nomes como espaço C-Name

5. Copiar todas as funções C que não estão relacionadas com funções não associadas

6. Eliminar as funções especialmente relacionadas com dispositivos que incluem LCD, campainha e dispositivos de comunicação Wi-Fi e Bluetooth e substituir as chamadas de funções por iniciação de objectos relacionados com C++ e chamar a função relacionada através de objectos iniciados.

7. Se o nome da função for igual ao de uma das funções de uma classe e o código também for igual, a função é eliminada

8. Se o nome da função for o mesmo e o código não for o mesmo, então, nesse caso, o código é incluído no programa de integração qualificado com o tipo de caraterística inteligente

9. Se aparecer uma nova função relacionada com o mesmo dispositivo, a função é adicionada à classe como uma nova função

10. Se forem adicionadas algumas funções relacionadas com um novo dispositivo, é criada uma classe que é incluída com as funções relacionadas com o dispositivo

Conversão de código em C++ a partir de Assembler

1. Inclua todo o código assembler utilizando a seguinte sintaxe na função principal depois de todas as instruções de inicialização do RTOS estarem codificadas.

```
asm
{ código asm
}
```

EXPERIMENTAÇÃO

Foram considerados três sistemas incorporados que implementam 3 caraterísticas inteligentes distintas (identificação de etiquetas e identificação de localização), desenvolvidos em C++ e C e integrados na linguagem C++ utilizando o método indicado na secção III. Cada uma das aplicações ES tem dois segmentos, um que funciona do lado do TAG e outro que funciona do lado do HOST. A integração do código apresentada a seguir está relacionada com a integração do lado do TAG. Devido a limitações de espaço, a integração de C com C++, tendo em conta a identificação do TAG (C++) e a identificação da localização (código C) dos sistemas incorporados, foi apresentada a seguir:

Programa de identificação de etiquetas em C++

```
namespace using std;

#include <LPC214x.H>
#include <watermarking.h>
#include "template.c"
#define RS 0x10000
#define RW 0x20000
#define EN 0x40000
#define CR    0x0D

unsigned char msg[] = {"sending template...  "};
unsigned char msg1[]= {" template matched device identified  x "};
void Serial_Init(void);
unsigned int Receive(void);
void LCD_init4(void);
void LCD_cmd4(unsigned long int);
void LCD_dat4(unsigned char);
void LCD_puts(unsigned char *);
void DelayMs(unsigned int);
int putchar(int);

unsigned long int DATA;
unsigned char Chr,i=0;
int QRCODE = 123;
int watermarkcode;


void main()

{

  DelayMs(10);

  buzzerclass buzzer1;

  Serial-port1 sp1;
```

```
  Sp1. Serial_Init();

  lcdclass lcd1;

  lcd1. LCD_init4();
  DelayMs (100);
  Lcd1. LCD_cmd4(0x80);
  Lcd1. LCD_puts(msg);

  watermarkcode=watermarking (QRCODE);

  string str (watermarkcode)'
  str = str + 'X";
  msg1=str'

while(1)
  {
    i=0;
    chr = msg1[i];

     while(chr != 'x')
       {
        serialport. putchar (chr);
        i++;
        chr = msg1[i];
        }

    DelayMs (3000);

    Chr=serialport1. Receive ();
    switch(Chr)

    {
    case 0x33:      buzzer1.buzzeroff(); break;
    case 0x34:      buzzer1.buzzeroff (); break;        /
    }
}
}

class LCDclass
{
void LCD_init4(void)
{
```

```
 IO0DIR  =   0xFFFFFFFF;
 LCD_cmd4(0x33);
 LCD_cmd4(0x22);
 LCD_cmd4(0x22);
 LCD_cmd4(0x22);
 LCD_cmd4(0x28);
 LCD_cmd4(0x06);
 LCD_cmd4(0x0c);
 LCD_cmd4(0x01);
}

void LCD_cmd4(unsigned long int cmd)
{
 DATA    =((cmd<<15) & 0x00780000);
 IOCLR0  =     ((DATA^0xFFFFFFFF)& 0x00780000) | RS | RW;
 IOSET0  =     DATA | EN;
 IOCLR0 | =    EN;
 DATA    =     ((cmd<<19) & 0x00780000);
 IOCLR0  =     ((DATA^0xFFFFFFFF)& 0x00780000)  | RS | RW;
 IOSET0  =     DATA | EN;
 IOCLR0 | =    EN;
 DelayMs(3);
 }

void LCD_dat4(unsigned char byte)
{
 DATA   = ((byte<<15) & 0x00780000);
 IOCLR0 =      ((DATA^0xFFFFFFFF)& 0x00780000) | RW;
 IOSET0 = DATA | RS | EN;
 IOCLR0 |=     EN;
 DATA   = ((byte<<19) & 0x00780000);
 IOCLR0 =      ((DATA^0xFFFFFFFF)& 0x00780000) | RW;
 IOSET0 = DATA | RS | EN;
 IOCLR0 |=     EN;
 DelayMs(3);
 }

 void LCD_puts(unsigned char *string)
 {
     while (*string) LCD_dat4 (*string++);
 }

}
```

```
void DelayMs(unsigned int Ms)  // Task Delay
{
 int delay_cnst;
 while(Ms>0)
  {
   Ms--;
   for(delay_cnst = 0;delay_cnst <220;delay_cnst++);
   }
}

Class serialport1
{

int putchar (int ch)          /* Write character to Serial Port    */
{
  if (ch == 'x')
    {
    while (!(U0LSR & 0x20));
    U0THR = CR;                        /* output CR */
    }
   while (!(U0LSR & 0x20));
   return (U0THR = ch);
}

void Serial_Init(void)
 {
  PINSEL0 |=      0X00000005;       //Enable Txd0 and Rxd0
  U0LCR   =       0x00000083;       //8-bit data, no parity, 1-stop
bit
  U0DLL   =       0x00000061;       // for Baud rate=9600,DLL=82
  U0LCR   =       0x00000003;       //DLAB = 0;
  }

unsigned int Receive(void) /* Read character from Serial Port   */
{
  while (!(U0LSR & 0x01));
  return (U0RBR);
}
}

Class buzzerclass buzzer1
{

buzzeron()
```

```
{
 IOSET0      |= 0x0080;
}

buzzerof ()
{
 IOCLR0      |= 0x0080
}

}
```

IVB Location identification code in C

```
#include <LPC214x.H>
#include <string.h>

#define RS 0x10000
#define RW 0x20000
#define EN 0x40000
#define CR 0x0D

unsigned char msg[] = {" INTELLIGENT TAG "};
        //msg
unsigned char msg2[32];

void Serial_Init(void);
unsigned int Receive1(void);

void LCD_init4(void);
void LCD_cmd4(unsigned long int);
void LCD_dat4(unsigned char);
void LCD_puts1(unsigned char *,  unsigned char);

void DelayMs(unsigned int);

void gets_USART1(unsigned char *);
void Get_GPS_USART1(unsigned char *);
int putchar (int);
unsigned long int DATA;
unsigned    char    Ch,    Chr,    bi=0,i=0,J=0,Str_GPS[100],*ptr,
LAT[]="LAT:",LAN[]="LAN:";

void main()

{
```

```
    DelayMs(10);
    Serial_Init();
    LCD_init4();
    DelayMs(100);
    LCD_cmd4(0x80);
    LCD_puts1(msg,16);
    Get_GPS_USART1(Str_GPS);
    LCD_cmd4(0x80);
    LCD_puts1(LAT,4);
    LCD_puts1(Str_GPS+20,11);
    ptr = ptr+13;
    LCD_cmd4(0xC0);
    LCD_puts1(LAN,4);
    LCD_puts1(Str_GPS+33,11);
    bi=0;

    while(bi<50)
     {
       Chr=Str_GPS[bi];
       putchar(Chr);
       bi++;
     }

     bi=0;
}

void Serial_Init(void)
{
  PINSEL0 |=     0X00050005;        //Enable Txd0 and Rxd0
  U1LCR = 0x00000083;               //8-bit data, no parity, 1-stop
bit
  U1DLL=  0x00000061;               // for Baud rate=9600,DLL=82
  U1LCR=  0x00000003;                           //DLAB = 0;
  U0LCR=  0x00000083;               //8-bit data, no parity, 1-stop
bit
  U0DLL=  0x00000061;               // for Baud rate=9600,DLL=82
 U0LCR=   0x00000003;               //DLAB = 0;
}

unsigned int Receive1(void)     /* Read character from Serial Port   */

{
 while (!(U1LSR & 0x01));
 return (U1RBR);
```

```
}

void LCD_init4(void)
{
    IO0DIR  =       0xFFFFFFFF;
    LCD_cmd4(0x33);
    LCD_cmd4(0x22);
    LCD_cmd4(0x22);
    LCD_cmd4(0x22);
    LCD_cmd4(0x28);
    LCD_cmd4(0x06);
    LCD_cmd4(0x0c);
    LCD_cmd4(0x01);
}

void LCD_cmd4 (unsigned long int cmd)
{
    DATA    = ((cmd<<15) & 0x00780000);
    IOCLR0  = ((DATA^0xFFFFFFFF)& 0x00780000) | RS | RW;
    IOSET0  = DATA | EN;
    IOCLR0 |= EN;
    DATA    = ((cmd<<19) & 0x00780000);
    IOCLR0  = ((DATA^0xFFFFFFFF)& 0x00780000)  | RS | RW;
    IOSET0  = DATA | EN;
    IOCLR0 |= EN;
    DelayMs(3);
}

void LCD_dat4 (unsigned char byte)

{
    DATA    = ((byte<<15) & 0x00780000);
    IOCLR0  = ((DATA^0xFFFFFFFF)& 0x00780000) | RW;
    IOSET0  = DATA | RS | EN;
    IOCLR0 |= EN;
    DATA    = ((byte<<19) & 0x00780000);
    IOCLR0  = ((DATA^0xFFFFFFFF)& 0x00780000) | RW;
    IOSET0  = DATA | RS | EN;
    IOCLR0 |= EN;
    DelayMs(3);
}

void LCD_puts1(unsigned char *string, unsigned char n)
```

```
{
    While ((*string) && ((n--)>0))
    LCD_dat4(*string++);
}

void gets_USART1(unsigned char *string) {

 // The String Must Ended with "Carriage return" ie "Enter key"
    unsigned char i=0,J=0;

    do

    {
      *(string+i)= Receive1();
      J = *(string+i);
      i++;
    }

    While((J!='\n') && (J!='\r'));
    i++;
    *(string+i) = '\0';
}

void Get_GPS_USART1(unsigned char *GPS_Str)
{
     gets_USART1(GPS_Str);
     while(!(strstr(GPS_Str,"GPRMC"))) gets_USART1(GPS_Str);
     ptr = strstr(GPS_Str,"GPRMC")+19;
}

void DelayMs(unsigned int Ms)

{
    int delay_cnst;

    while(Ms>0)
      {
             Ms--;
       for(delay_cnst = 0;delay_cnst <220;delay_cnst++);
          }
}

int putchar (int Ch)                    /* Write character to Serial
Port  */
```

```
{
  while (!(U0LSR & 0x20));
  return (U0THR = Ch);
}
```

Location + Tag identification code in C++

```
namespace using std;

#include <LPC214x.H>
#include <watermarking.h>
#include "template.c"
#define RS 0x10000
#define RW 0x20000
#define EN 0x40000
#define CR 0x0D

unsigned char msg[] = {" INTELLIGENT TAG "};
        //msg
unsigned char msg2[32];

void Serial_Init(void);
unsigned int Receive1(void);

void LCD_init4(void);
void LCD_cmd4(unsigned long int);
void LCD_dat4(unsigned char);
void LCD_puts1(unsigned char *,  unsigned char);

void DelayMs(unsigned int);

void gets_USART1(unsigned char *);
void Get_GPS_USART1(unsigned char *);
int putchar (int);
unsigned long int DATA;
unsigned     char     Ch,     Chr,     bi=0,i=0,J=0,Str_GPS[100],*ptr,
LAT[]="LAT:",LAN[]="LAN:";

Int intelligentissueNo=0

unsigned char msg[] = {"sending template...  "};
unsigned char msg1[]= {" template matched device identified  x "};
void Serial_Init(void);
```

```
     while(chr != 'x')
       {
        serialport. putchar (chr);
        i++;
        chr = msg1[i];
        }

    DelayMs (3000);

    Chr=serialport1. Receive ();
    switch(Chr)

   {
    case 0x33:      buzzer1.buzzeroff(); break
    case 0x34:      buzzer1.buzzeroff (); break;
   }
}
}

class LCDclass
{

void LCD_init4(void)
{

   If (intelligentIssueNo = 2)
   {
   IO0DIR   =      0xFFFFFFFF;
   LCD_cmd4(0x33);
   LCD_cmd4(0x22);
   LCD_cmd4(0x22);
   LCD_cmd4(0x22);
   LCD_cmd4(0x28);
   LCD_cmd4(0x06);
   LCD_cmd4(0x0c);
   LCD_cmd4(0x01);
   }

   If (intelligentIssueNo = 1)
   {

   IO0DIR   =    0xFFFFFFFF;
   LCD_cmd4(0x33);
```

```
}


 void LCD_puts(unsigned char *string)
 {
      while (*string)  LCD_dat4 (*string++);
 }

}

void DelayMs(unsigned int Ms)  // Task Delay
{
  int delay_cnst;
  while(Ms>0)
   {
    Ms--;
    for(delay_cnst = 0;delay_cnst <220;delay_cnst++);
    }
}

Class serialport1
{

int putchar (int ch)            /* Write character to Serial Port    */
{


If (intelligentIssueNo=2)
{
      if (ch == 'x')
     {
     while (!(U0LSR & 0x20));
     U0THR = CR;                          /* output CR */
     }
    while (!(U0LSR & 0x20));
    return (U0THR = ch);
}

If (intelligentIssueNo=1)

{
  while (!(U0LSR & 0x20));
  return (U0THR = Ch);
}
```

```
}

void Serial_Init(void)
 {
  PINSEL0 |=       0X00000005;          //Enable Txd0 and Rxd0
  U0LCR   =0x00000083;                  //8-bit data, no parity, 1-stop
bit
  U0DLL    =      0x00000061;           // for Baud rate=9600, DLL=82
  U0LCR    =      0x00000003;           //DLAB = 0;
  }

unsigned int Receive(void) /* Read character from Serial Port   */
{
  while (!(U0LSR & 0x01));
  return (U0RBR);
}
}

Class buzzerclass buzzer1
{

buzzeron()
{
  IOSET0      |= 0x0080;
}

buzzerof ()
{
 IOCLR0      |= 0x0080
}
}

class gpsclass

{

void gets_USART1(unsigned char *string)

// receive a batch of characters via USART1, without interrupt
{
// The String Must Ended with "Carriage return" ie "Enter key"
    unsigned char i=0,J=0;
```

```
do

{
    *(string+i)= Receive1();
    J = *(string+i);
    i++;
}

While((J!='\n') && (J!='\r'));
i++;
*(string+i) = '\0';
}

void Get_GPS_USART1(unsigned char *GPS_Str)

{
     gets_USART1(GPS_Str);
     while(!(strstr(GPS_Str,"GPRMC"))) gets_USART1(GPS_Str);
     ptr = strstr(GPS_Str,"GPRMC")+19;
}

}
```

OTIMIZAÇÃO DO CÓDIGO ATRAVÉS DA AVALIAÇÃO DO DESEMPENHO

Quando o código é integrado, é bem possível que os tempos de resposta que foram originalmente concebidos para um sistema incorporado individual possam ser afectados. É necessário calcular o tempo de resposta para cada um dos eventos que ocorrem. O método proposto por [**Sastry et al., 2014**] pode ser utilizado para estimar o desempenho do sistema integrado. Todos os eventos são identificados e a sequência em que as tarefas são executadas é pré-decidida ou traçada a partir do código integrado. O tempo computacional relativo ao elemento de código contido em cada uma das tarefas é calculado somando-os todos para obter o tempo computacional de cada uma das tarefas.

Quando ocorre um evento, são utilizados determinados dispositivos de hardware e componentes de software para o processar. O processamento através de dispositivos de hardware e componentes de software ocorre numa sequência que afecta uma sequência de fluxo específica. O tempo de resposta para cada um dos eventos é calculado tendo em conta os tempos de latência do hardware e o tempo de processamento do software, considerando a sequência em que os elementos de hardware e de software são utilizados para processar os eventos.

Se os tempos de resposta calculados não estiverem dentro de intervalos aceitáveis, então o processo de conceção tem de considerar a atualização do hardware ou a redução dos tempos de atraso do software ou através do seguimento de qualquer um dos princípios de conceção, como indicado por [**Simon, 2007**].

10.3 Comparação da integração de código através do SPI workbench e do novo método apresentado na tese

A comparação da integração de código através do banco de trabalho SPI e de outro novo método apresentado na tese foi feita e apresentada na Tabela 10.4

Tabela 10.4Comparação do código gerado pelo método SPI e NEW

Número de série	Parâmetro de comparação	Bancada de trabalho SPI modificada	Novo método
1.	TAMANHO do código em LOC	779	601
2.	Tamanho da memória	63KB	49KB
3.	Tempo médio de resposta para processar um evento	10.3µsecnds	8,9µSegundos

A partir da **Tabela 10.4**, pode ver-se que o novo método apresentado na tese é muito mais eficiente do que realizar a integração através do SPI Work Bench modificado, mesmo após o dimensionamento da arquitetura, eliminando o passo de síntese e alterando o esquema de otimização.

10.4 Conclusões

Um projeto ES de grande complexidade tem necessariamente de ser dividido num conjunto de projectos ES, cada um concentrado numa funcionalidade específica. Cada quadro ES pode ser optimizado para o conjunto específico de requisitos funcionais. Mais uma vez, todas as placas ES optimizadas individualmente devem ser integradas para obter uma placa ES global. A integração de vários módulos individuais num único sistema incorporado é uma questão importante na conceção de grandes aplicações incorporadas.

Existem várias tecnologias de integração para cada questão de integração, tendo cada tecnologia individual as suas próprias vantagens e desvantagens. Nesta dissertação, foram apresentados dois aspectos da integração, nomeadamente a integração do hardware e a integração do software.

Nesta tese, foi proposta e apresentada uma abordagem baseada num repositório que integra sem problemas as placas ES individuais (Hardware) numa única placa ES (Hardware) sem comprometer a funcionalidade, o tempo de resposta e o rendimento. A integração do hardware foi conseguida tendo em conta a utilização eficaz dos pinos do controlador, das portas e das ranhuras de interface do barramento.

A integração de hardware baseia-se na construção de um repositório de hardware. Os dispositivos são sempre adicionados no caminho que oferece menor resistência e latência mínima. Se a latência não estiver dentro dos limites após a adição do dispositivo a um caminho, o dispositivo com maior latência é substituído por modelos superiores com menor latência, de modo a que a latência global seja mantida dentro de limites aceitáveis.

São utilizadas muitas linguagens para o desenvolvimento de sistemas incorporados em tempo real. Os sistemas incorporados complexos utilizam várias linguagens para a especificação do sistema e o processo de implementação. Por vezes, uma única linguagem pode não ser adequada para representar grandes especificações de sistemas incorporados. Como a construção de um TAG inteligente consiste no desenvolvimento de muitos sistemas incorporados individuais, cada um relacionado com um subsistema, surge a questão da integração do código-fonte desenvolvido em diferentes linguagens para derivar a aplicação incorporada global.

A integração de software utilizando o banco de trabalho SPI quando todos os sistemas incorporados são desenvolvidos utilizando linguagens e RTOS diferentes foi apresentada na tese. A arquitetura do banco de trabalho SPI foi modificada para minimizar as etapas de processamento, de modo a que a integração do software ES desenvolvido em diferentes linguagens possa ser realizada a um ritmo mais rápido. A etapa de síntese no banco de trabalho SPI foi abandonada e a etapa de otimização do código foi modificada. O banco de trabalho SPI modificado foi utilizado para a integração de software ES individual. Um segundo método de integração de software foi apresentado na tese que tem em conta a necessidade de integrar o software ES que foi desenvolvido utilizando as linguagens que incluem C, C++, EJAVA e assemblers. O método é eficaz, uma vez que a integração do software ES é efectuada sem problemas. Foi efectuada uma comparação entre o banco de trabalho SPI modificado e o novo método apresentado na tese, tendo-se verificado que o novo método é muito mais eficiente em termos de velocidade, uma vez que o tamanho do código e a memória necessária são reduzidos.

10.5 Âmbito futuro

O software para integração de hardware tem de ser alargado para determinar o caminho de menor resistência e latência no qual podem ser adicionados mais dispositivos de hardware sem comprometer o tempo de resposta e o débito.

Os sistemas incorporados individuais são construídos em torno da mesma tecnologia de controlador ARM7 e a interface dos dispositivos com o controlador é mais ou menos semelhante em termos de conceitos. No entanto, se forem considerados controladores de arquitecturas diferentes, devem ser abordadas mais questões de integração.

CAPÍTULO 11 (CONCLUSÕES E PERSPECTIVAS FUTURAS)

11.1 Conclusões

Identificação do TAG

Cada TAG tem de se identificar com o seu mestre associado, que é um telemóvel com o qual o utilizador final interage com o sistema. Do mesmo modo, o dispositivo móvel deve também informar o TAG da sua própria identificação, semelhante a um certificado digital. Os dados de identificação podem ser utilizados em ambas as extremidades para se autenticarem mutuamente, sempre que a comunicação entre o TAG e o telemóvel é estabelecida.

O sistema de identificação deve também ser protegido contra ataques. A combinação de códigos QR com marca de água proporciona uma base sólida para a aplicação do sistema de identificação, mesmo na presença de interferências, ruído e ataques, até certo ponto. **O algoritmo de fusão de imagens foi utilizado para detetar a marca de água mesmo quando afetada por ruído. No entanto, têm de ser inventados métodos mais sofisticados para recuperar a marca de água a partir do símbolo recebido, uma vez que se verificou que a marca de água não pode ser recuperada quando a imagem é perturbada.**

Foi apresentado um sistema de identificação eficiente que utiliza códigos QR e marcação digital de água. O sistema de identificação foi concebido e implementado para localizar bens valiosos utilizando protocolos de comunicação que incluem Bluetooth e Wi-Fietc.

Cada sistema incorporado depende predominantemente da arquitetura de software do lado do TAG. A arquitetura de software é necessária para a implementação de um sistema de identificação. Foi apresentada uma arquitetura eficiente de três níveis que permite a implementação eficaz do sistema de identificação, especialmente para coexistir com outros componentes da aplicação e também para comunicar com a aplicação residente no telemóvel.

A arquitetura apresentada nesta tese é eficiente e considera todos os aspectos da integração dos componentes e da comunicação entre eles.

Identificação do local

A questão mais importante que deve ser integrada num TAG inteligente é a capacidade de o TAG encontrar a sua localização com a maior precisão possível em relação a um ponto de referência. Existem muitas técnicas disponíveis para identificar a localização do TAG a partir do lado móvel. A escolha da técnica de localização tem em conta factores como a precisão, a rentabilidade, a fiabilidade, a simplicidade e a escalabilidade.

Nesta tese, foram apresentados dois métodos de localização que determinam a localização da etiqueta com maior precisão em termos de distância e ângulo a partir de um ponto de referência e com referência às direcções (Este, Oeste, Sul, Norte, Nordeste, Noroeste, Sudoeste e Sudeste) e ao ângulo, sendo os mesmos verificados através de um modelo experimental.

É também apresentada uma arquitetura de software para implementar um método eficiente de localização e seguimento do TAG com o HOST. O software é desenvolvido utilizando a arquitetura e o mesmo é implementado num sistema incorporado concebido e implementado separadamente.

Adulteração

A proteção das TAGS inteligentes é absolutamente necessária contra diferentes tipos de ataques para preservar a segurança das mesmas. As TAGS devem ser inteligentes para poderem detetar qualquer tipo de tentativa de manipulação e as tentativas de manipulação devem ser transmitidas ao ambiente local e a um local remoto onde reside o mestre da TAG. As TAGS podem ser manipuladas de muitas maneiras. A construção de vários mecanismos para detetar e monitorizar cada tipo de manipulação é complexa e as soluções, mesmo que fossem fornecidas, seriam pesadas. É necessária uma solução unificada que tenha em conta qualquer tipo de adulteração da TAG.

Nesta tese, é apresentado um método que determina o tipo de adulteração e o alarme adequado que é exercido quando a adulteração ocorre. Os mecanismos de deteção que detectam vários tipos de adulteração foram apresentados na tese.

Foi também apresentado um segundo método que considera todos os tipos de adulteração como equivalentes de pressão e utiliza a pressão para reconhecer o tipo de adulteração afetado. Um alarme adequado é exercido localmente e a informação sobre a manipulação é comunicada ao HOST remoto. O sistema à prova de manipulação foi integrado com um sistema de alerta e o mesmo foi apresentado na tese.

Foi apresentada a arquitetura de software utilizada para o desenvolvimento do software ES Tamper proofing. Foram efectuados testes do sistema incorporado e são apresentados os resultados dos testes. Os resultados dos testes provaram que o conceito de sistema unificado de deteção de adulteração pode identificar diferentes tipos de adulteração que podem ser afectados num sistema incorporado.

Gestão de energia

A gestão da energia numa TAG inteligente é uma das questões importantes, uma vez que as diferentes tecnologias devem ser integradas de forma eficiente com um consumo mínimo de energia para aumentar a longevidade da bateria. As etiquetas inteligentes devem estar em comunicação com o HOST utilizando qualquer um dos protocolos suportados pelo TAG e pelo HOST para comunicar periodicamente o estado de alimentação da etiqueta.

As caraterísticas de potência de um dispositivo dependem em grande medida do tipo de norma de comunicação utilizada para efetuar a comunicação. A seleção de um determinado método de comunicação tem uma influência definitiva no consumo de energia do dispositivo. Foram apresentados vários mecanismos de redução de potência adequados para alimentar uma combinação de circuitos relacionados com um conjunto de caraterísticas que é necessário suportar de cada vez.

São utilizados muitos dispositivos e componentes de software para implementar os sistemas de marcação inteligente. Os eventos ocorrem de forma aleatória. Os dispositivos têm de ser alimentados com energia para processar os eventos. São necessárias estratégias para conservar a energia ou reduzir a dissipação de energia. Nesta tese, são apresentadas várias estratégias de poupança de energia.

Foi também apresentada uma arquitetura de software utilizada para implementar um método eficaz de gestão da energia no TAG. O modelo experimental foi configurado e as experiências foram realizadas e os resultados experimentais revelaram claramente a diminuição da descarga da bateria, uma vez que a melhoria do desempenho das operações ocorre através da otimização das operações que são realizadas em relação a diferentes dispositivos. O software foi desenvolvido utilizando a arquitetura e o mesmo é implementado num sistema incorporado concebido e implementado separadamente.

A gestão da energia nas TAG inteligentes é uma das questões importantes, uma vez que as diferentes tecnologias devem ser integradas de forma eficiente com um consumo mínimo de energia para aumentar a longevidade da bateria. As etiquetas inteligentes devem estar em comunicação com o HOST utilizando qualquer um dos protocolos suportados pelo TAG e pelo HOST.

As caraterísticas de potência de um dispositivo dependem em grande medida do tipo de norma de comunicação utilizada para efetuar a comunicação. A seleção de um determinado método de comunicação tem uma influência definitiva no consumo de energia do dispositivo. Foram apresentados vários mecanismos de redução de potência que são adequados para alimentar uma combinação de circuitos relacionados com um conjunto de caraterísticas que é necessário suportar de cada vez.

Alerta

O sistema de alerta inteligente de um TAG alerta o utilizador local ou remoto sobre as alterações ambientais ou os eventos que ocorrem no TAG e nas suas imediações. O utilizador do sistema TAG inteligente precisa de conhecer as condições de exceção que ocorrem enquanto o TAG está em funcionamento. O TAG e o ambiente em que o TAG existe são dinâmicos, uma vez que as mudanças ocorrem muito rapidamente no ambiente externo. Assim, é necessário monitorizar e controlar o funcionamento do TAG. O sistema de monitorização deve ser inteligente, de modo a comunicar qualquer tipo de exceção que ocorra no sistema.

Nesta tese foi apresentado um sistema de alerta capaz de comunicar qualquer tipo de exceção proveniente de qualquer um dos co-módulos através de diferentes mecanismos de comunicação.

O TAG inteligente dispõe de um quadro de conceção para alertar o utilizador local ou remoto para as alterações ambientais que ocorrem. É apresentado o quadro que considera vários tipos de mecanismos e métodos que podem ser incorporados num TAG para o tornar suficientemente inteligente para comunicar alterações ambientais a um utilizador local ou remoto.

Nesta tese, foi apresentada uma arquitetura de software para a implementação de um método eficiente para alertar o utilizador local e remoto sobre as alterações ambientais que ocorrem dentro e à volta do TAG. O software foi desenvolvido utilizando a arquitetura e o mesmo foi implementado num sistema incorporado concebido e implementado separadamente.

Sistema de comunicação

O desenvolvimento de um TAG inteligente deve poder ser adotado rapidamente por várias tecnologias sem fios para comunicar com vários dispositivos. É necessário implementar a tecnologia de middleware do lado do TAG através de um ponto de acesso que é normalmente outro sistema incorporado que assegura a comunicação entre o TAG e os dispositivos móveis utilizando versões heterogéneas do protocolo. O middleware deve suportar diferentes tecnologias de comunicação sem fios que incluem Bluetooth e sem fios e todas as combinações que existem entre elas. O sistema de comunicações deve ter em conta questões como a coexistência, o ruído, o handoff, etc. Foi apresentado um protocolo de acesso multiponto modificado (MMPAP) que permite a conversão de protocolos e que funciona como middleware em ambos os lados do Tag e do HOST

Na tese, foi apresentada uma arquitetura de software adequada para a criação de software ES no lado do TAG, uma vez que muitas das questões de entrelaçamento devem ser abordadas. A arquitetura de software inclui a componente de middleware MMPAP para efetuar a conversão do protocolo e facilitar a comunicação entre o TAG e o HOST com base nos dispositivos de comunicação eficazes e operacionais que estão presentes em ambos os lados do TAG e do HOST. O software ES foi desenvolvido utilizando a arquitetura de software e o mesmo foi portado para o microcontrolador ARM7. Foram realizadas experiências e provou-se que a implementação do protocolo MMPAP do dispositivo de acesso teve em conta todas as questões heterogéneas, incluindo a questão das interferências, de forma bastante eficaz.

Garantir a comunicação

Os dispositivos utilizados nos sistemas TAG inteligentes são limitados em termos de recursos. A comunicação ponto a ponto entre o TAG e o dispositivo móvel é bastante vulnerável. Acrescentar toda a infraestrutura necessária para garantir a segurança da comunicação entre o TAG e o dispositivo móvel exige muitos recursos e a disponibilização desse tipo de recursos é impraticável. A adição de qualquer carga de software para implementar as medidas permanentes de contra-ataque afecta drasticamente o tempo de resposta e o rendimento das transacções entre o dispositivo móvel e o TAG.

Na tese foi apresentado um modelo que permite detetar qualquer tipo de ataque e afetar momentaneamente a medida de contra-ataque. O modelo tem em conta a degradação graciosa quando as medidas de segurança entram em ação quando os ataques são iniciados.

Foi apresentado outro modelo que implementa a segurança em nuvem e em linha, que utiliza uma nuvem numa plataforma baseada num PC. A nuvem implementa toda a infraestrutura de segurança solicitada e a etiqueta comunica simplesmente com a nuvem para afetar a segurança. Foi construído um modelo experimental e foram efectuadas experiências. Os resultados experimentais mostram que a utilização da segurança em nuvem e em linha não afecta os tempos de resposta nem a taxa de transferência, ao mesmo tempo que não exige qualquer infraestrutura estranha, quer do lado da etiqueta quer do lado móvel.

A arquitetura de software apresentada na tese destina-se a criar inteligência no sistema incorporado para garantir a segurança da comunicação entre o HOST e um TAG. Esta arquitetura é adequada para implementar inteligência nos sistemas incorporados, tendo a segurança como principal preocupação. O software necessário para o sistema foi concebido utilizando a arquitetura apresentada nesta tese e o mesmo foi implementado no sistema incorporado concebido separadamente.

Adicionar módulos ao telemóvel

Os telemóveis inteligentes estão a tornar-se rapidamente uma plataforma de computação dominante para o desenvolvimento de várias aplicações. Nesta tese, foi apresentada uma estrutura arquitetonica para a implementação de aplicações complementares que permitem a comunicação em modo de pares com sistemas inteligentes incorporados remotos e a sua coexistência com a aplicação nativa no telemóvel.

Foi apresentada uma estrutura arquitetónica para a implementação de componentes adicionais juntamente com os componentes das aplicações móveis existentes. Foram realizadas experiências para verificar o efeito da adição de componentes ao telemóvel. Verificou-se que a estrutura de software ajudou a gerir os parâmetros ambientais em tempo real dentro dos limites das restrições de conceção.

Foi também apresentada uma arquitetura de software que permite o desenvolvimento de componentes residentes no telemóvel e a sua configuração dinâmica, sem necessidade de baixar qualquer módulo de aplicação nativa no telemóvel. **Integração de sistemas incorporados individuais heterogéneos**

Um projeto ES de grande complexidade tem necessariamente de ser dividido num conjunto de projectos ES, cada um concentrado numa funcionalidade específica. Cada quadro ES pode ser optimizado para o conjunto específico de requisitos funcionais. Mais uma vez, todas as placas ES optimizadas individualmente devem ser integradas para obter uma placa ES global. A integração de vários módulos individuais num único sistema incorporado é uma questão importante na conceção de grandes aplicações incorporadas.

Existem várias tecnologias de integração para cada questão de integração, tendo cada tecnologia individual as suas próprias vantagens e desvantagens. Nesta dissertação, foram apresentados dois aspectos da integração, nomeadamente a integração de hardware e a integração de software.

Nesta tese, foi proposta e apresentada uma abordagem baseada num repositório que integra sem problemas as placas ES individuais (Hardware) numa única placa ES (Hardware) sem comprometer a funcionalidade, o tempo de resposta e o rendimento. A integração do hardware foi conseguida tendo em conta a utilização eficaz dos pinos do controlador, das portas e das ranhuras de interface do barramento.

A integração de hardware baseia-se na construção de um repositório de hardware.

Os dispositivos são sempre adicionados no caminho que oferece menor resistência e latência mínima. Se a latência não estiver dentro dos limites após a adição do dispositivo a um caminho, o dispositivo com maior latência é substituído por modelos superiores com menor latência, de modo a que a latência global seja mantida dentro de limites aceitáveis.

São utilizadas muitas linguagens para o desenvolvimento de sistemas incorporados em tempo real. Os sistemas incorporados complexos utilizam várias linguagens para a especificação do sistema e o processo de implementação. Por vezes, uma única linguagem pode não ser adequada para representar grandes especificações de sistemas incorporados. Como a construção de um TAG inteligente consiste no desenvolvimento de muitos sistemas incorporados individuais, cada um relacionado com um subsistema, surge a questão da integração do código-fonte desenvolvido em diferentes linguagens para derivar a aplicação incorporada global.

A integração de software utilizando o SPI workbench quando todos os sistemas incorporados são desenvolvidos utilizando linguagens e RTOS diferentes foi apresentada na tese. O banco de trabalho SPI pode ser utilizado porque o código ES para todos os sistemas incorporados foi desenvolvido utilizando linguagens diferentes. A arquitetura do banco de trabalho SPI foi alargada para acomodar as caraterísticas especiais das TAGS inteligentes e o mesmo é apresentado na tese.

Um segundo método de integração de software foi apresentado na tese que tem em conta a necessidade de integrar o software ES que foi desenvolvido utilizando as linguagens que incluem C, C++, EJAVA e assemblers. O método é eficaz para que a integração do software ES seja efectuada sem problemas. O novo método apresentado na tese revela-se mais eficaz do que o da bancada de trabalho SPI modificada.

11.2 Âmbito futuro

Identificação do TAG

O sistema de identificação proposto nesta tese pode ser alargado para garantir a validade dos códigos QR devido a distracções na intensidade do sinal que ocorrem devido ao desvanecimento e ao handoff. Os modelos discutidos devem ser alargados ao tipo de topologia de rede em malha, em que vários telemóveis actuam como mestres para vários TAG e, quando existe um mestre para um TAG, o conceito de prioritização tem de ser realizado e implementado.

Alerta

O sistema de alerta pode ser alargado para conceber e desenvolver padrões que possam ser visualizados no LCD e nos LED e que também estejam relacionados com sequências de sinais sonoros. O sistema de criação de padrões deve também representar a ordem cronológica de ocorrência de eventos excepcionais no sistema TAG inteligente

Efetuar a comunicação entre o TAG e o telemóvel

A comunicação entre o TAG e o telemóvel apresentada na tese pode ser alargada tendo em conta questoes como o handoff, o desvanecimento, o ruído e vários tipos de perturbações, etc., que entram em jogo quando a comunicação é efectuada entre o TAG e o dispositivo móvel utilizando diferentes dispositivos de comunicação sem fios.

Os modelos discutidos nesta tese devem ser alargados ao tipo de topologia de rede em malha, em que vários telemóveis actuarão como mestre para várias das TAGS. Quando existe um único mestre, o conceito de prioritização tem de ser adotado e implementado. A arquitetura do protocolo MMPAP utilizada deve também ser alargada para implementar as sessões.

Adicionar módulos

A arquitetura utilizada para adicionar novos modelos pode ser alargada para encontrar os dispositivos activos que estão em funcionamento e também várias versões de protocolo que podem ser utilizadas para acionar os dispositivos de comunicação. Os pares de protocolos de dispositivos podem ser gerados e armazenados num repositório. O melhor par de protocolos de dispositivos pode ser avaliado com base nos parâmetros de comunicação e de dispositivos. O dispositivo de comunicação e a versão de protocolo que dá os melhores resultados podem ser selecionados para estabelecer a comunicação com o dispositivo TAG remoto.

Integração de sistemas incorporados individuais

O software para integração de hardware tem de ser alargado para determinar o caminho de menor resistência e latência no qual podem ser adicionados mais dispositivos de hardware sem comprometer o tempo de resposta e o débito.

Os sistemas incorporados individuais são construídos em torno da mesma tecnologia de controlador ARM7 e a interface dos dispositivos com o controlador é mais ou menos semelhante em termos de conceitos. No entanto, se forem considerados controladores de arquitecturas diferentes, devem ser abordadas mais questões de integração.

REFERÊNCIAS

Outras publicações do autor

[1] **A A Jerraya, M. Romdhani, Ph. Le Marrec, F. Hessel, P. Coste, C. Valderrama, G.F. Marchioro, J.M.Daveau, N.-E. Zergainoh**, 2001-01, "Multilanguage Specification for System Design And Codesign", www.researchgate.net

[2] **A Julie . Kient, Shwetak N. Patel, Arwa Z. Tyebkhan, Brian Gane , Jennifer Wiley, Gregory D. Abowd**, 200601, "Where's My Stuff? Design and Evaluation of a Mobile System for Locating Lost Items for the Visually Impaired", Proceedings of ACM, Assets

[3] **A Shihab, Hameed, Othman Khalifa, Mohd Ershad, Fauzan Zahudi, Bassam Sheyaa, Waleed Asender**, 201001, "Car Monitoring, Alerting and Tracking Model, Enhancement with Mobility and Database Facilities", Conferência Internacional sobre Engenharia Informática e das Comunicações (ICCCE 2010)

[4] **Harter e A. Hopper**, 1994-01, "A Distributed Location System for the Active Office", IEEE, Network

[5] **Muhammad, Mazliham M.S, Shahrulniza. M**, 2009-01, "Power Management for Portable Devices by using Clutter Based Information", IJCSNS International Journal of Computer Science and Network Security, Vol. 9, Iss. 4, Pg. 33-43

[6] **Abel Marrero P'erez, Stefan Kaiser**, 2009-01, "Integrating Test Levels for Embedded Systems" IEEE computer society, 978-0-7695-3820-4/09

[7] **Alex Janek, Christian Steger1, Josef Preishuber-Pfluegl2 e Markus Pistauer**, 2007-01, "Lifetime Extension of Higher Class UHF RFID Tags using special Power Management Techniques and Energy Harvesting Devices", Actas do Seminário de Dagstuhl

[8] **Amit Kushwaha, Vineet Kushwaha** , 2011-01, "Location Based Services using Android Mobile Operating System", International Journal of Advances in Engineering & Technology

[9] **Anand Raghunathan**, 2003-01, "Securing Mobile Appliances: New Challenges for the System Designer", Conferência e Exposição de Design, Automação e Teste na Europa, pág. 176-181

[10] **Ankur Agarwal, Eduardo Fernandez**, 2009-01, "System Level Power Management for Embedded RTOS: An Object Oriented Approach", International

Journal of Engineering (IJE), Vol. 3, Iss. 4, Pg. 12-19

[11] "**Arjun Roy, Stephen M. Rumble, Ryan Stutsman, Philip Levis, David Mazi'eres, Nickolai Zeldovich**", 2011-01, "Gestão de energia em dispositivos móveis com sistema operativo cinder", ACM Proceedings

[12] **cadence.com**, 2009-10, "Integração de hardware", www.cadence.com/products/orcad

[13] **Ching-yin Law, Simon S**, 2010-01, "QR Codes in Education", Journal of Educational Technology Development and Exchange, Vol. 3, Vol. 1, Pg. 85-100

[14] **Christian Frank, Philipp Bolliger, Friedemann Mattern, Wolfgang Kellerer**, 2008-01, "The sensor internet at work: Locating Everyday Items using Mobile Phones", Pervasive and Mobile Computing, Vol. 4, Iss. 3, Pg. 421-447

[15] **Chun-Shien Lu**, 2005-01, "Steganography and Digital Watermarking Techniques for Protection of Intellectual Property", Multimedia Security

[16] **Claudio Maia, Lu'ısNogueira, Lu'ıs Miguel Pinho**, 201001, "Evaluating Android Os for Embedded real time systems", Proceedings of the 6th International Workshop on Operating Systems Platforms for Embedded Real-Time Applications, Brussels, Belgium, Pg. 63-70

[17] **Craig Mathia**, 2008-01, "A guide to Wi-Fi power-save technologies", http://www.networkworld.com/research/2008/051208- wireless-power-standards.html

[18] **D Nicholas, Lane, MashfiquiMohammod**, 2010-01, "BeWell: A Smartphone Application to Monitor Model and Promote Wellbeing", cs.dartmouth.edu

[19] **Dario Deponti, Dario Maggiorini e Claudio E. Palazzi**, 2009-01, "Droid Glove: Uma aplicação baseada em Android para

Reabilitação do pulso", conferência internacional ICUMT patrocinada pelo IEEE

[20] **David Molnar e David Wagner**, 2004-01, "Privacy and security in library RFID: Issues, practices, and architectures", In Conf. on Computers and Communication Security - ACM CCS, Washington, DC, USA, Pg. 210-219

[21] **David Scott, Richard Sharp, Anil Madhavapeddy, Eben Upton**, 2005-01, "Using Visual Tags to Bypass Bluetooth Device Discovery", Mobile Computing and Communications Review, Vol. 1, Iss. 2, Pg. 1-12

[22] **Deepali Kayande e UrmilaShrawankar**, 2011-01, "priority based preemptive task scheduling for android operating system", International Journal of Computer

Science and Telecommunications.

[23] **Dieter Hutter, Günter Müller, Werner Stephan e Markus Ullmann**, 2003-01, "Security and privacy aspects of low-cost radio frequency identification systems", Int. Conf. on Security in Pervasive Computing, Vol. 2802, Pg. 454-269

[24] **Dijiang Huang**, 2010-01, "MobiCloud: Construindo uma estrutura de nuvem segura para computação móvel e engenharia de sistemas orientados a serviços de comunicação Quinto Simpósio Internacional do IEEE, Pg. 27-34

[25] **Dirk Henrici e Paul Müller**, 2004-01, "Hash-based enhancement of location privacy for radio-frequency identification devices using varying identifiers", Int. Workshop sobre Computação Pervasiva e Segurança das Comunicações - PerSec, p. 149-153

[26] **Dirk Ziegenbein, Kai Richter, Rolf Ernst, Lothar Thiele, e Jürgen Teich,** 2002-01 "SPI- A System Model for Heterogeneously Specified Embedded Systems" IEEE Transactions on Very Large Scale Integration (VLSI) Systems, Vol. 10, Iss. 4, Pg. 20-30

[27] **Dominic Spill e Andrea Bittau**, 2006-01 "Blue Sniff: Eve encontra Alice e Bluetooth" University College London.

[28] **Dr.Ing. Rolf Ernst, Dr.-Ing. habil. Lothar Thiele**, 200301, "A Compositional Approach to Embedded System Design", uma dissertação publicada em http://d-nb.info/96721954X/34

[29] **Erin-Ee-Lin Lau, Boon-Giin Lee, Seung-Chul Lee, Wan- Young Chung**, 2008-01, "Enhanced RSSI-Based High

Accuracy real-Time User Location Tracking System for Indoor and Outdoor Environments", International Journal on smart sensing and intelligent systems, Vol. 1, Iss. 2, Pg. 534-538

[30] F. **Forno, G. Malnati e G. Portelli**, 2005-01, "Design and implementation of a Bluetooth ad hoc network for indoor positioning", Software, IEEE proceedings, Vol. 152, Iss. 5, Pg. 234-242

[31] **Frank Maker e Yu-Hsuan Chan**, 2008-01, "A Survey on Android vs. Linux", handycodeworks.com

[32] **Ganesh Ananthanarayanan e Ion Stoica**, 2008-01, "Predicting Wi-Fi Availability using Bluetooth and Cellular Signals", SIGCOMM'08

[33] **Guilherme Bertoni Machado, Robinson Mittmann**, 200601 "Embedded Systems Integration Using Web Services", Actas da Conferência Internacional sobre

Redes, Conferência Internacional sobre Sistemas e Conferência Internacional sobre Comunicações Móveis e Tecnologias de Aprendizagem, (ICNICONSMCL'06)

[34] **Hakan Koyuncu, Shuang Hua Yang**, 2010-01, "A Survey of Indoor Positioning and Object Locating Systems", IJCSNS International Journal of Computer Science and Network Security, Vol. 10, Vol. 5, Pg. 300-310

[35] **Hanunah Othman**, 2011-01, "PE-TLBS: Ambiente seguro de serviços baseados na localização com ênfase no protocolo de atestação anónima direta", International Journal Multimedia and Image Processing (IJMIP), Vol. 1, Iss. 1, Pg. 40-52

[36] **Hoang T Dinh**, 2011-01, "Uma pesquisa sobre computação em nuvem móvel: Arquitetura, Aplicações e Abordagens", Biblioteca Online Wiley, Pg. 1-38

[37] **ibridgenetwork.org**, 2007-01, "active-rfid-tag-power-optimization-architecture",

[38] **Ingemar Cox, Matthew Miller, Jeffrey Bloom**, 2002-01, "Digital Water Marking", Morgan Kaufman publishers

[39] **J Robert. Orr, Gregory D. Abowd**, 2000-01, "The Smart Floor: A Mechanism for Natural User Identification and Tracking", Relatório Técnico da GVU GIT-GVU-00-02,

[40] **Jeffrey Wojtiuk**, 2004-01, "Bluetooth and WiFi integration: Solving C-Existence Problems", International Journal of Semiconductor Technology

Publicações académicas

[41] **JKR Sastry, A. Vinaya Babu**, 2014-05, "An Approach towards Integrating Embedded code developed using heterogeneous Programming Languages", International Journal of Latest Research in Science and Technology, Vol.3, Iss. 3, Pg. 153-162

[42] **JKR Sastry, A Vinaya Babu**, 2014-04, "Implementing InCloud Security for effecting secured communication between Intelligent Tags and Mobile Devices", International Journal of Innovative Research in Computer and Communication Engineering,Vol. 2, Iss. 6, Pg. 4552-4561

[43] **JKR Sastry, A. Vinaya Babu**, 2014-03, "Strategizing Power Utilization within Intelligent Tags", International Journal of P2P Network Trends and Technology (IJPTT), Vol. 9, Pg. 1-6

[44] **JKR Sastry, A Vinaya Babu**, 2014-02, Tamper Proofing of the Tags through Pressure Sensing International Journal of Emerging Trends & Technology in

Computer Science (IJETTCS) Vol. 1, Iss. 2, Pg. 1-6

[45] **JKR Sastry, A Vinaya Babu**, 2014-01, "Diretional Location finding of Intelligent Tags" Revista Internacional de Desenvolvimento Recente em Engenharia e Tecnologia Vol. 2, Iss. 6, Pg. 9-15

[46] **JKR Sastry, C Ravi Shnaker, M Snigdha, Md Sadiq, G Ashok, P Ravi Teja**, 2012-23, "An efficient architecture for Enforcing Mobile security through In-Clouds", International Journal of Research and Reviews in Applicable Mathematics & Computer Science Vol. 2, Iss. 2, Pg. 30-36

[47] **JKR Sastry, G. Bharathi, D. Srinivas**, 2012-29, "An efficient Architecture for the development of open cloud computing backbone", International Journal of computer Information systems" Vol. 4, Iss. 2, Pg. 82-89

[48] **JKR Sastry, K Subba Rao, J Sasi Bhanu**, 2012-22, "Counter attacking Fault Injections into Embedded Systems", International Journal of Research and Reviews in Applicable Mathematics & Computer Science, Vol. 2, Iss. 5, Pg. 70-73

[49] **JKR Sastry, K Subba Rao, J Sasi Bhanu**, 2012-21, "Counter attacking the timing attacks on Embedded Systems", International Journal of Advances in Science and Technology, Vol. 5, Iss. 1, Pg. 17-23

[50] **JKR Sastry, K Subba Rao, J Sasi Bhanu**, 2012-20, "Counter Attacking method for Embedded Systems against Power Analysis", International Journal of Computer Information Systems, Vol. 5, Iss. 1, Pg. 63-68

[51] **JKR Sastry, K Subba Rao, J Sasi Bhanu**, 2012-19, "Counter Attacking Electromagnetic attacks for securing Embedded Systems", International Journal of Advances in Science and Technology, Vol. 5, Iss. 1, Pg. 39-44

[52] **JKR Sastry, N Venkataram, B Santhi Chandra, LSS Reddy**, 2012-18, "On Integrating Distributed heterogeneous embedded codes for Implementing homogeneous embedded Intelligent Tag related Application", International Journal of Computer Information Systems, Vol. 4, Iss. 3, Pg. 488-497

[53] **JKR Sastry, N Venkataram, B Santhi Chandra, LSS Reddy**, 2012-17, "On Integrating Hardware of Distinct Embedded System Boards", International Journal of Communication Engineering Applications-IJCEA, Vol. 3, Iss. 3, Pg. 387-392

[54] **JKR Sastry, N. Venkataram, K. Sreenivasa Ravi, M. Rama Narayana,** 2012-16, "Software Framework for Implementing Add-on Applications on Mobile Phones That Runs on Android Operating System for Effecting Peer Communication with Application Components Resident on Intelligent Tags", Research Journal of

Computer Systems Engineering - RJCSE, Vol. 3, Iss. 2, Pg. 26-31

[55] **JKR Sastry, N. Venkataram, K. Sreenivasa Ravi, M. Rama Narayana, Smt J Sasi Bhanu**, 2012-15, "Uma estrutura de arquitetura para a implementação de aplicações complementares em telemóveis que funcionam com o sistema operativo Android para efetuar a comunicação entre pares com componentes de aplicação residentes em TAGS inteligentes", Transacções internacionais em engenharia eléctrica, eletrónica e de comunicações, Vol. 2, Iss. 2, Pg. 125-131

[56] **JKR Sastry, N. Venkatram, Y. Pavan Kumar, N. Rajesh Babu**, 2012-14, "Desenvolvimento de uma arquitetura de software para a construção de inteligência para proteger a comunicação entre as etiquetas e os dispositivos móveis", International Journal of VLSI and Embedded Systems-IJVES, Vol. 3, Iss. 2, Pg. 114-123

[57] **JKR Sastry, N. Venkatram, Y. Pavan Kumar, N. Rajesh Babu** 2012-13 Sobre a construção de inteligência para garantir a comunicação entre as etiquetas e os dispositivos móveis International Journal Of Mobile and Adhoc Network - IFRSA 297-303

[58] **JKR Sastry, N Venkataram, G Pradeep, K Srinivasa Ravi**, 2012-12, "On Dynamic Configurability and Adaptability of Intelligent Tags with Handheld Mobile Devices", International journal of IFRSA (IIJES), Vol. 1, Iss. 2 Pg. 114123

[59] **JKR Sastry, N Venkataram, G Pradeep, K srinivasa Ravi**, 2012-11, "Arquitetura de software para implementar a configurabilidade dinâmica e a adaptabilidade de etiquetas inteligentes com dispositivos móveis portáteis", Research Journal of Computer Systems Engineering - RJCSE, Vol. 3, Vol. 2, Pg. 393-398

[60] **JKR Sastry, N. Venkatram, K.Sreenivasa Ravi, T.SriLakshmi, LSSReddy**, 2012-10, "Software

Architecture for Implementing Efficient Alerting System within an Intelligent TAG", International Journal of Computer Information Systems, Vol. 4, Iss. 5, Pg. 30-37

[61] **JKR Sastry, N. Venkatram, K.Sreenivasa Ravi, T.SriLakshmi, LSS Reddy**, 2012-09, "An efficient design framework for building alerting Systems to make regular tags intelligent" International Journal of Advanced Research in Computer Science, IJARCS, Vol. 3, Iss. 3, Pg. 345-348

[62] **JKR Sastry, R. Deepika**, 2012-08, "Arquitetura de software para implementar técnicas eficientes de gestão de energia em TAGS inteligentes", Revista Internacional de Computação, Vol. 2, Iss. 3, Pg. 573-579

[63] **JKR Sastry, N. Venkatram, R. Deepika, LSS Reddy,** 2012-07, "Efficient power management techniques for increasing the longevity of intelligent tags", International Transactions on Electrical, Electronics and Communication Engineering, Vol. 2, Iss. 2, Pg. 21-25

[64] **JKR Sastry, N. Venkatram, N.N.V.V.S.S. Pavan, N. Rajesh Babu, Y. Pavan Kumar**, 2012-06, Arquitetura de software para a implementação de um sistema de deteção de adulterações num sistema incorporado relacionado com etiquetas inteligentes Jornal Internacional de Aplicações de Engenharia de Comunicações-IJCEA Vol. 3, Iss. 2, Pg. 478-483

[65] **JKR Sastry, N. Venkatram, N.N.V.V.S.S. Pavan, N. Rajesh Babu, Y. Pavan Kumar, LSS Reddy**, 2012-05, Building Intelligence into TAGs for Tamper Proofing International Journal of Advances in Science and Technology Vol. 4, Iss. 4, Pg. 8-17

[66] **JKR Sastry, N. Venkataram, Ms. P Sahithi Ramya**, 2012-04, "Arquitetura de Software para Implementação de Gestão de Localização em TAGS Inteligentes", International Transactions on Electrical, Electronics and Communication Engineering, Vol. 2, Iss. 3, Pg. 31-38

[67] **JKR Sastry, N. Venkataram, Ms. P Sahithi Ramya, L.S.S Reddy**, 2012-03, "On Locating Intelligent TAGS", IFRSA International Journal of Electronics Circuits and Systems Vol. 1, Iss. 2, Pg. 86-89

[68] **JKR Sastry, N Venkatram, G. Subhash Babu, LSS Reddy**, 2012-02, "On Identifying Intelligent TAGS with remote HOST", International Transactions on Electrical, Electronics and Communication engineering, Vol. 2, Iss. 2, Pg. 8-13

[69] **JKR Sastry, G. Subhash Babu, N Venkataram**, 2012-01, "Arquitetura de software para implementação de sistema de identificação em TAGS inteligentes", International Journal of Advances in Science and Technology, Vol. 4, Iss. 5-7 Pg. 714

[70] **JKR Sastry, V. Chandra Prakash, D. Bala Krishna Kamesh, S. Venlateswarlu** 2011-03, "A Novel approach towards the Performance Optimization of the Embedded Systems", Research Journal of Computer Systems Engineering- Vol. 2, Iss. 2, Pg. 89-99

[71] **JKR Sastry, K Subba Rao, J Sasi Bhanu**, 2011-02, "Attacking Embedded Systems through Fault Injection", 978-1-4244-9581-8/11/$26.00 © 2011 IEEE

[72] **JKR Sastry, K Subba Rao, N Venkataram J Sasi Bhanu**, 2011-01, "Attacking Embedded Systems through Power Analysis", Int. J. Advanced Networking and Applications, Vol. 2, Iss. 5, Pg. 811-816

[73] **JKR Sastry, K Subba Rao, LSS Reddy, K Samuel Babu, J Sasi Bhanu**, 2010-01, "Attacking Embedded Systems through EMA", 2ª Conferência Internacional sobre RF e processamento de sinais, pág. 627-631

[74] **JKR Sastry, K Subba Rao, J Sasi Bhanu, CH Jyotshna** , 2009-01 , "Attacking Embedded systems through Timing Analysis" CSI Communication - outubro de 2009, Pg. 37-40

Outras publicações do autor (continuação)

[75] **John Krumm, Steve Harris, Brian Meyers, Barry Brumitt,**

Michael Hale, Steve Shafer, 2000-01, "Multi camera Multi-person tracking easy living", Third IEEE International Workshop on Visual Surveillance

[76] **Julie A. Kientz, Shwetak N. Patel, Arwa Z. Tyebkhan, Brian Gane, Jennifer Wiley, Gregory D. Abowd,** 2006-01, "Where's My Stuff? Design and Evaluation of a Mobile System for Locating Lost Items for the Visually Impaired", Assets, ACM proceedings

[77] **Kaushik Lakshminarayanan, Srinivasan Seshan, Peter Steenkiste**, 2011-01, "Understanding 802.11 Performance in heterogeneous environments", HomeNets'11 ACM 978-14503-0798-7/11/08, Pg. 43-48

[78] **Kavita Deshmukh, Deepshikha Patel, Nitesh Gupta, Shiv Kumar**, 2011-01, "Efficient Coding Mechanism for Low Power Consumption in Wireless Programmable Devices", International Journal of Soft Computing and Engineering (IJSCE), Vol. 2, Iss. 4, Pg. 45-54

[79] **Kirti Chawla e Gabriel Robins**, 2011-01, "An RFIDbased object localization framework" Int. J. Radio Frequency Identification Technology and Applications, Vol. 3, Iss. 2, Pg. 20-28

[80] **Klaus Finkenzeller e Dorte Müller**, 2010-01, "Fundamentals and applicationsin contact less smartcards, Radio frequency Identification and near fields" Publicações Willey, Ed. 3

[81] **lesswatts.org**, 2009-01, "Power reduction in wireless devices", http://www.lesswatts.org/tips/wireless.php

[82] Li Li, Rui-Ling Wang, Chin-Chen Chang, 2011-01, "A Digital Watermark Algorithm for QR Code", International Journal of Intelligent Information Processing, Vol. 2, Iss. 2, Pg. 29-36

[83] **Lichun Bao, Shenghui Liao, Elaheh Bozorgzadeh,** 201101 Spectrum Access

Scheduling Among Heterogeneous Wireless Systems Artigo técnico alojado no sítio Web da Universidade da Califórnia, Irvine

[84] **Lixia Song e James K. Kuchar, 2001-01**, "Describing, Predicting, and Mitigating Dissonance Between Alerting Systems", 4° Workshop Internacional sobre Erro Humano, Segurança e Desenvolvimento de Sistemas,

[85] **M Kutter e Hartung F**, 2000-01, "Introduction to water marking", FAP Petticolos e S Katzenbeisser publishers, Pg. 97-120

[86] **M. A. Mazidi, J. C. Mazidi, R. D. Mckinaly**, 2011-01, "O microcontrolador 8051 e os sistemas embebidos", Person Education,

[87] **Malik Sikandar Hayat Khiyal, Aihab Khan, e Erum Shehzadi**, 2009-01, "SMS Based Wireless Home Appliance Control System (HACS) for Automating Appliances and Security", International conference on "Issues in Informing Science and Information Technology, Vol. 6, Pg. 887-894

[88] **Marium Jalal Chaudhry, Sadia Murawwat, Farhat Saleemi, Sadaf Tariq, Maria Saleemi, Fatima Jalal Chaudhry**, 2008-01, "Real-Time Dynamic Voltage Scaling for Low-Power Embedded Operating Systems", Comunicação Bluetooth optimizada em termos de energia", IEEE

[89] **Martin Herfurt e Collin Mulliner**, 2004-01, "Remote Device Identification based on Bluetooth Fingerprinting Techniques", trifinite.org

[90] **mathworks.in**, 2009-01, "Sistemas de ligação", www.mathworks.in/products/simulink

[91] **Miyako Ohkubo, Koutarou Suzuki e Shingo Kinoshita**, 2003-01, "Cryptographic approach to "privacy- friendly" tags", RFID Privacy Workshop, MIT, MA, EUA,

[92] **Neil Tebbutt, John Prince, Pietro Capretta**, 2010-01, "How will it PAN out? Bluetooth 3.0 High-Speed versus WiFi Diret", www.stericsson.com

[93] **ni.com**, 2009-01 "Integração de sistemas", http://www.ni.com/labview/whatis/hardware- ntegração/

[94] **NicK Hun**, 2006-01, "Bluetooth and 802.11 Co-existence", Livro Branco da EZURIO

[95] **Noor Hafizah Abdul Aziz, Suzi Seroja Sarnin, Norhaslin Nordin1 e Ahmad Tarmizi Hashim**, 2011-01, "Alert System in Oil Palm Tissue Culture Laboratory via SMS and Email", International Conference on Circuits, System and Simulation

IPCSIT, Vol. 7, Pg. 253-257

[96] **P. Bahl, V. N. Padmanabhan**, 1999-01, "User Location and Tracking in an In-Building Radio Network" Relatório técnico da Microsoft Research: MSR-TR-99-12

[97] **Padmanabhan Pillai e Kang G. Shin**, 2001-01, "RealTime Dynamic Voltage Scaling for Low-Power Embedded Operating Systems", U.S. Airforce Office of Scientific Research

[98] **Paolo Bellavista, Marcello Cinque, Domenico Cotroneo, Luca Foschini**, 2005-01 Suporte integrado para a gestão de Handoff e sensibilização para o contexto em redes sem fios heterogéneas Proceedings of ACM 1-59593-2682/05/11, MPAC

[99] **Periaswamy, Senthilkumar Chinnappa Gounder, Dale R. Thompson**, 2011-01, "Fingerprinting RFID Tags", IEEE transactions on dependable and secure computing.

[100] **Piseth Ith, Yoshihito Oyama, Atsuo Inomata e Eiji Okamoto**, 2007-01, "Implementation of ID-Based Signature in RFID System", Asia Pacific Conference, Vol. 1, Iss. 1, Pg. 1-12

[101] **R Geers, B Puers, V Goedseels e P Wouters**, 1997-01, "Electronic identification, monitoring and tracking of animals" CABI Publishing,

[102] **R. Ernst, D. Ziegenbein, K. Richter, L. Thiele, J. Teich**, 2011-01, "Hardware/Software Co-design of Embedded Systems -The SPI Workbench", ACM Digital Library, Proceeding WVLSI '99 Proceedings of the IEEE Computer Society Workshop on VLSI'99

[103] **R. Want, A. Hopper, V. Falcao e J. Gibbons**, 1992-01, "The active Badge location system" ACM Transactions on Information systems, Vol. 40, Iss. 1, Pg. 91-102

[104] **Ren-Guey Lee, Chun-Chieh Hsiao, Kuei-Chien Chen, Ming-Hsio Liu**, 2005-01, "An intelligent diabetes mobile care system with alert mechanism", International Journal of Biomedical Engineering Applications Basis & communications, Vol. 1,7 Pg. 186-192

[105] **Rolf Ernst, Ahmed Amine Jerraya**, 2000-01, "Embedded system design with multiple languages", dent.cecs.uci.edu

[106] **S.C. Katzenbeisser**, 1999-01, "Principal of steganography", Journal of Information hiding techniques for steganography and digital water marking, Vol. 3, Iss. 3, Pg. 30-29

[107] **Sameer Hasan Al-Bakri**, 2011-01, "Securing peer-to-peer mobile

communications using public key cryptography: New security strategy", International Journal of the Physical Sciences, Vol. 6, Iss. 4, Pg. 930-938

[108]**Satish Narayana Srirama**, 2006-01, "Secure Communication and Access Control for Mobile Web Service Provisioning", e-Centre for Infonomics, Pg. 68-75

[109]**Seifedine Kadry**, 2009-01, "Design of Secure Mobile Communication using Fingerprint", European Journal of Scientific Research, Vol. 30, Iss. 30, Pg. 138-145

[110]**Songphon Namkhun e Daranee Hormdee**, 2011-01, "Sistema bidirecional de localização e controlo semi-offline via GSM", Conferência Internacional (CSCC-2011), Pg. 476-497

[111]**Starlink Incorporated**, 1999-01, "DGPS Explained" http://www.starlinkdgps.com/dgpsexp.htm.

[112]T. **S. Chou e J. W. S. Liu**, 2007-01, "Design and Implementation of RFID-Based Object Location", Conferência Internacional do IEEE sobre RFID, Relatório Técnico n.º TR- IIS-06-014,

[113]**Tassos Dimitriou, 2005-01**, "A lightweight RFID protocol to protect against traceability and cloning attacks" (Um protocolo RFID ligeiro para proteção contra ataques de rastreabilidade e clonagem),

Conferência Internacional sobre Segurança e Privacidade para Áreas Emergentes em Redes de Comunicação, IEEE, Pg. 59-66

[114]**Teng-WenChang**, 2010-01, "Sistema de gestão de redes veiculares baseado em Android / OSGi", ICACT, 2010

[115]**Thomas Kuhn, Soeren Kemmann, Mario Trapp, Christian Schafer**, 2009-01, "Multi-Language Development of Embedded Systems", www.dsmforum.org/events/dsm09/Papers/Kuhn.pd

[116]**Timothy T J Brooks, Huub HC Bakker, Ken A Mercer, Wyatt H Page**, 2005-01, "A Review of Position Tracking Methods", 1ª Conferência Internacional sobre Tecnologia de Deteção, Palmerston North, Nova Zelândia,

[117]**Trevor Pering, Yuvraj Agarwal, Rajesh Gupta, Roy Want**, 2006-01, CoolSpots: Reduzindo o consumo de energia de dispositivos móveis sem fio com múltiplas interfaces de rádio MobiSys'06 ACM 1-59593-195-3/06/0006, Pg. 220-232

[118]**Vanessa Romero Segovia, Karl-Erik Atzen, Stefan Schorr, Raphael Guerra, Gerhard Fohle**, 2010-01,

"Adaptive Resource Management Framework for Mobile Terminals -the ACTORS

Approach", publicações da Universidade de Lund, Primeiro Workshop Internacional sobre Gestão Adaptativa de Recursos

[119]**W. Qadeer, T. Simunic, J.Ankcorn, V. Krishnan e G. De Micheli**, 2003-01 Gestão de redes sem fios heterogéneas PACS 2003

[120]**Xavier P'erez-Costa e Daniel Camps-Mur**, 2007-01, "A Protocol Enhancement for IEEE 802.11 Distributed Power Saving Mechanisms", Volume 1- : Manual do utilizador do LPC214x

[121]**Xingxin Gao, Zhe Xiang, Hao Wang, Jun Shen, Jian Huang e Song** Song, 2005-01, "An approach to security and privacy of RFID system for supply chain", Conferência Internacional sobre Tecnologia de Comércio Eletrónico para Negócios Electrónicos Dinâmicos - CEC-East'04, Pequim, China, p. 164-168

[122]**Yong He Ji Fang, Jiansong Zhang, Haicheng Shen Kun Tan, Yongguang Zhang**, 2010-01, "MPAP: Virtualization Architecture for Heterogeneous Wireless Aps", ACM 978-14503-0201-2/10/08

[123]**Young Ju Hwang, Su-Mi Lee, Dong Hoon Lee, e Jong In Lim Lim**, 2005-01, "Efficient authentication for low-cost RFID systems", Int. Conf. sobre Ciência Computacional e suas Aplicações - ICCSA

APÊNDICE

Foram publicados 34 artigos em revistas internacionais de referência (32) e em conferências internacionais (2), dos quais 4 artigos foram indexados pela SCOPUS e 12 artigos foram indexados pelo Google Scholar e os restantes foram indexados por outras agências de indexação. Seguem-se os pormenores dos artigos publicados:

Estado da publicação

Tipo de publicação	**Nacional**	**Internacional**	**Total**
Revistas	1	31	32
Conferências	0	02	02
Total	1	33	34

Estado da indexação

SCOPUS Indexado	0	04	04
Google Acadêmico Indexado	0	12	12
Outros indexados	1	17	18
Total indexado	1	33	34

Os cinco artigos publicados recentemente são apresentados em anexo como APÊNDICE. A reposição dos restantes 29 artigos pode ser consultada nos diferentes sítios Web relacionados com as revistas/conferências.

Printed by Books on Demand GmbH, Norderstedt / Germany